装备科技译著出版基金

碳 光 子 学

Углеродная фотоника

［俄罗斯］В.И. 科诺夫　主编
朱嘉琦　童　丹　代　兵　译
韩杰才　姚凯丽　刘　康　曹文鑫　审校

国防工业出版社
·北京·

著作权合同登记　图字:军-2019-038 号

图书在版编目(CIP)数据

碳光子学/(俄罗斯)科诺夫主编;朱嘉琦,童丹,
代兵译.—北京:国防工业出版社,2020.6
ISBN 978-7-118-12085-1

Ⅰ.①碳…　Ⅱ.①科…②朱…③童…④代…　Ⅲ.
①碳-材料科学-光学性质-研究　Ⅳ.①TB321

中国版本图书馆 CIP 数据核字(2020)第 030550 号

Translation from the Russian language edition：Углеродная Фотоника by В. И. КОНОВ.
© МОСКВА, НАУКА 2017.
All rights reserved.
本书简体中文版由 МОСКВА, НАУКА 授权国防工业出版社独家出版发行。
版权所有,侵权必究。

※

*国防工业出版社*出版发行
(北京市海淀区紫竹院南路 23 号　邮政编码 100048)
三河市腾飞印务有限公司印刷
新华书店经售

*

开本 710×1000　1/16　插页 8　印张 16½　字数 248 千字
2020 年 6 月第 1 版第 1 次印刷　印数 1—1500 册　定价 98.00 元

(本书如有印装错误,我社负责调换)

国防书店:(010)88540777　　　发行邮购:(010)88540776
发行传真:(010)88540755　　　发行业务:(010)88540717

译 者 前 言

我国是金刚石、碳纳米管、石墨烯等碳材料制造、研究、利用的大国之一,对于新型碳材料器件的开发也方兴未艾。随着碳材料行业的快速发展和对碳材料研究的逐步深入,研究者发现金刚石、碳纳米管和石墨烯为主要代表的碳材料具有优异的光学特性,可应用于量子通讯、柔性传感器、激光武器窗口以及高新技术武器系统的研制等多个国防领域。近年来,碳材料相关专著层出不穷且各具特色,但是以碳材料的光学性质为主要内容,将材料光子学与碳材料学两个领域交叉结合进行阐述的专著目前在国内尚未呈现。由著名碳材料专家科诺夫院士带领撰写的《碳光子学》是一本全面的、新颖的介绍新型碳材料光学特性及器件的权威著作。《碳光子学》译著的出版不仅能弥补我国在该领域的专著空白,还能对我国碳材料在光学领域的发展起到积极地推动作用。

本书主要从多种碳材料的制备、加工、光学特性表征以及基于碳材料研制的新器件方面进行介绍。首先重点介绍了金刚石材料的化学气相沉积法制备工艺、色心性质,以及金刚石切割、抛光等加工工艺;其次对单壁碳纳米管材料的制备工艺及非线性光学特性进行了阐述;然后对石墨烯材料的线性光谱与非线性光谱进行了详细介绍;最后对碳材料光学器件的创新性成果进行了总结。本书适合金刚石、碳纳米管、石墨烯等碳材料领域的研究和生产人员阅读,同时也可以供材料学、光子学等相关专业的研究生参考。

金刚石、单壁碳纳米管、石墨烯性能优异,光学性质突出,适用于国防科技及武器装备制造。以激光、红外技术为核心的光电设备在现代国防中的作用日益突出,以材料光学技术为支撑的高新技术武器系统在各国军事计划中均占有很大的比重。目前,能用于红外军事光学应用的材料主要有硫化锌、硒化锌、锗、硅等。但是随着现代国防对武器装备的要求越来越高,以上材料都或多或少的暴露出缺陷:机械性能差、热导率低及红外透过能力不理想。而金刚石、单壁碳纳米管、石墨烯材料的这些特性远远优于以上几种材料,因此可以成为红外及激光武器窗口的保护层或替代材料,可以大幅度提高武器装备的性能,具有很高的军事应用价值。因此新型碳材料是当之无愧的国防现代化和武器装备现代化需要的新材料,而相关的制备、加工、提纯工艺是国防现代化和武器装备现代化需要的新工艺和关键技术。本书的翻译及出版是非常有意义的,对我国碳材料相关领域的发展有很大的积极影响。

在本书的翻译出版过程中,俄文版《碳光子学》作者们同意著作版权转让,使得我们可以将本书译为中文,供更多中国科研工作者阅读。实验室的多位研究生同学积极参与相关工作,其中姚凯丽、王伟华、刘雪冬、张淼、高鸽、岳明丽、齐小东、曹文鑫、孙侨阳、薛晶晶、毕明浩和帝玛等参与了本书书稿的整理及校对工作;舒国阳同学积极联系俄方,加快了原著版权转让合同的签订;刘学华、李聪两位同学参与了本书书稿的翻译工作。在此对上述俄文原著作者及研究生的付出表示感谢,同时也要感谢国防工业出版社一直致力于本书出版的编辑同志!

最后,诚挚感谢国家杰出青年科学基金项目(红外增透保护薄膜及金刚石单晶,编号:51625201)、战略性国际科技创新合作重点专项(空间高能射线/粒子的金刚石探测阵列及其热控技术,编号:2016YFE0201600)、国际(地区)合作与交流项目(高气压下微波等离子体化学气相沉积生长电子级高质量单晶金刚石,编号:51911530123)以及青年科学基金项目(金刚石 SiV 色心的荧光辐射特性及其湮灭机制研究,编号:51702066)对本书出版的支持。

文已至此,本书的翻译出版工作即将接近尾声,眼看着多少个日日夜夜的付出终于换来了译著的出版不由得感到欣慰,但是限于译者时间和精力以及碳光子学学科的快速发展,译著中难免出现疏漏和不足之处,敬请读者批评指正。

译 者

2019 年 12 月于哈尔滨工业大学

前　言

В. И. 科诺夫

众所周知,高品质的天然单晶金刚石具有诸多优异特性,如:电磁波透过谱段宽(包括紫外线、可见光、红外线、太赫兹和微波)、硬度极高、抗辐照性能强和抗化学腐蚀性高等,这一系列特性使其在光学应用领域被视为独一无二的材料。然而由于价格昂贵,而且尺寸大小受限,再生性差等原因,天然金刚石并未得到广泛的实际应用。与金刚石属于同质异构材料的石墨也可以被归入到光学材料中,但由于其吸收性强,反光性差,只被当作理想的吸收剂使用。

近年来因为随着材料生长工艺的发展,已经能够合成出比天然金刚石光学性能更优异的人造单晶金刚石。而且,人造金刚石合成材料价格相对低廉。这种单晶金刚石的尺寸大小已经接近一厘米。此外,已经可以生产出来更大的宽孔径多晶金刚石、微晶金刚石、纳米晶金刚石和非晶金刚石薄膜以及金刚石纳米颗粒。经过长期的研究,碳纳米管和石墨烯的合成工艺也逐渐成熟。上述碳材料通常被称作新型碳材料,并且逐渐在工业和科学诸领域得到应用。应用最广泛的领域主要有机械制造业、医学、微电子学和纳米电子学领域。然而,近期,新型碳材料在光学领域的应用同样呈现出极其广阔的前景。

这部学术著作依托以下合成材料的研究成果由集体创作而成:
- 化学气相沉积方法获得的金刚石(CVD 金刚石);
- 单壁碳纳米管;
- 石墨烯。

这些材料具备奇异的、独一无二的光学性能。同时本书中的研究结果向我们展示了一个新的学科方向——碳光子学的发展,该学科的基本原理将在本书中得到详细诠释。

第 1 章讲述等离子体化学气相沉积合成 CVD 金刚石的工艺及光学性质、导热性质。第 2 章阐述金刚石色心种类、性质,如何控制掺杂源浓度以及尺寸对色心性能的影响等。第3章展示了金刚石加工工艺(切割、抛光、内部和表面微观结构的演变过程),第4章和第5章阐述了单壁碳纳米管和石墨烯材料的合成方法、结构特征、表征方法以及光学特性(主要是非线性光学性质)。第6章介绍一些有前景的基于新型碳材料的光学元件和装置。

本研究主要依托俄罗斯科学院 A. M. 普罗霍夫普通物理学研究所自然科学研究中心的成果,本书的所有作者都在该中心工作,他们是碳材料合成、加工、应用领域以及激光技术领域公认的专家。

该方向的研究得到俄罗斯科学基金 No. 14-22-00243《碳光子学》基金的资助,在此特向俄罗斯科学基金会表示感谢。

目　　录

第 1 章　CVD 金刚石：合成与特点

　　　　В. Г. 拉里琴科，А. П. 波尔沙科夫 ……………………… 1

引言 ……………………………………………………………… 1

1.1　合成技术 ……………………………………………………… 3

　　1.1.1　热丝法 …………………………………………………… 4

　　1.1.2　氧乙炔燃烧火焰合成法 ………………………………… 5

　　1.1.3　直流电弧放电 …………………………………………… 6

　　1.1.4　电弧等离子体发生器 …………………………………… 6

　　1.1.5　激光等离子体发生器 …………………………………… 8

　　1.1.6　微波等离子体 …………………………………………… 9

1.2　CVD 金刚石的结构类型 …………………………………… 12

　　1.2.1　多晶膜 …………………………………………………… 12

　　1.2.2　超纳米晶膜 ……………………………………………… 23

　　1.2.3　单晶膜 …………………………………………………… 28

1.3　CVD 金刚石的性质 ………………………………………… 33

　　1.3.1　导热性 …………………………………………………… 33

　　1.3.2　光学性质 ………………………………………………… 49

　　1.3.3　力学特性 ………………………………………………… 59

　　1.3.4　电学性质 ………………………………………………… 65

结语 ……………………………………………………………… 73

参考文献 ………………………………………………………… 74

第 2 章　金刚石中的缺陷

　　　　И. И. 弗拉索夫 ……………………………………… 100

引言 …………………………………………………………… 100

2.1　氮空位色心 ………………………………………………… 100

2.1.1 金刚石可控氮掺杂 …… 101
2.2 硅空位色心 …… 104
　2.2.1 金刚石可控硅掺杂 …… 105
　2.2.2 尺寸大小对 SiV 色心发光性质的影响 …… 108
2.3 金刚石中其他色心的发现 …… 110
　2.3.1 锗色心 …… 110
　2.3.2 580nm 色心 …… 111
结语 …… 112
参考文献 …… 113

第3章 金刚石的加工方法
E. E. 阿什金纳济, B. B. 科诺年科, T. B. 科诺年科 …… 116

3.1 激光切割 …… 116
3.2 机械加工 …… 118
　3.2.1 大尺寸多晶金刚石的机械抛光 …… 118
　3.2.2 金刚石组件表面的抛光 …… 121
3.3 金刚石表面的脉冲激光烧蚀 …… 130
　3.3.1 多脉冲辐射烧蚀金刚石 …… 132
　3.3.2 激光诱导石墨层的特性 …… 134
　3.3.3 单脉冲飞秒激光辐照下的金刚石烧蚀 …… 138
　3.3.4 金刚石单晶表面的光化学刻蚀 …… 139
　3.3.5 金刚石表面的激光诱导过程与辐照强度的关系 …… 142
3.4 金刚石中的导电微结构 …… 143
　3.4.1 激光改性区域的内部结构 …… 143
　3.4.2 金刚石的石墨化波 …… 146
参考文献 …… 150

第4章 单壁碳纳米管
Е. Д. 奥布拉兹措娃, А. И. 切尔诺夫, А. В. 达乌谢涅夫,
И. Р. 阿鲁秋尼扬, П. В. 费多托夫 …… 158

4.1 单壁碳纳米管的结构与合成 …… 158
4.2 按照直径分离单壁碳纳米管 …… 162

4.3 金属型碳纳米管和半导体型碳纳米管 ……………………………… 164
4.4 具有较强非线性光学特性的新型单壁碳纳米管复合材料 ……… 168
 4.4.1 具有较强非线性光学特性的纳米复合材料的制备方法 ……… 168
 4.4.2 可均匀分散单壁碳纳米管的聚合物基体 ……………………… 168
 4.4.3 基于聚合物基体和单壁碳纳米管制备可饱和吸收体 ………… 168
 4.4.4 单壁碳纳米管悬浮液及其聚合物复合材料的线性光学
   吸收 …………………………………………………………… 172
 4.4.5 基于单壁碳纳米管的可饱和吸收材料的非线性光学
   特性研究 ……………………………………………………… 175
4.5 单壁碳纳米管光学复合材料的表征方法 ………………………… 176
 4.5.1 拉曼散射法、光致发光和光学吸收光谱法 …………………… 176
 4.5.2 光致发光和高分辨透射电子显微镜表征 ……………………… 181
 4.5.3 不同参数下合成碳纳米管的结构及其线性
   和非线性光学性质的变化 …………………………………… 184
 4.5.4 提高单壁碳纳米管复合材料非线性光学性质的有效途径 …… 187
 4.5.5 基于单壁碳纳米管复合材料工作范围的变化 ………………… 190
参考文献 …………………………………………………………………… 195

第5章 石墨烯的光学性质
 Е. Д. 奥布拉兹措娃, М. Г. 雷宾, П. А. 奥布拉兹措夫 ………… 200
5.1 石墨烯的制备方法 ………………………………………………… 200
5.2 石墨烯的线性光谱 ………………………………………………… 204
 5.2.1 光在石墨烯中的共振拉曼散射 ………………………………… 204
 5.2.2 石墨烯宽光谱吸收 ……………………………………………… 207
5.3 石墨烯的非线性光学光谱 ………………………………………… 209
 5.3.1 石墨烯的光饱和吸收 …………………………………………… 209
 5.3.2 宽光谱范围内的泵浦-探针光谱 ……………………………… 209
 5.3.3 石墨烯中的光激发载流子动力学 ……………………………… 210
 5.3.4 泵浦-探针光谱法 $\lambda_{pump} < \lambda_{probe}$ 时的动力学机制 …………… 212
结语 ………………………………………………………………………… 215
参考文献 …………………………………………………………………… 216

第6章　碳光子学的新元件和新装置
　　　　T. B. 科诺年科, B. B. 科诺年科, Е. Д. 奥布拉兹措娃 ………… 224
6.1　用于 X 射线辐射的复合金刚石透镜 …………………………… 224
6.2　衍射光学元件 …………………………………………………… 228
　　6.2.1　金刚石衍射光学元件的激光加工方法 ………………… 228
　　6.2.2　衍射透镜和聚焦器的制造与研究 ……………………… 233
6.3　用于激光器的单壁碳纳米管的应用前景 ……………………… 237
6.4　导电微结构在金刚石中的实际应用 …………………………… 240
　　6.4.1　红外光谱范围内的光子结构 …………………………… 240
　　6.4.2　带三维电极的金刚石探测器 …………………………… 243
参考文献 ………………………………………………………………… 244

符号和缩写词列表 ………………………………………………… 249

第 1 章 CVD 金刚石：合成与特点

В. Г. 拉里琴科，А. П. 波尔沙科夫

引言

自古以来，金刚石以其透明、坚硬、化学性质稳定的特点而闻名，在今天这些优点引起了许多激光科学和量子光学领域的专家的关注。不同的是，如今我们已经拥有了化学气相沉积合成金刚石的技术，可以获得超纯晶体及以前无法合成的大尺寸多晶薄膜和晶片。金刚石为立方晶体结构，其原子密度为 $1.76\times 10^{23}cm^{-3}$，是已知物质中最大的，由于晶体中的碳原子以共价键连接，键长很短且牢固，因此金刚石拥有了一系列其他物质不具备的独特物理性质[1,2]，也使其在很多科技领域拥有非常广阔的应用前景。例如，室温下金刚石拥有在已知的块体材料中最高的热导率，$(20\sim 24W/(cm\cdot K)$，是铜的 5 倍)，因此是制作导热基片的理想材料，可用于电子仪器、半导体激光器、大功率二氧化碳激光器的窗口、超大功率回旋管以及其他装置，以增强散热功效。金刚石还拥有包括最大的声音传播速度（18km/s）、最大的硬度（$80\sim 104$GPa）、最大的弹性模量（1040GPa）。金刚石是禁带宽度为 5.45eV 的宽带隙半导体，具有从紫外线（$\lambda=225$nm）到无线电波的宽光谱透明性。同时，金刚石高度耐腐蚀、抗侵蚀、耐辐射，这主要是由于其原子晶格位移所需能量很高（近 30eV），且原子序数小（$Z=6$）。因此，除了传统的机械及工具加工业以外，对金刚石材料需求最迫切的还有光学、光电子和电子学领域。

单晶金刚石常应用于光学领域，如用作极端环境下（腐蚀性介质、高温、高辐射负荷）服役的激光器窗口或需化学惰性高的红外窗口，这些窗口的直径一般小于 5mm。由天然金刚石制成的最大窗口的直径为 18.2mm，厚 2.8mm，曾安装在 1978 年"先锋者"金星探测器的下降舱上，以保护光谱仪的光学元件免受

大气腐蚀[3]。20世纪70年代中期,在美国研制连续输出功率为10~15kW的二氧化碳激光器的窗口时,其中一个方案就是采用尺寸为1mm×2mm×4mm且能够承受$10^6 W/cm^2$辐射负荷的天然单晶金刚石(Ⅱa型)来制作冷却窗[4]。金刚石在这些领域的应用早已受到关注,已有很多文献对单晶金刚石的性质及应用进行了阐述。然而,天然金刚石和人造单晶金刚石昂贵的价格以及偏小的尺寸使其不能在激光科学领域得到实际应用。

20世纪50年代,人们发现了利用石墨在高温高压下生长金刚石的方法。生长条件:气压为50~65kPa,温度为1200~1700℃,同时伴有催化剂(Fe、Ni、Mn、Co等)的作用[12,13],此时金刚石热动力性能稳定。大多数人造金刚石(主要是金刚石粉)是利用高温高压法(High Pressure-High Temperature, HPHT)制成的。然而,高压合成的金刚石晶体在高新技术应用中存在一些问题:如尺寸较小(断面直径只有几毫米),掺杂催化剂,高纯度晶体的价格接近于天然金刚石的价格(需提及的是,不久前俄罗斯New Diamond Technology公司展示了超大无色含氮量极低的单晶HPHT金刚石[14],这表明,高温高压合成技术已取得显著进展)。

近20年来,对金刚石的另一种合成方法——化学气相沉积(Chemical Vapor Deposition, CVD)法的研究硕果累累,这一研究方向的成果在一系列综述和专著中得以体现[13,15-22]。该方法的原理是碳氢化合物(通常是甲烷)与氢的混合物分解,随后在加热的衬底上形成金刚石。用这种方法可以制备直径超过100mm,厚度超过1mm的多晶金刚石膜和金刚石片,以及外延生长的单晶薄膜和块体。有意思的是,CVD法并不算是一种新的方法,20世纪50年代苏联科学院物理化学研究所Б. В. 德里亚京实验室[23]就已开始相关研究,美国У. 埃维尔索洛姆[24]也大约在同一时间开始研究,这也是高温高压合成法首批成果涌现的时间。然而,经过了近20年的探索,人们才找到使金刚石生长速率超过1μm/h的方法。如今,已有近十种气相合成金刚石的方案,这些方案只是在激活反应气体的方法上有所不同。随着CVD金刚石技术的应用,相关设备及器件也得以发展,如大功率的拉曼激光器(受激拉曼散射激光器)[25],用于量子信息学中基于金刚石色心的单光子发射器[26],大功率连续红外激光窗[27],高速(皮秒)光学开光[28](金刚石被超短激光脉冲照射时能够整流高电压并产生100A左右的电流),以及其他光学装置。此外,随着CVD金刚石技术的应用,除单一金刚石材料的硬件设计外,还可以制备金刚石-石墨烯以及金刚石-碳纳米管等复合材料,其光学和电子学特性非常有趣。下文将阐述几种常见的 CVD 技术生长金刚石膜和单晶的方案,并介绍它们的结构和特性。

1.1 合成技术

化学气相沉积制备金刚石的原理是基于混合物的分解,通常是甲烷和氢(碳源还可以是 CO、CO_2、乙醇和其他的碳氢化合物)的分解,以及分解物在加热的衬底表面进行的化学反应[22](图 1.1)。

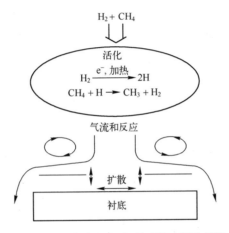

图 1.1 化学气相沉积金刚石膜过程示意图

化学气相沉积法制备金刚石膜的典型过程是向真空室中通入甲烷(百分之几)和氢的混合物,并通过以下方法将混合物分解:电流放电、产生超高频或高频等离子体、产生电弧放电等离子体、激光辐照热丝或将混合物置于燃烧器的火焰中(这时使用乙炔-氧气混合物),分解物(烃基和单原子氢)由于对流和扩散沉积到温度为 700-1000℃的衬底上,在衬底上形成金刚石。有时在气体混合物中会加入少量的氧,氩,氮(以及硅烷,乙硼烷,磷化氢)。通常压强为 30-300Torr,沉积速度为 0.1-200μm/h。常用的衬底材质是硅或钼,其它耐热材料(1000℃)也可以作为衬底材料。金刚石在异质衬底上的生长是非外延性的,晶核形成于衬底的形核点,通常是利用金刚石颗粒,比如爆轰纳米金刚石颗粒作为衬底表面形核点。生成的薄膜和衬底分离后以自支撑的金刚石膜形式使用。外延生长的单晶层形成于金刚石衬底上[29-31],异质外延生长只能在极有限的几种材料上进行,包括立方结构氮化硼 c-BN[32-33]和铱的单晶薄膜[34,35]。CVD 金刚石的主要优点是:①尺寸大;②由于对生长条件和所用气体的纯度进行了严格控制,因而物理参数的重复性高;③可以在异质衬底上生长所需形状的薄膜(制品);④可以将金刚石膜镀在其他材料的表面。

化学气相沉积合成金刚石的过程中起重要作用的物质是单原子氢,它会优先刻蚀非晶金刚石相,如石墨、非晶碳等,对金刚石的刻蚀相对较慢。虽然其他碳氢化合物也参与金刚石的生长,但金刚石生长的最佳气相条件是高浓度的单原子氢和甲基基团(CH_3)[36]。通常混合物中甲烷的含量只有百分之几,其余部分均为氢气。在沉积超纳米晶金刚石膜时除外[37],其注入反应室的气体中加入了大比例的氩气、少许 H_2 和 CH_4 或不加 H_2。当温度不超过 1200℃ 时气体中的原子氢的平衡浓度非常小。常使用各种办法激活气相,加速 H_2 的离解,提高原子氢的浓度,从而得到一定浓度的 C_xH_y 原子团,用以合成金刚石。

1.1.1 热丝法

激活氢气和含碳气体混合物(对于 CH_4 来说,典型浓度是 0.5%~2%)的最简单的方法是将耐火材料制成的灯丝加热至 2000~2400℃,并放置在生长金刚石膜的衬底上方(图 1.2)[38],衬底保持 700~1000℃。气相压强通常是 20~60Torr,灯丝和衬底的距离是 4~10mm。常用的灯丝材料为钨(W)、钽(Ta)、铼(Re)。

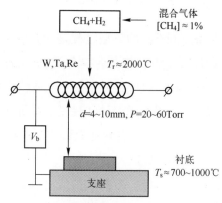

$V_b=-(100\sim300)V$ ——形核阶段
$V_b=70\sim200V$ ——生长阶段

图 1.2 热丝化学气相沉积金刚石示意图
T_r—热丝的温度;V_b—偏压;T_s—衬底温度。

1972年，苏联科学院物理化学研究所首次应用该方法制备出金刚石[19]，但直到1982年马祖莫托将成果发表之后这种方法才广为人知[39]。这种方法的优点是简单，且可以控制灯丝数量。如今，利用热丝法能够获得面积超过$0.3m^2$的金刚石薄膜[40]，薄膜生长速率通常是$1\mu m/h$。主要缺点是不能防止金属杂质（通常是热丝的材料钨）进入薄膜，致使金刚石纯度不够，而且不能在气体混合物中添加能与热丝材料发生反应的气体，如O_2。这样一来，所得到的薄膜质量就不适宜做光学和电子材料，只适合做电化学材料（掺杂金刚石）及生产超硬工具。

1.1.2 氧乙炔燃烧火焰合成法

氧乙炔混合气体燃烧产生火焰的方法也可用来制备金刚石[41,42]，且气体中可以不加反应物（图1.3）。

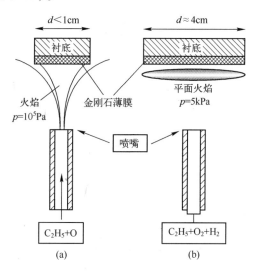

图1.3 氧乙炔混合气体燃烧产生火焰制备金刚石示意图[41,43]

典型的气体混合物比例为$O_2/C_2H_2=0.9$。由于原子团浓度很高，金刚石沉积的速率能达到$100\mu m/h$。缺点是沉积范围不均匀，且面积很小，但可以通过改变火焰配置来扩大尺寸，如制造火苗低的火焰（降低气压）[43]。在有保护气体（用来防止氮扩散到衬底）的情况下可以用其获得较大面积的涂层（35cm×29.5cm）[44]。然而扩大涂层面积（气压很小的情况下）时，沉积速率会下降，质量并未有显著改善。而且，沉积面积小对于在单晶衬底上生长外延金刚石膜来说不是缺点[45]。影响薄膜生长质量的主要因素是乙炔和氧的比例（应该接近个位数)以及燃烧器喷嘴到衬底的距离,因此制备金刚石过程中需严格控制参数。除了火焰稳定性问题以及沉积面积小以外,火焰合成法的缺点还包括沉积温度相对较高(可达 1100~1200℃)[44]。

1.1.3 直流电弧放电

直流电弧放电等离子体沉积[46-51]法获得金刚石膜的速率是每小时几十微米。除了速度快之外,该方法的优点还包括过程简单、气体用量少。但是薄膜会受到电极表面溅射出来的原子的污染。使用辉光放电的方法生长金刚石膜的一种方案如图 1.4 所示。等离子体形成于两个圆盘式电极之间,阴极是直径为 6cm 的水冷却钽片,阳极是装有直径为 1~3.5cm 的钽环的铜制组件。钽环内放置衬底,可以充当电介质。该方法借助阳极周围线圈产生的磁场来保持等离子体的稳定。在典型条件下(压强为 230Torr,衬底温度为 950℃,气体流速为 0.2L/h,放电功率为 1.5~5kW)沉积速率为 18~24μm/h,即使在混合气体中甲烷的浓度很高(18%)时,获得的薄膜也可以保留多晶金刚石结构,不会转化为石墨。

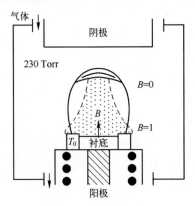

图 1.4 辉光放电[50]制备金刚石示意图

加入惰性气体可以使化学反应更强烈[51],使用多阴极系统可以使衬底直径扩大到 100mm,避免出现局部放电[52]。当七个阴极中每一个的功率都是 2.4kW 时,沉积速率为 10μm/h,得到的金刚石膜厚度十分均匀(800~900μm)。因此可以通过增加阴极的数量来按比例放大等离子体和金刚石薄片的尺寸。

1.1.4 电弧等离子体发生器

在电弧等离子体发生器内,在圆柱通路中经过直流电弧放电加热的气体从喷嘴喷出,形成核心区温度高达4000℃的高速溅射流,这比热丝法和利用微波等离子体活化气体的方法温度高很多。由于气体分解程度高且氢原子含量高,所以金刚石沉积速率也快。1988年,Kurihara团队第一次利用电弧等离子体发生器合成金刚石[53]合成速率达到900μm/h以上,甲烷中的碳元素转化为金刚石的转化系数达到8%左右,只是在衬底上成膜的面积太小(只有几平方毫米)[54]。但是和其他合成金刚石的方法相比,在电弧等离子体发生器内第一次制得了较厚的金刚石片。利用氩气作为等离子体发生气体,并且在氩气中混入甲烷和氢气,也可以用乙醇蒸气代替甲烷[55]。为了增加沉积面积,降低成本,应提高发生器的功率,现已制备出功率为100kW[56]甚至500kW[57]的等离子体发生器。20世纪90年代,美国Norton公司在电弧等离子体发生器的基础上开发出可产业化生产直径达175mm的金刚石圆盘的技术[58]。

在尺寸标准[59]的等离子体发生器中,当功率为3~8kW,压强为50~100Torr,气体流速为30L/min时,金刚石沉积速率达到25μm/h,金刚石沉积面积可达10cm^2。在功率相对较低的情况下可通过增加补充电极来增加沉积面积,其方法的依据是当等离子流从发生器喷嘴喷出后,在等离子流下方的补充放电,可以使等离子流外层扩大[60](图1.5),并在有等离子流穿过的新增加的环

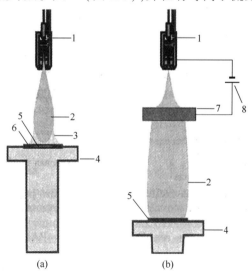

图1.5 电弧等离子体发生器对比图[60]

(a) 普通配置;(b) 补充放电扩大等离子流。

1—等离子体发生器;2—强光束区;3—弱光束区;4—衬底支架;5—多晶金刚石膜生长区;
6—纳米金刚石膜生长区;7—补充电极;8—补充电源。

状电极(阳极)和等离子流本身(阴极)之间放电,环状电极下方高温等离子体核心扩大了几倍。二次放电额外消耗功率为 2.5kW。在 12cm² 面积上沉积的线性速率为 40μm/h 的情况下,沉积的比速(每单位功率)达到 16mg/(h·kW),该速率与 100kW 大功率 CVD 的沉积速率[56]相当。等离子体发生器沉积尽管需消耗大量气体,但这是一种很经济的合成金刚石的方法;获得的材料质量很高,可用作散热片,用于红外透过光学应用,但是显然不可用于需要更高品质金刚石的电子器件。

1.1.5 激光等离子体发生器

一种新型金刚石沉积的途径是利用激光等离子体发生器[62-64],在连续的激光辐射下产生的光放电等离子体将气流加热,与高频放电和超高频放电相比,该方法可以达到更高的温度(大约 20000℃),有助于提高金刚石的沉积速率[65]。激光等离子体化学反应器由俄罗斯科学院普罗霍洛夫普通物理研究所研制,如图 1.6。

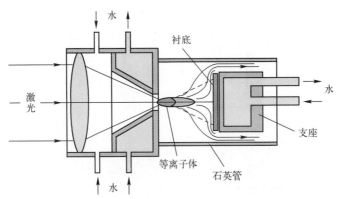

图 1.6 激光等离子体发生器结构示意图

反应器由气体喷嘴和反应室构成,由 NaCl 制成的透镜保证喷嘴一侧的气密性完好。在另一侧开放式尾端衬底和室壁之间有狭窄的缝隙使衬底隔绝空气并且防止产生的气体扩散到空气中。功率为 2.5kW(波长 10.6μm)多模连续二氧化碳激光器通过密封窗口进入反应室,在喷嘴出口附近通过透镜(反射镜)聚焦,形成亚声速气流。Xe/CH₄/H₂ 或者 Ar/CH₄/H₂ 混合气体中的等离子流以 0.5~4L/min 的流速从喷嘴处喷向金属钒或钼衬底,衬底安装在水冷支架处。混合气体中添加了氙气,因为在惰性气体中氙气最易支持光放电。在另一方案中利用的是 4.3 个大气压（1 个大气压 = 101kPa）下[63] $CO_2/CH_4/H_2/Ar$ 的混合气体，该方案在面积约 $1cm^2$ 的衬底上沉积速率达到 40~60μm/h，这个方案的优点是：①可以支持在 1 个大气压或更高气压下放电；②高功率密度的激光能量可以产生高密度的活跃分子（不低于 $10^6 W/cm^3$，比其他类型的等离子体发生器高出几个数量级），这对于快速合成金刚石是必需的；③传统的等离子体工艺中供能元件与等离子体发生直接接触，产生的腐蚀物会污染生长的金刚石膜；④原则上借助气体防护[64]可以无需反应室进行沉积。该工艺的缺点是金刚石膜十分不均匀，沉积面积小，10kW 级及以上功率的二氧化碳激光器造价高昂。

1.1.6 微波等离子体

合成金刚石最常用的方法之一是利用微波等离子体（超高频等离子体）[66,67]沉积金刚石。由于组建此类反应器所需的 2.45GHz 频率的标准超高频元件容易获得，且在研究及应用微波等离子体方面也积累了大量经验，因而这种方法得以发展。微波等离子体化学气相沉积法以等离子体高度积聚（即金刚石膜的沉积速度快）和沉积面积大（几十平方厘米）而深受欢迎。这种微波激发的等离子体干净，不含电极溅射物，因此生长的金刚石中杂质含量较少，可以获得光学甚至电子学方面性能优良的金刚石[68]，以及高纯度多晶金刚石[30,69,70]。1983 年，日本无机材料研究所（NIRIM）首次利用微波等离子体合成了金刚石膜[71]。所研制出的简易设备如图 1.7 所示，其中直径为 40mm 的石英管插入矩形波导管，通过该石英管在压强低于 70Torr 下送入混合的工作气体（甲烷-氢气）。

图 1.7 中利用的是矩形波导管的低频波 TE_{10}，其振动频率为 2.45GHz。活塞 4 防止微波向外扩散，在石英管 3 的中心形成柱状波超高频场的波腹，石英管中形成等离子体球。金刚石膜沉积衬底 5 水平放置在衬底支架 6 上。当功率小于 1.5kW 时，金刚石的沉积速率为 0.5μm/h。图 1.7 设计方案的缺点为：①衬底的面积小（只有几平方厘米）；②石英管壁由于和等离子体距离太近而易被腐蚀，因此，金刚石膜会被硅污染；③产生的不定形碳或石墨等碳杂质会在石英表面沉积；④衬底的温度很难控制；⑤因存在石英管壁接触放电的风险所以导入反应器的微波功率大小受限。改良的反应装置由美国 ASTeX 公司研发，图 1.8 为 ASTeX PDS19 反应器的反应腔体简图。

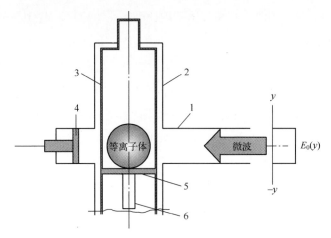

图 1.7 利用 TE$_{10}$ 波的 NIRIM 反应腔体简图[71]

1—波导管;2—金属罩;3—石英管;4—活塞;5—衬底;6—衬底支架。

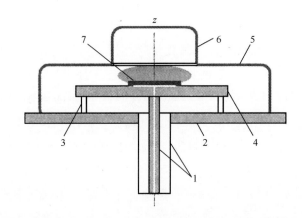

图 1.8 ASTeX 超高频反应器(带有超大尺寸谐振器且远离等离子体的石英窗)[66]

1—共轴波导管;2—反应室底部;3—石英窗;4—金属平台;5—反应室外壳;
6—等离子体上方的额外自由空间;7—衬底支架。

微波经由圆盘式平台下方的圆柱石英窗径向对称地引入真空室,圆盘式平台的中央安装有衬底支架,靠近平台中央的区域形成最大的微波场,在这里形成等离子体球。重要的是,这种几何形状使得石英窗不能与等离子体接触。在平台面积达 60mm 时沉积速率达到 10μm/h。等离子体的直径约等于波长的 1/2 (频率为 2.45GHz 时 $\lambda/2 = 6.1$cm),因而可以通过降低频率来增加沉积面积。在使用 915MHz,100kW 功率的微波条件下,金刚石沉积直径可达 30cm,且生长速率可达 1g/h[66]。将来可以借助回旋管,以高频率的辐射(几十或几百兆赫)产生连续的等离子体[72]来获得更大功率的反应器。回旋管以 10kW 的辐射功率和 30GHz 的辐射频率使金刚石从等离子体中析出。在这种情况下沿着衬底形成扁平的金刚石膜,可以在金刚石生长过程中更有效地利用被等离子体激活的原子团。

弗劳恩霍夫应用固体物理研究所(弗莱堡,德国)研发出一种新型椭球旋转式谐振反应室。辐射天线位于椭球的一个焦点上,衬底放在另一聚焦微波辐射的焦点上(图 1.9)[73]。这种反应器经 Aixtron AG 公司改进,现有两种类型,功率分别是 6kW(2.45GHz) 和 60kW(915MHz),使用这种反应器可以获得光学性能优良的多晶金刚石。

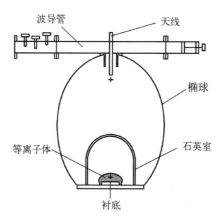

图 1.9 微波等离子体化学反应室简图(谐振室呈椭球型,天线安放于椭球的一个焦点处)

还有一种目前研究较少的用于金刚石生长的微波反应器。该反应器是利用微波等离子体火炬系统[74],此系统中金刚石在大气压下沉积,只需约 1kW 的功率即可保持火炬,缺点是得到的金刚石膜的结构和厚度非常不均匀。

近几年来使用微波等离子体化学气相沉积方法,在大厚度(达 12mm)单晶 CVD 金刚石的外延生长方面取得了巨大的成就[21,69,75-81]。利用晶面为(100)的金刚石片作衬底,金刚石生长速率可比标准的多晶薄膜沉积法大 1~2 个数量级。可以同时使用多种方法,如增大压强(达到 300 Torr),增加 CH_4/H_2 混合气体中甲烷的浓度(大于 10%),提高温度(高于 1000℃)来提高金刚石沉积速度。

极纯净的单晶 CVD 金刚石载流子迁移率比最完美的天然金刚石载流子迁移率的最大值高出 2 倍[68],并且用 CVD 方法获得的金刚石纯度高、尺寸大、晶体完美,因而可以期待 CVD 金刚石在光学和电子学材料领域得到更多应用。高品质金刚石生长的最适宜的方法是微波等离子体化学气相沉积,而电弧放电沉积法可保证金刚石快速生长,可以用于合成中等质量的金刚石,如用作保护层或散热层的金刚石膜。

1.2 CVD 金刚石的结构类型

CVD 金刚石的基本结构类型可以根据晶粒大小分为多晶、纳米晶及单晶薄膜和薄片。晶粒的大小会对材料的缺陷和杂质含量产生极大的影响,进而影响其特性。

1.2.1 多晶膜

对于多晶膜来说晶粒的大小不是恒定不变的,取决于衬底表面金刚石形核密度,尤其是对较薄的膜来说;晶粒的大小还随着膜的厚度而变化。由于金刚石晶格的表面能量很高,除了参数与金刚石接近的立方晶格的氮化硼衬底和铱单晶层衬底之外,在任何衬底上局部自发生成金刚石是很困难的,因此要求对衬底预先进行处理。为促进晶核的形成,沉积过程开始前需在衬底上撒金刚石微粉或纳米颗粒(这个过程称为形核),每个微粒都是生长中心。在几种形核方法中,应用最广泛的是用金刚石粉末研磨衬底,这种方法增加衬底表面缺陷,从而提供了大的表面体积分数,增强碳过饱和度,同时可以降低金刚石形核自由能[82]。还可以将衬底放入纳米金刚石悬浮液中进行超声处理[83,84]。更特别的形核方法是利用金刚烷分子[85]和含有很多 sp^3 杂化键结构的聚合物[86]。在纳米金刚石悬浮液中形核可以使衬底表面的形核密度大于 $10cm^{-2}$,其中包括在复杂形状的表面和孔隙中[87,88]的密度。反应器中金刚石膜的生长过程首先是不同取向的金刚石晶核独立生长,然后独立的金刚石颗粒逐渐长大,合并成连续的膜。我们以通过直流电弧放电法沉积金刚石的开始阶段中纳米晶的演变为例[89],图 1.10(a)为透射电子显微镜下硅衬底的图像,其中硅衬底上撒有爆轰合成法的超分散金刚石纳米颗粒,该颗粒形状近乎球形,直径为 5nm,并且团聚成 40~50nm 的聚合体。纳米金刚石颗粒在硅片上的密度可以达到 $2×10^{12}cm^{-2}$,但团聚后的纳米金刚石密度则下降一个数量级。电子衍射的图像表明微粒具有金刚石的结构。

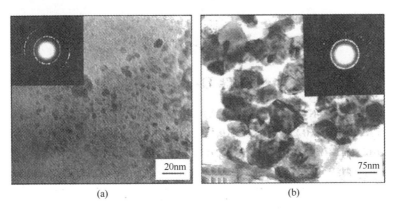

图 1.10　(a)透射电子显微镜下经预处理后的硅衬底影像(在超分散爆轰金刚石悬浮液中超声形核),(b)在甲烷浓度为 5%的 CH_4/H_2 混合气体中在直流电弧放电作用 1min 后沉积的 CVD 金刚石晶体。插图是电子衍射花样[89]

通入甲烷浓度为 5%的 CH_4/H_2 混合气体并在直流电弧放电作用 1min 后,在衬底上发现了棱角分明的大小为 70~80nm 的晶体(图 1.10(b)),相对应的生长速率为 4~5μm/h。晶体密度 N 下降至 $2×10^{10}\mathrm{cm}^{-2}$,低于晶核最开始的密度,可能是由于相邻的晶粒融合或者是由于超分散爆轰金刚石和衬底反应形成 SiC 或者晶核被氢原子刻蚀。形成的纳米晶体通常呈现出五重对称结构,也就是有五个{111}晶面(图 1.11(a)),或者孪晶(图 1.11(b)),孪晶的形成是由于 V 形槽-孪晶的边界优先生长。孪晶在生长的开始阶段发挥着重要的作用,其出现增大了晶核的生长速度[90]。在平滑的{111}晶面上为形成稳定的晶核需有 3 个吸附原子,在孪晶边界只需 2 个吸附原子,30~40nm 的晶体已经具有清晰的棱。

较高的形核密度 N_n 使生长的晶粒迅速合并成连续的薄膜,当 $N_n=10^{10}\mathrm{cm}^{-2}$ 时薄膜的最小厚度 $h=N_n^{-1/2}=100\mathrm{nm}$。这样通过微波等离子体在经超分散爆轰金刚石形核的硅衬底(微波功率为 3.4kW,气体流速为 $H_2/CH_4=485/15\mathrm{sccm}$,压强 87Torr,生长时间 10min)上形成的厚度为 200nm 金刚石膜所含晶粒的大小为 $d=80\sim120\mathrm{nm}$(图 1.12)。生长超薄金刚石膜十分重要,特别是对于制造强紫外线辐射减光器,低粗糙度光学保护层,光学微波谐振器,以及基于纳米金刚石薄膜的高品质光子晶体微腔。

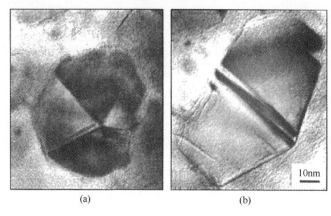

图1.11　直流电弧放电法生长1min后大小为30~50nm的CVD金刚石晶体的形状:(a)由晶面{1 1 1}形成的五重对称;(b)孪晶

图1.12　利用微波等离子体在硅衬底上沉积厚度约为200nm的连续金刚石膜表面扫描图像

　　CVD金刚石中不同类型的微结构,如微孔、针状或微柱形,可以通过以下方法获得:对原始金刚石膜进行离子束处理、激光烧蚀、热化学蚀刻或者利用模板法[92]。还有一种可能的方案是(按照面积)选择性生长出所需的结构,即让金刚石的晶核按照需要的结构排列,而不是按照原来的结构均匀分布[93-95]。在这种情况下,金刚石只在有晶核的地方沉积,而在没有形核的地方则很少沉积,甚至不沉积。选择性剔除晶核的方法有通过离子束蚀刻衬底上的晶核[96],氧化[97],准分子激光器通过带图案的光刻掩膜脉冲辐照熔化衬底[93]或者用锐聚焦的Ar^+激光直接在衬底上绘制。在上述的最后一种方法中,局部激光的烧蚀下形核的金刚石纳米颗粒会在空气中被氧化(燃烧)。Masud团队展示了另外一种选择性沉积的方法[97]:将光刻胶与金刚石颗粒混合涂在衬底上,然后以 SiO_2 或 Si_3N_4 做掩膜层,利用氧气选择性刻蚀衬底。

虽然一开始晶核在衬底上的分布杂乱无章,但是随着金刚石生长的进行,生长快速的金刚石晶粒"吞没"周边生长慢的晶粒,晶粒大小单调增加,当金刚石膜达到一定厚度后,便可确定晶粒的主要取向(但在薄膜平面上晶粒取向依然是随机的)。Van Drift 等人认为[98]晶体是垂直生长的,并且晶体呈现圆柱形,当厚度达到几百纳米时结构初步形成,如图 1.13 所示。直流电弧放电下要在硅衬底上获取多晶薄膜分为两个阶段:①首先在高甲烷浓度的 Ar(50%)/CH_4(10%)/H_2(40%)混合气体中合成厚度为 120nm 的多晶层,以此来保证后续在低甲烷浓度 CH_4(3%)/H_2(97%)下沉积厚度约为 2μm 薄层时的高形核密度。②在横截面中可见沿轴⟨110⟩柱式生长,柱状在距离硅衬底和金刚石膜之间的中间层大约 200nm 处开始形成(如图 1.13 所示)。根据对本段的电子衍射图像分析,厚度为 400nm 的中间层含碳化硅(β-SiC)纳米晶相。

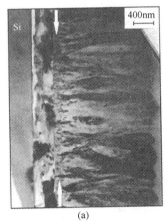
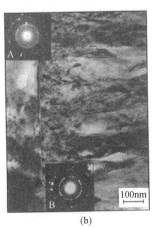

图 1.13 利用直流电弧放电法在硅衬底上合成的双层金刚石膜横截面处透射电子显微镜图像
(a) 柱状结构(右侧),衬底与薄膜之间的中间层,由 β-SiC 和纳米金刚石(箭头所指)构成;
(b) 含有 β-SiC 纳米晶(左侧)的中间层和纳米晶金刚石之间界限的扩大图像;
附加图像为界限两侧电子衍射图像(A,B)。

确定晶粒取向分布信息的方法是电子背散射衍射(Elctron BackScattering Diffraction,EBSD)[100-102]。这种方法中入射电子束在金刚石较薄的近表层受到衍射作用部分入射电子会从金刚石表面逸出,并根据金刚石晶粒取向的不同呈现不同的衍射图像。电子束可以扫描分布着几十到几百个晶粒的面积,这样可以得到足够的描绘多晶体整体结构的统计数据。衍射图像的空间分辨率不会低于30nm,因此不仅能够描绘大晶粒生长面的取向,还可以描绘晶粒大小约1μm的衬底面的取向。

在较厚的多晶膜中晶粒呈现柱状结构(在生长模式不变的条件下),在其截面处可以观察到这一结构(图1.14)。晶体垂直于表面以柱状结构生长,并且随着薄膜厚度的增加,圆柱的直径也在增加(图1.15)。例如,对于厚度为1.8mm的晶片来说,晶粒最大直径可达$d=280\mu m$。

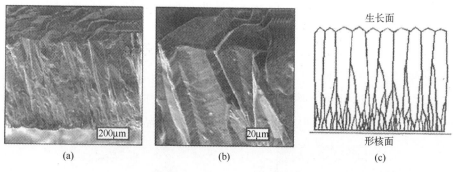

图1.14 (a)厚度约为0.5mm的金刚石膜截面图,(b)靠近生长表面的截面图,(c)圆柱式晶体结构图

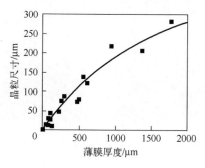

图1.15 晶粒大小与微波等离子体法合成的金刚石膜厚度之间的关系

在微波等离子体中以不同条件生长的金刚石形貌与拉曼光谱数据如图1.16所示。图1.16为三个厚度大于300μm的金刚石膜生长面在扫描电子显微镜下的图像[100]。样品DF1、DF2和DF3的合成条件如表1.1所列,可按照它们相应的颜色(透明度)来标识:白色(透明,质量高),蓝色(含有浓度约为7ppm的硼杂质),黑色(次品,不透明)。

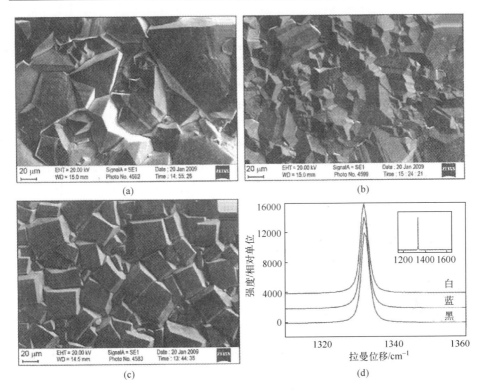

图 1.16　金刚石膜(a)DF1,(b)DF2,(c)DF3 扫描电子显微镜下的图像及其(d)在金刚石波峰 1332cm^{-1}区域的拉曼散射窄频带光谱(全景光谱在插图中)[100]。所有图像的放大倍数相同。样品参数见表 1.1

表 1.1　不同构造的金刚石膜沉积条件:膜厚 h,气体成分,微波功率 P_{MW},压强 p,衬底温度 T_s,生长面(GS)和形核面(NS)[100]拉曼散射在 1332cm^{-1}处峰强的半高宽 $\Delta\nu$

样品编号	颜色	$h/\mu m$	$H_2/CH_4/O_2$ /%	P_{MW} /kW	p/Torr	$T_s/℃$	$\Delta\nu$(GS) /cm^{-1}	$\Delta\nu$(NS) /cm^{-1}
DF1	白	360	98.5/1.5/0	4.5	87	820	2.2	4.5
DF2	蓝	340	98/2/0	5.0	100	690	2.2	5.0
DF3	黑	500	89/10/1	4.4	92	940	2.7	8.0

　　所有的金刚石样品都具有清晰的晶体形貌。在金刚石膜 DF1 中晶体颗粒的尺寸可以达到 70μm,其他两个样品中晶体颗粒较小,为 20~30μm。EBSD 分析表明,黑色金刚石 DF3 中(100)晶面占明显优势,在硼掺杂金刚石 DF2 中

(110)晶面占优势,而在金刚石 DF1 中没有优势晶面取向。三个样品生长面拉曼峰强的半高宽较小,在 $2.2\sim2.7\text{cm}^{-1}$ 范围内,这表明材料结构完美。而在衬底面,晶体颗粒多有瑕疵,拉曼峰强的半高宽也增加 $2\sim3$ 倍,并且根据 EBSD 的数据,其结构也与预期不同。利用化学方法可将金刚石膜与硅衬底分离从而获得自支撑的金刚石薄膜和薄片。

多晶膜沉积过程中生长速度、晶粒大小、结构及相组成等性质取决于衬底温度、混合气体的成分、气体流速、等离子气氛中微波功率的强度。虽然金刚石膜生长最常见的混合气体是 CH_4/H_2,但是在微波等离子体沉积时常在工作气体中加入氧气从而提高甲烷在混合气体中的容许浓度且不会形成石墨相,有助于提高金刚石生长速率。氧气提供了除氢原子之外选择性刻蚀在碳氢化合物过饱和的情况下有形成趋势的非金刚石相的补充方法,从而有利于保证金刚石的质量。当金刚石合成速率和氧气刻蚀速率相当,即沉积的最终速率为 0 时,氧气浓度被定义为最大浓度。氧气添加量的最大值取决于混合气体中甲烷的含量以及衬底温度。当甲烷相对于氢气的含量为 2.5%($T=715℃$)时,添加 0.9% 的氧气[103]金刚石就停止生长,甲烷相对含量为 10% 时($T=870\sim900℃$),即使添加 1.5% 的氧气[104]金刚石生长速率依然很高(可达 $7\mu m/h$)。生长速率和添加到 CH_4/H_2 混合气体的氧气浓度的关系如图 1.17 所示。

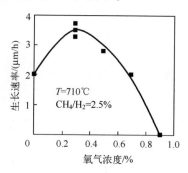

图 1.17 生长速率与添加到 CH_4/H_2 混合气体的氧气浓度的关系。甲烷相对于氢的含量为 2.5%,衬底温度为 $710℃$[103]

随着氧气的逐渐添加,金刚石生长速率从最初的 $2\mu m/h$ 开始增加,当氧气浓度为 0.3% 时,生长速率增大到最大值 $3.5\mu m/h$,然后开始单调递减直至氧气浓度为 0.9% 时生长速率降为 0,即金刚石沉积速率和氧气刻蚀的速率相等。因此由该实验可以得出结论,最优的氧气添加量可以使金刚石生长速率提高 75%。

当衬底温度 $T=680\sim900℃$ 时,混合气体 $CH_4/H_2/O_2$ 中金刚石沉积速率和衬底温度的关系如图 1.18 所示。当温度 $T=800℃$ 时生长速率最大,为 $5.5\mu m/h$,并且在这种条件下生长的金刚石膜(厚度不小于 $100\mu m$)都是透明的。

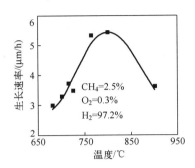

图 1.18 混合气体 $(2.5\%)CH_4/(97.2\%)H_2/(0.3\%)O_2$ 中金刚石生长速率与衬底温度的关系[103]

在温度高于最优温度的条件下获得的金刚石膜具有更多的结构缺陷,膜的拉曼散射光谱分析也证明了这一点。符合金刚石拉曼散射一阶峰的 $1332.5cm^{-1}$ 波长的半高宽 Δv 是金刚石晶格缺陷程度的指示计,对于天然单晶金刚石的 $\Delta v\approx1.5\sim2.0cm^{-1}$。膜的半高宽 Δv 和沉积温度 T 的关系如图 1.19 所示。

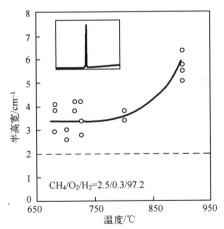

图 1.19 混合气体 $(2.5\%)CH_4/(0.3\%)O_2/(97.2\%)H_2$ 中 $1332.5cm^{-1}$ 处金刚石拉曼半高宽 Δv 与金刚石膜衬底温度 T 的关系。插图为拉曼散射光谱[103]

所有样品的光谱都只有 $1332.5cm^{-1}$ 处较窄的拉曼峰,没有出现非金刚石相(无定形碳,石墨)。在相对较低的温度下,$T<800℃$ 时,平均半高宽 Δv 大约为

$3.5 cm^{-1}$,当 $T=900℃$ 时增长到 $5\sim6cm^{-1}$,Δv 值的波动明显并且很大程度上取决于金刚石膜内部应力分布的均匀性[105]。因此,对于该混合气体条件下,最优的沉积温度 $T\approx800℃$,此时生长速率最大,拉曼半高宽也没有增加。

如图 1.20 所示,对于混合气体 CH_4/H_2,当气体总流速为 400sccm 和 1000sccm 时,微波等离子体中金刚石膜的生长速率很大程度上取决于甲烷的浓度,当气体流速为 1000sccm 时,随着甲烷含量从 1% 增加到 4%,速率也由 $0.3\mu m/h$ 增加到 $4.5\mu m/h$。当气体流速小时(400sccm),速率可以达到最大值 $4.0\mu m/h$,之后在甲烷浓度为 $2.5\%\sim5\%$ 时速率不变。这里的数据是针对生长速率稳定时厚度不小于 $200\mu m$ 的金刚石膜,厚度较小时速率还取决于沉积时间。

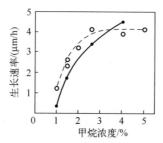

图 1.20 当气体流速为 400sccm(○)和 1000sccm(●)时微波等离子体中金刚石膜生长速率和混合气体 CH_4/H_2 中甲烷浓度的关系。衬底温度为 $T=720℃$[106]

通过周期性中断合成过程以便测量膜的厚度 h,保持生长过程在不变的条件下继续进行实验可以发现,沉积速率不是恒定不变的(图 1.21)[106]。金刚石膜厚度较小时($h<200\sim250\mu m$),生长速率随着时间(也就是随着膜的厚度)明显增加,然后会固定在某个值。生长速率的非恒定性是合成过程中膜的结构进

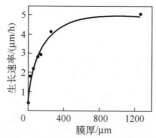

图 1.21 当合成参数 $CH_4/H_2=2.5\%$,$T=720℃$,气体流速 400sccm[106] 不变时,金刚石沉积速度与金刚石膜厚度的关系

化的结果[107]。首先晶粒的取向是任意的,因为晶核的取向是随机的。随着时间的推移,逐渐剩下该合成条件下优势取向的晶粒,此时生长速率达到最大值,并趋于稳定。

气体流速应选择最优值:一方面,保证碳源(甲烷)的充分供给,使其可以以适当的速度转化为金刚石;另一方面,碳源浓度不能无限大,需要保证合成金刚石的品质。当甲烷在氢气中浓度一定(2.5%)时(图1.22(a)),金刚石膜(厚度不小于100μm的膜)的生长速率与氢气的流速之间为非单调性关系。当气体流速大,在500~1000sccm时,金刚石生长速率几乎是恒定的,为3.5μm/h;当气体流速减少到300sccm时达到最大速率5.0μm/h,然后速度开始减小;当气体流速减少到最小值60sccm时速率减小到3.1μm/h。碳从甲烷转化为金刚石的转化效率β(也就是从气体转化为膜的碳的份额)与氢气流速的关系如图1.22(b)所示。当气体流速达到最大值1000sccm时,转化率大约为4%;当气体流速为最小值$F=60$sccm时,转化率增长到$\beta=0.57$。然而,代价是金刚石的质量明显变差,该判断主要是通过金刚石的拉曼光谱和导热性能的分析得出[106]。根据上述研究结果,我们可以将甲烷中超过50%的碳转化为金刚石。

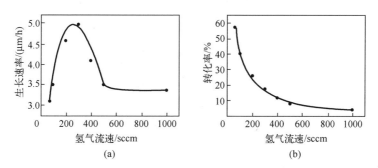

图1.22 在微波等离子体中沉积时[106]:$T=720$℃,2.5%CH_4,生长速率(a)和碳转化为金刚石的转化率(b)与氢气流速的关系

利用透射电子显微镜分析从完全透明到黑色的不同质量金刚石膜的结构可以发现这些材料中存在的典型缺陷(图1.23)[108,109]。在透明的金刚石膜中缺陷很少(图1.23(a))。在一些晶体中存在孪晶以及面缺陷,但很多大晶体颗粒(30~50μm)几乎没有这些缺陷。在颜色最深的样品中面缺陷很多(图1.23(b)),它们之间常常交叉。孪晶是指宽度为30~50nm的区域,经常有面缺陷形成,这些缺陷平行于孪晶晶界。金刚石中孪晶晶界平面,即Σ3型晶

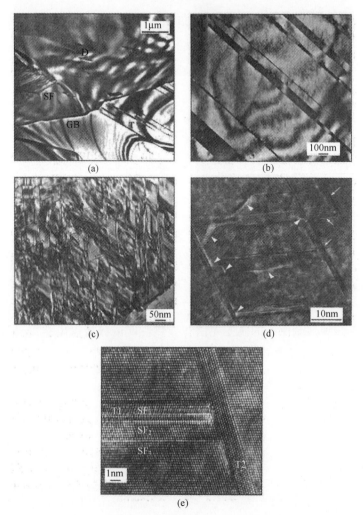

图1.23 不同缺陷程度的多晶金刚石样品在透射电子显微镜下的成像

(a) 透明的样品,位错缺陷(D),晶界(GB),孪晶(T)以及面缺陷(SF);(b) 灰色样品,孪晶带沿着 ⟨111⟩方向;(c) 黑色金刚石 No89,可见大量孪晶及其横截面,电子射线沿[110]方向;(d) 黑色金刚石,高清晰度,孪晶带用箭头标出,非结晶材料区(白色对照区)用三角形箭头标出;

(e) 黑色金刚石,原子级清晰度,孪晶 T1 和 T2 横截面,以及面缺陷 SF 和 T2 横截面[108,109]。

界,处于{111}面上,可以根据孪晶区域{111}面之间旋转角 70.53°的晶界来识别。孪晶晶界可能在与其他面缺陷相交处或衬底上消失。在质量介于黑色和白色金刚石之间的金刚石膜上也存在沿⟨111⟩方向的微孪晶薄层,但是这样的薄层要少得多,薄层的相交面也很少(图 1.23(c))。在高分辨率下可更详细地研究黑色金刚石样品中的缺陷(图1.23(d))。孪晶带的宽度(它们用箭头标出)大约为几十纳米。在孪晶相交平面上存在非结晶物质区域(这些区域呈白色,用三角箭头标出),其典型尺寸大约有1nm,但长度可达几十纳米。

图1.23(e)展示的是原子级分辨率下两个孪晶T1和T2相交界面的典型图像。面缺陷SF_1和SF_2分布在孪晶T1内,方向沿着晶界。另一处面缺陷SF_3位于基质内,并且与孪晶T2相交。SF_1和SF_2与T2相交的区域尺寸大约为1nm,在这区域内晶格严重扭曲,形成局部位错。这很有可能是非结晶区内不完整的连接被氢气钝化所致。通过透射电子显微镜分析,我们发现,即使在缺陷最多的样品中也没有发现单独的石墨相。因此金刚石呈黑色是因为缺陷处的光吸收而不是因为含有石墨相。

金刚石膜的缺陷杂质成分首先是由生长条件决定的,这些缺陷对合成的金刚石性质具有决定性影响。至于杂质元素,除了天然金刚石及HPHT金刚石的主要杂质氮之外,在CVD金刚石中氢的含量也很高,氢的含量比氮杂质的含量高很多。这是因为金刚石生长过程是在氢气富集的氛围中进行的,金刚石表面一直都在氢气气氛中而氢气可以钝化缺陷和晶界。因此在纳米晶膜中氢杂质特别多,而在CVD单晶中最少。通过对比30组微波等离子体中生长的透明金刚石膜样品可以得出以下规律:氢的含量随着氮含量的增加而增加[110]。这是由于,晶格内的氮原子会导致周围结构缺陷的产生,而氢气可钝化(装饰)其中的一些缺陷。换言之,非游离氢是金刚石缺陷程度的指示剂。当金刚石膜中的顺磁氮N^0从0.5ppm增加到17ppm时,C—H浓度从40ppm增加到600ppm,N_{CH}/N^0的比值在30~100之间,也就是说,晶格中每出现30组以上的C—H基团,就会有一个氮原子。在缺陷程度更高(颜色更深的)的金刚石膜中,这个比例会高2~3倍,可能的原因是该薄膜中的大部分缺陷不是因为氮原子产生的。

1.2.2 超纳米晶膜

近几年,一种特殊的金刚石膜吸引了人们的目光,这就是超纳米晶金刚石膜。其晶粒大小为3~10nm,可在$Ar/H_2/CH_4$氛围中通过微波等离子体[37,111-113]以及直流电弧放电方法[114]制备,将$Ar/H_2/CH_4$送入反应器之前应将H_2的含量降至0,氩气是混合气体的主要成分。最早有两个团队各自独立制备了超纳米金刚石膜,其中一个是美国阿贡国家实验室(Argonne National Laboratory),Gruen

团队在氩气氛围里加入富勒烯[115]用微波等离子体化学气相沉积制备超纳米晶金刚石,另一个是俄罗斯科学院普通物理研究所,通过在混合气体 $Ar/H_2/CH_4$ 中[116]用直流电弧放电化学气相沉积制备。一般认为[37,117],在超纳米晶膜生长机制中最主要的原子团是二聚物 C_2,而在微晶膜合成中主要原子团为甲基(CH_3)(也有人对 C_2 的作用表示质疑,因为计算表明[118],衬底中 C_2 的浓度比 CH_3 的浓度要低几个数量级),超纳米晶金刚石膜的生长过程往往伴随着高效率的二次形核,阻止金刚石晶粒增大——即使是大厚度的金刚石膜(几十微米厚)其晶粒依旧可以保持纳米级尺寸。正是因为这样,有必要引入超纳米晶膜这个术语,以便和晶粒大小在 100nm 以下的纳米晶膜区分。超纳米晶金刚石膜的粗糙度较低(10~50nm),在摩擦领域、加工工具的涂层等方向展现了良好的应用前景。超纳米晶膜中碳原子很大一部分(达 10%)位于晶界,这决定了膜的结构及其光学和电学方面的特性。除此之外[119],在掺氮(准确地说是在掺氮等离子体中生长的)超纳米晶金刚石膜的电阻率很低(小于 $0.01\Omega/cm$),因此加入氮气可作为传统的依靠硼掺杂保证金刚石导电性方法的备选方案。

超纳米晶膜的生长是利用混合气体 $Ar/H_2/N_2/CH_4$ 在微波等离子体化学气相沉积设备中完成的。甲烷含量(2%)和氢气含量(5%)保持恒定,氮气的含量则在 0 和 90% 之间变动,根据氩气含量的降低而定,总的气体流速保持不变(0.5L/min)。在工作气体中氢气的含量虽然不高,但对于晶体稳定却是必需的。几个典型的沉积参数为:压强 90Torr,微波功率 2.3kW,反应过程用时 40min~11h,衬底温度接近 800℃。

在没有添加氮气的条件下生长的超纳米晶金刚石膜具有球状形态:由大小约为 10nm 的晶体组成 30~50nm 的聚合体(图 1.24(a)),再由聚合体形成直径约 500nm[122]的球状。在超纳米晶膜的截面处厚度结构非常均匀(图 1.24(b));与微晶膜结构不同的是没有柱状结构[122,123]。根据扫描电子显微镜的图像显示膜的表面很光滑,硅衬底上膜的表面粗糙程度取决于沉积条件,粗糙度取值 $Ra=16\sim50nm$。而在抛光的多晶金刚石衬底上沉积的膜的粗糙度更低,$Ra=9\sim42nm$。实验中还需要考虑金刚石籽晶的团聚作用,可能会导致 Si 衬底上 Ra 值增大。但与具有更大晶粒尺寸(1μm 左右)的多晶金刚石膜(在 $4\%CH_4/H_2$ 中制备,厚度与超纳米薄膜相当)对比,其粗糙度要比微米级多晶金刚石的粗糙度低一个数量级。

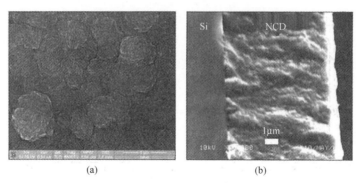

图1.24 (a)生长表面以及(b)硅衬底上超纳米晶金刚石膜截面在扫描电子显微镜下成像

超纳米晶金刚石膜分别在硅衬底和金刚石衬底[124]的沉积速率与反应室内氮气浓度的关系如图1.25所示。首先可以发现,沉积速率不取决于衬底种类;其次,沉积速率一开始随着气体中氮气含量的增加而线性增长,当氮气含量为0时速率为0.4~0.6μm/h,当氮气含量增加到20%时,速率也增加到约1.6μm/h;然后随着氮气含量的继续增加,生长速率稳定在1.7~1.8μm/h。

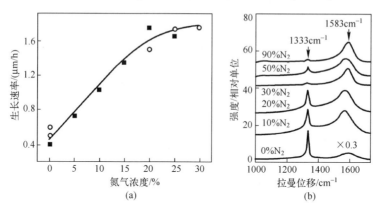

图1.25 混合气体Ar/(2%)CH$_4$/(5%)H$_2$/N$_2$中超纳米晶金刚石膜在硅衬底(○)和多晶金刚石衬底(■)上沉积速率与反应室内N$_2$的浓度关系(a),波长为244nm处[124]激发态下拉曼散射光谱图(b)

根据紫外线区域(λ=244nm)[125]激发的拉曼散射光谱可以检测到在超纳米晶金刚石膜中存在金刚石成分。拉曼散射光谱可以更加容易发现金刚石的环境中是否存在石墨碳相,因为当光子能量接近金刚石禁带宽度值时(5.4eV),拉曼散射的截面会增大,此时石墨可见光区域的拉曼散射截面比金刚石的高出两个数量级。图1.25(b)为不同氮气浓度下合成的金刚石的拉曼散射光谱。可以看出,当氮气浓度达到90%时,金刚石的拉曼峰($1333cm^{-1}$)仍然存在,同时也存在着石墨的拉曼峰(G峰,$1583cm^{-1}$)。当氮气浓度为0时,石墨和金刚石峰的强度比值为$I_{1583}/I_{1332}=0.15$;当氮气浓度增加到90%时,石墨和金刚石峰的强度比值为$I_{1583}/I_{1332} \approx 13$(这里取拉曼散射峰值的相对强度,而不是绝对强度)。因此,氮气氛围中生长的金刚石膜中石墨碳含量与无氮气参与反应的超纳米晶金刚石膜相比明显增加。

在氮气含量高的$Ar/H_2/N_2/CH_4$混合气体中利用扫描电子显微镜和透射电子显微镜表征超纳米晶金刚石膜。通过对其表面和结构进行分析发现,当氮气含量超过临界值时(超过20%时)[122],膜的结构、表面形貌、晶粒尺寸都发生了根本性变化。未加N_2的金刚石膜是颗粒状结构,晶粒大小为10nm左右(图1.26(a)),在加入30%氮气的样品中,表面可见长度为150~200nm不规则取向的金刚石纳米线(图1.26(d))。在氮气浓度为5%,20%条件下,可以检测到过渡态金刚石形貌。

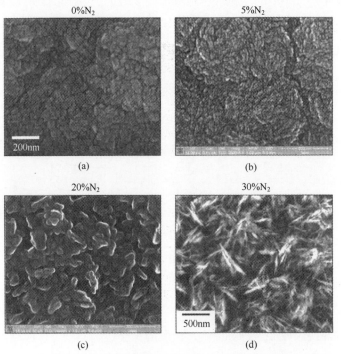

图1.26 (a)无氮气以及(b)向微波等离子体$Ar/CH_4/H_2$中添加5%的氮气、(c)20%的氮气、(d)30%的氮气[122],超纳米晶金刚石膜表面扫描电子显微镜下成像(金刚石纳米线在氮气含量较高的条件下形成)

在透射电子显微镜下可更加细致地观察金刚石纳米线的结构(图1.27)。这些纳米线可以形成束状结构(图1.27(a)),也可以是独立存在的(图1.27(b))。从高清晰度图像(图1.27(c))可以观察到厚度为5~6nm的金刚石线,在金刚石线处可见金刚石(111)晶面,晶面间距 $d_{111}=0.206\text{nm}$,以及环绕金刚石线的石墨外壳的(111)晶面($d_{111}=0.34\text{nm}$)。石墨外壳的厚度可能有几个原子层到5nm以上不等。

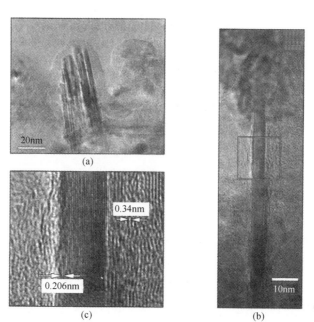

图1.27 超纳米晶金刚石膜(25%氮气)中发现的石墨-金刚石混合纳米线在透射电子显微镜下的成像:(a)纳米线,(b)单独的纳米线,(c)高倍放大局部图像,显示石墨外壳环绕金刚石线。箭头标示的是金刚石和石墨中的层间距离[122]

金刚石纳米线的末端结构十分有趣(图1.28)。根据透射电子衍射图像,直径为5~6nm的金刚石纳米线沿[110]方向和平行于生长方向的(111)晶面一起生长,而且满足金刚石和石墨相对应(111)晶面的平行度外延比,即 $C_{diam}//(0001)C_{graph}$。金刚石纳米线的末端是由石墨层构成的类富勒烯"帽",与"密封"在石墨内的金刚石纳米线的高清晰度图像吻合。

正如拉曼散射光谱所显示的结果,线的外壳含有石墨、a-C、反式聚乙炔(trans-PA)(图1.29)。随着氮气含量的增加,石墨碳对光谱的贡献也在增加

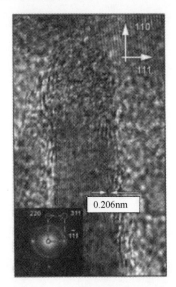

图 1.28　金刚石纳米线类富勒烯末端结构及纳米线的
取向的透射电子显微镜图像[110]

(峰值在 1350cm^{-1} 和 1539cm^{-1} 处);trans-PA 在 1155cm^{-1} 处的峰值随着氮气浓度的升高而下降,但没有消失。同一时期,Gruen 团队[126]也独立宣布在掺氮超纳米晶金刚石膜结构中发现了金刚石纳米线,但是不同之处在于,他们观察的仅仅是含有金刚石纳米线的非晶体碳基质,不是纳米线周围的石墨结晶层。而后者在该结构中的作用更重要,正是因为含有导电性比 a-C 高很多的石墨,才可以量化地解释文献[127]工作中发现的掺氮超纳米晶金刚石膜(ρ<0.01Ω·cm)高电导率现象[119]。

对掺氮超纳米晶金刚石膜(氮气在气体中的含量为 0%~25%)的 XRD 分析证明,即使是在拉曼散射光谱中金刚石的峰位并不清晰可见,但在不同氮气条件下生长的样品均含有金刚石成分。不掺氮的膜(0% 氮气)有明显的晶体结构,(111)、(220)晶向比金刚石粉末光谱中更突出。从这些衍射图谱中发现的纳米金刚石晶格的参数为 a = 3.5662(±5)Å(1Å = 0.1nm),和单晶相比要小一些,单晶为 a = 3.5667Å。

1.2.3　单晶膜

金刚石单晶层的外延生长通常在 HPHT 单晶金刚石衬底上进行,而很少在

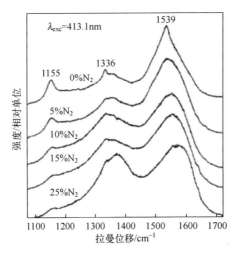

图 1.29 在不同氮气含量下生长的超纳米晶金刚石膜的拉曼散射光谱。激发波长为 413.1nm、1155cm^{-1} 处的峰值代表反式聚乙炔

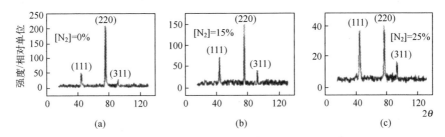

图 1.30 在氮气浓度分别为(a)0、(b)15%和(c)25%的条件下沉积的掺氮超纳米晶金刚石膜 X 射线衍射图谱。图中标出了金刚石峰,Cu-Kα 射线($\lambda=1.54$Å)

天然金刚石衬底上进行,通常在微波等离子体中生长纯度高、性能完美的单晶金刚石。所需衬底是抛光后的金刚石籽晶(粗糙度 $Ra<10$nm),晶面为(100),该条件最容易实现外延生长(在最优生长条件下不会形成多晶体区和大量的缺陷)(图 1.31(a))。为保证膜的台阶流动生长(图 1.31(b)),(100)晶面和衬底表面形成的方位角 $\Delta\theta$ 必须足够小,但不是 0°(0°<$\Delta\theta$≤3°)。

对衬底表面的处理十分重要,它可以使从衬底到 CVD 金刚石层的缺陷含量最小化。彻底清洁衬底表面的有效方法是将其放入氢氧混合气体微波等离子体(一般是 2%的氧气混合在氢气中)中刻蚀 30~120min[128]。在高压强(大于 70mmHg(1mmHg=133Pa))以及/或者在高微波功率(大于 2kW)的条件下,在该等离子体中处理衬底时会选择性刻蚀衬底表面的缺陷(如在机械抛光时产生的

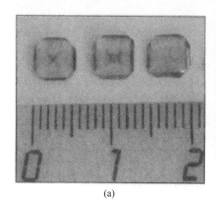 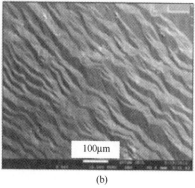

图1.31　HPHT金刚石制成的单晶衬底(a)厚度为520μm的CVD金刚石和外延层生长表面的微结构在扫描显微镜下的成像(b)

位错),衬底表面会形成角锥状深度达2~3μm的刻蚀坑(图1.32(b))[129]。如果不对衬底缺陷进行等离子体刻蚀,那么上面生长出的金刚石膜很可能含有类似于图1.32(b)的非外延杂质。

图1.32　在微波等离子体2%O_2/H_2中(100)晶面表面刻蚀单晶衬底及生长出的CVD单晶膜表面非外延生长的缺陷区域的刻蚀示意图(hillocks)

单晶金刚石的外延生长可在标准混合气体CH_4-H_2中实现,有时可添加氮气和氩气。在衬底生长面边缘经常可以发现多晶金刚石,多晶金刚石将(100)生长面包围(插页1,图1.33(a))。可利用激光切割沿着样品边缘切除多晶体区域,然后利用激光切割将CVD层和衬底分离并进行抛光。图1.33(b)所示为与衬底分离并抛光的厚度约500μm形状各异的透明CVD金刚石片。

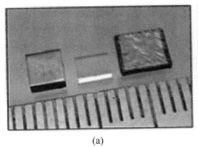 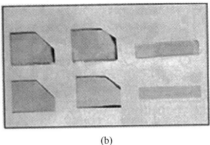

图 1.33 (a)在不同后处理阶段的 CVD 金刚石样品照片:在黄色 HPHT 衬底上生长之后的 CVD 金刚石照片(右侧);激光切割深色多晶金刚石后的照片(左);从衬底进行激光分离并抛光之后的金刚石照片(中心);(b)在研磨和抛光之后与衬底(第一行)分离的三个 CVD 金刚石片(第二行)

为满足高品质单晶金刚石在科研、工业及商业等领域的应用,我们需要提高化学气相沉积金刚石速率。生长速率的提高可以通过加大反应室内压强,增加微波功率密度和甲烷浓度,以及向甲烷氢气混合气体中加入氩气提高等离子体温度来实现。Hemley 团队[69]曾宣布获得很高的 CVD 单晶金刚石生长速率,达到 150μm/h,比普通多晶金刚石生长速率高出 2 个数量级。这一结果是通过三个实验因素共同作用实现的——增加微波功率密度,提高甲烷含量(达 12%),以及向混合气体中加入氮气。这一成果的公布促进了金刚石快速生长方法的研究。Hemley 团队又通过增加压强到 310Torr,添加氮气的方法使金刚石生长速率达到了 165μm/h[130],同时在不添加氮气的条件下成功获得生长速率为 50~70μm/h[78]的无色单晶金刚石。氮气对(100)晶面的生长起到了加速作用。[131] 加入 10ppm 的氮气可以将光学性能优良的晶体生长速率提高 1 倍[79],这是提高生长速率的典型方法[75,80,130,132-134]。金刚石晶格内渗入氮(CVD 金刚石中氮的含量大约是它在混合气体中浓度[135]的 0.01%)可能会导致所生长的金刚石材料无法应用于一些对材料纯净度要求高的领域,例如电子领域要求金刚石材料所含的氮杂质不得高于几十亿分之一(ppb)。通过向甲烷氢气混合气体中加入氩气来提高等离子体温度可以制取不含氮杂质[81]的外延金刚石膜/片,生长速率可达 100μm/h。

图 1.34 为在混合气体 CH_4/H_2 和(20%)$Ar/CH_4/H_2$ 中金刚石外延层生长速率与甲烷浓度的关系。对于甲烷氢气混合气体,当甲烷浓度从 2% 增加到 15%

时,生长速率从 $3\mu m/h$ 增长到 $60\mu m/h$。向混合气体中加入氩气后,生长速率提高了 2~4 倍,当甲烷浓度为 15% 时速率达到 $105\mu m/h$。但当甲烷浓度较高时(大于 9%~10%),在反应腔壁以及生长区域周围会形成大量炭黑,特别是在添加氩气之后。

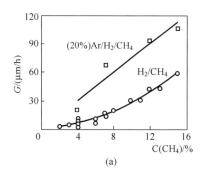 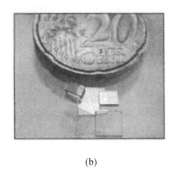

图 1.34 (a) 当反应室内压强为 130Torr 时(○)金刚石外延膜生长速率 G 与混合气体 CH_4/H_2 中甲烷含量的关系,以及当压强为 200Torr 时(□)金刚石外延膜生长速率 G 与混合气体 (20%)$Ar/CH_4/H_2$ 中甲烷含量的关系;(b) 与衬底分离并抛光的 CVD 单晶金刚石片[81]

在不同反应条件下制备的单晶金刚石都具有高透明度(如图 1.34 所示)。拉曼散射峰值的半高宽($1332.5cm^{-1}$ 处的金刚石)为 1.7~$1.9cm^{-1}$,这也证明了单晶样品具有优良品质(图 1.35)。在光致发光光谱中没有检测到与 Si 或者 N 杂质(例如 SiV 或者 NV)有关的峰位。

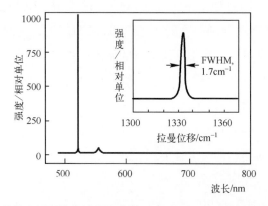

图 1.35 合成的单晶金刚石的光致发光光谱。在 512nm 和 560nm 处的峰位对应金刚石拉曼散射的一阶峰和二阶峰。激发波长 488nm,插图为拉曼散射一阶峰的放大图

对于在15%甲烷的条件下生长的金刚石膜在400nm波长处的吸收系数α≈0.4cm^{-1}。所获晶体的光学性能并没有随着生长速率的提高而变差。混合气体中甲烷含量不高时(低于8%),晶体中氮杂质的含量为(5~45)ppb。在生长过程中监测单晶生长速率的便捷方法为低相干干涉测量法[136]。利用这种方法可以在一次生长过程中积累大量的动态数据,同时系统性改变所选参数,从而控制金刚石沉积速度,该方法相比于其他类似的实验大大节约了时间和衬底的用量。

1.3 CVD 金刚石的性质

1.3.1 导热性

在所有已知的材料中,金刚石在室温下导热性最好。也有其他的一些晶体,如 LiF 或者 Al_2O_3,导热性与金刚石不相上下甚至更高,但只有在低温条件下才能达到。例如,Al_2O_3在 $T=20K$ 的条件下达到最高导热性,铜在10K可以达到最高导热系数。在温度高于液氮温度(78K)的情况下,金刚石能达到导热最佳状态是因为其德拜温度非常高($T_D = 1860K$[137]),这意味着,限制电介质在室温下导热的主要机制——声子-声子散射在金刚石中并不明显[138]。人造多晶金刚石片,可以制造大面积的散热装置,用于微波晶体、放大器、激光二极管集成电路、离子辐射矩阵接收器、超大规模集成电路、集成电路多片组件(包括三维模块、金刚石片多层分布、导热端面),以及圆盘式激光器。表1.2列出了现代电子学中应用的一些材料在室温下的热导率。作为绝缘体,金刚石的热导率是铜的5倍,并且与氮化铝、氧化铍这类被广泛用作散热装置的电介质相比,金刚石在导热性方面的优势也非常突出。

表 1.2 电子学中应用的材料的导热性[139]

材 料	热导率(298K)/(W/(cm·K))
金刚石(Ⅱa型)	20~24
氮化硼	13
氧化铍	3.7~5.9
碳化硅	4.9
银	4.18

(续)

材　　料	热导率(298K)/(W/(cm·K))
铜	3.8
氮化铝	3.7
铝	2.4
硅	1.51
石墨	0.8~2.5
砷化镓	0.46
锗	0.28
石英	0.07~0.14
砷化铟	0.07

1. 多晶金刚石膜

室温条件下最纯净的(不掺杂氮)Ⅱa型天然单晶金刚石的热导率 $k=20\sim24\mathrm{W}/(\mathrm{cm}\cdot\mathrm{K})$[138]。对于多晶金刚石膜来说由于生长条件不同其热导率的变化可能很大。文献[138,140-144]研究了各种类型的缺陷对多晶金刚石导热性能的影响,如晶界、杂质(氢、氮)、位错、同位素、空位、含有非晶相或石墨相、微小裂纹(微小气孔)。Inyushki 等人[144]运用恒热流加热棒法在温度 5~410K 之间对光学级的多晶金刚石的导热性进行测量,并将测量结果与 Callaway 研究结果进行了比较[145]。三声子散射、点缺陷散射、^{13}C 同位素散射、晶界散射以及外部边界处的散射都被考虑在内,其中描述晶界处散射使用的是 Klemens 的研究成果[146]。边界处声子散射的发生是由于声子在组成边界的物质(如非晶碳)薄层中以及晶体颗粒中速度不同。这种情况下对于低频声子来说边界是透明的。在所有温度范围内模型的实际参数计算值与实验值相符(图 1.36),这对正确计算晶界的影响具有重要意义。每一种缺陷(散射机制)都在一定的温度区间内起主导作用:声子-声子散射决定高温下 $k(T)$ 的关系,点缺陷决定 $k(T)$ 曲线的最大值区域。

要完全确定某一具体样品中存在的所有缺陷是一项极其繁重的工作,因此通过缺陷来判断热导率比较困难,我们需要直接测量热导率。同时要考虑到 CVD 多晶金刚石材料的热性能随厚度变化,因为随着厚度的增加晶粒尺寸也在逐渐增大。除此之外,在热传导上也存在各向异性,因为晶粒是沿着表面的法线呈柱状生长(图 1.37)。薄膜法向热导率 $k_\perp$ 比面内热导率(沿着薄膜)$k_\parallel$ 大,因为在这些方向上晶界处声子散射的频率不同。Graebner 等人证明,热导率的各向异性差异可达 50%,因此需要多种方法来确定两个方向上的热导率。

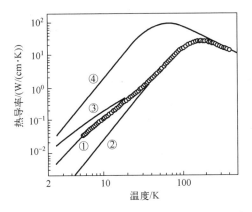

图 1.36　CVD 多晶金刚石(厚度为 0.5mm,晶粒大小为 30μm)热导率 $k(T)$ 与温度的关系:实验数据(○),①最接近 Callaway 模型,②晶界处 100% 声子漫散射的情况,③对于声子来说晶界部分透明,④晶界处没有声子散射;室温条件下 $k=19.5\text{W}/(\text{cm}\cdot\text{K})$[144]

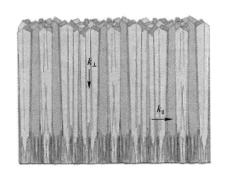

图 1.37　金刚石膜横截面结构图。晶体沿薄膜表面的法线方向形成柱状结构,导致薄膜表面面内热导率($k_{//}$)和法向热导率($k_{\perp}$)不同

文献[110]利用瞬态热光栅法[148]测算了已脱离衬底的由微波等离子体生长出的金刚石片(几百微米厚)的面内热导率 $k_{//}$,而法向热导率是(在 190~430K 的温度区间内)借助非接触激光闪射法测量[149]。

利用瞬态热光栅法在样品内可借助干扰激光束形成瞬态热光栅,而调整折射率(在吸收能力弱的材料中)会使穿过金刚石片的试验光发生衍射。利用波长为 1064nm、532nm、355nm、266nm,以及 213nm 的 Nd:YAG 激光纳秒脉冲激发热光栅。沿着样品表面方向的热扩散系数 $D_{//}$ 与热光栅中试验连续

He-Ne 激光衍射弛豫时间 τ 以及周期 Λ 有关,关系式为 $D_{\parallel}=\Lambda^2/8\pi^2\tau$,然后可换算成 $k_{\parallel}$。

激光闪射法是以测量激光脉冲产生的热信号从金刚石片一面传至另一面的时间为基础。利用 Nd:YAG 激光纳秒脉冲激发样品表面,用红外接收装置来探测样品背面温度升高的过程 $T(t)$ 热辐射强度的变化。热源是瞬时的且只作用于表层,热扩散是均匀的(当金刚石片较薄时),那么薄膜法向热扩散系数 $D_{\perp}$ 从 $T(t)$ 中计算出[150],并换算出热导率 $k_{\perp}=\rho C D_{\perp}$,其中 ρ 和 C 分别是材料的密度和热容(对于金刚石来说室温条件下 $\rho=3.51\mathrm{g/cm^3}$,$C=0.511\mathrm{J/(g\cdot K)}$)。激光闪射法原则上可以根据样品厚度求得热导率的平均值,而瞬态热光栅法可以在强吸收激发热光栅的辐射下"探测"材料的表层。这两种方法都可以进行 $k_{\perp}$ 和 $D_{\perp}$ [110]的相关温度测量。表 1.3 为室温条件下三个已脱离衬底的由微波等离子体生长出的高品质且厚度相近的多晶金刚石片的热导率 $k_{\parallel}$ 和 $k_{\perp}$ 的测量结果。

表 1.3 依据激光闪射法和瞬态热光栅法[151]的测量结果以及杂质氢[H]和氮[N]的浓度

样品编号	厚度/μm	[H]/ppm	[N]/ppm	$k_{\perp}$/(W/(cm·K))	$k_{\parallel}$/(W/(cm·K))
112	330	100	2.1	17.4	15.0
111	370	80	3.7	20.5	17.8
125①	375	150	<1	20.0	18.0
① 样品中硼的掺杂含量少于 10ppm					

面内热导率 $k_{\parallel}$ 的取值范围为 15~18W/(cm·K),法向热导率 $k_{\perp}$ 一般比 $k_{\parallel}$ 高出 10%~14%。$k_{\perp}$ 的最大值约为 20W/(cm·K),这与最纯净的(不含氮)Ⅱa 型天然单晶金刚石的值相近。正如前面所提到的,各向异性的产生是由于晶体沿薄膜法向方向生长,并呈柱状结构。在晶界处产生的杂质以及缺陷会成为顺着薄膜方向的声子的补充散射源,而顺着圆柱轴方向的声子就很少散射。利用透射电子显微镜可以看到,高品质的金刚石膜中仍然存在大量的边界缺陷[152]。测量局部热导率时在光热显微镜下利用瞬态热光栅法会看到晶界处存在热障[153]。

图 1.38 展示了金刚石热导率 $k_{\perp}$ 和 $k_{\parallel}$ 与金刚石中化合态氢杂质浓度的关系。随着化合态氢(C—H)的浓度从 70ppm 增加到 1000ppm,热导率 $k_{\perp}$ 从

21W/(cm·K)下降到9W/(cm·K),$k_\perp$呈现类似的变化趋势,但$k_\perp$的值整体比$k_{//}$高出10%~15%。因为CVD多晶金刚石中杂质氢主要集中在各种缺陷以及晶界处[154,155],因此其含量也是CVD金刚石缺陷程度的指示剂,这也与图1.38中的数据相符。

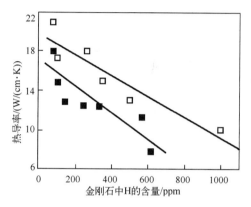

图1.38 金刚石膜热导率$k_\perp$(□)和$k_{//}$(■)和样品中化合态氢杂质含量(根据在2800~3100cm^{-1}范围波动的C—H吸收红外光谱确定)的关系。热导率随着氢的含量增加而减小。热导率具有各向异性($k_\perp > k_{//}$)且各向异性与金刚石缺陷程度无关

热导率和氢杂质含量的关系具有普适性,对于不同方法制备的金刚石膜都适用[156]。如图1.39为利用直流电弧等离子体生长出的较薄的膜(11μm)以及利用微波等离子体生长的较厚的膜(0.2~1.1mm)热导率和氢含量的关系。与图1.38相比,样品中氢杂质的含量变化更大,范围为两个数量级(从(80~10000)ppm)。对于在微波等离子体中沉积的金刚石膜样品,随着H含量从70ppm(光学性能优良的膜)增加到4500ppm(在可见光波段为非透明膜),其热导率从21.0W/(cm·K)下降到4.5W/(cm·K)。这些结果与Element Six公司[155]在微波等离子体中生长以及利用激光闪射法测量的金刚石片热导率的研究数据非常符合。

利用直流电弧等离子体沉积的较薄金刚石膜的热导率和含氢量也有类似的关系,唯一的不同在于当氢含量较低时(小于1000ppm)与微波等离子体中生长的金刚石膜相比,其热导率减小了1/2。这可能与较薄膜中晶粒较小(2~7μm)有关,因为在这些膜中晶界的单位面积(每单位体积内)相对较大,对于品质优良的膜来说,晶界对热阻的影响起主导作用。当氢的含量较高时(大于

1000ppm),对于所研究的两种类型的膜来说主要的声子散射中心是大块缺陷而非晶界。我们注意到,从红外光谱中得到的仅仅是各厚度膜的含氢量的平均值,实际在横截面上氢杂质的含量是不均匀的:一般在距离衬底较近的地方,20~50μm 处缺陷较多,杂质氢含量较高。(比金刚石杂质氢平均值高出一个数量级)[140,157,158],这与观测到的热导率随厚度变化而变化是相符的(离衬底越远 k 值越大)。

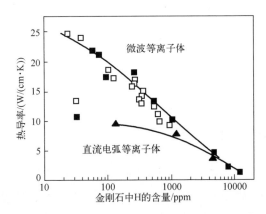

图 1.39 微波等离子体中生长出的金刚石膜(■)以及直流电弧等离子体中生长出的较薄的金刚石膜(▲)的热导率和氢含量(以 ppm 为单位)的相互关系[156]。为比较增加了 Element Six 公司在微波等离子体中生长的金刚石片的数据( )[155]

在最纯净的金刚石样品中(杂质浓度含量 C_N<1ppm,C_{CH}<100ppm),其热导率 $k_\perp$ 可能会超过 20W/(cm·K),并且在最优沉积条件下在整个金刚石片上高的热导率都会保持恒定。图 1.40 是在抛光的厚度为 1.28mm、直径为 63mm 的金刚石片中法向热导率 $k_\perp$ 的分布值(直径为 5mm 的激光辐射点每间隔 5mm 处测量[159])为例。金刚石中心热导率最大,为(21±2.5)W/(cm·K),沿着整个直径热导率与最大值的差别不超过 10%,在直径 40mm 处小于 5%。

因为距离衬底越远,金刚石膜的晶粒越大,大小从几微米(亚微米级)增大到几十甚至几百微米(在厚度为几毫米及以上的金刚石片中),所以热导率随着厚度也在变化。用表面瞬态热光栅法可以测量材料近表层的 $k_{//}$ 值,因为在光栅分裂时热流的穿透深度为 Λ/π,其中 Λ 为光栅周期。当周期 Λ=60~150μm 时深度为 20~50μm,这占晶片厚度很小的一部分。这种方法在文献[151,160]的研究中被使用,所使用的热光栅周期 Λ=92μm,近表层(在厚度约为 3μm 的晶层)热光栅被波长 213nm 处(比金刚石的吸收波长极值 $\lambda \approx 225$nm 短)的真空紫外线激发,此时探测热流的穿透深度 $\Lambda/\pi \approx 30\mu m$。样品两面(生长面和衬底面)的瞬态热光栅轮流被激发,并且其中一个样品中,衬底面上的细晶粒缺陷层没有经过打磨处理。$k_{//}$ 的测量值如表 1.4 所列。

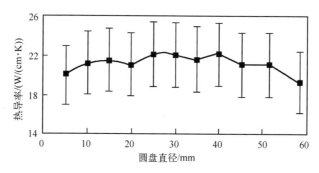

图 1.40 根据激光闪射法厚度为 1.28mm、直径为 63mm 的金刚石盘中
法向热导率 $k_\perp$ 分布[159]

表 1.4 利用瞬态热光栅法测量的金刚石膜生长面和衬底面近表面层
热导率 $k_{//}$ 比较,其中热光栅激发波长 $\lambda = 231$nm[160]

样品编号	样品厚度/μm	衬底面 $k_{//}/(W/(cm \cdot K))$	生长面 $k_{//}/(W/(cm \cdot K))$
112	330	14.8	18.0
125①	380	16.3	22.4
86②	450	7.4	20.0
① 样品中掺杂硼;② 没有除去衬底面的缺陷层			

由表 1.4 可知,生长面面内热导率最大值为 $k_{//} = 22.4$W/(cm·K),这是含有天然同位素成分的 CVD 多晶金刚石中测得的最大值。文献[161]对大晶粒晶体(20~270μm)生长表面的研究中利用 3ω 方法得到了相近的值 $k_{//} = 22$W/(cm·K),这表明,为得到类似于单晶金刚石的热导率,多晶金刚石片的厚度应当大于 500μm,并且必须从衬底面去除(抛光)大约 200μm 厚的缺陷层。

从表 1.4 可以看出,掺杂的硼的含量一般只有百万分之几,不会对导热性造成什么影响。厚 20~40μm 的小晶粒缺陷层被打磨抛光后的样品的生长面和衬底面的近表层热导率差别在 10%~30%。如果保留缺陷层,那么衬底面和生长面的热导率差别将是原来的 2.7 倍,靠近衬底的细晶粒缺陷层会降低 $k_{//}$ 和 $k_\perp$

的平均值,导致薄膜的热导率远远低于单晶或多晶金刚石片[150,162,163]的热导率。厚度约为 10μm 的金刚石膜的热导率不超过单晶金刚石(20~24W/(cm·K))的 50%。文献[164,165]首先在混合气体 CH_4-H_2 中(甲烷含量在 2%~10%变化)利用直流电弧等离子体在硅和钼衬底上生长出了厚度为 9~14μm 的金刚石膜,然后室温条件下利用瞬态热光栅法测量面内热导率并且利用红外测温仪或光热偏转法来测定温度的动态变化。当甲烷含量最低(2%)时生长出的膜的热导率最大 k = 9.5W/(cm·K);随着甲烷含量的增加,相应的热导率会降低,当甲烷含量达到 10%时,热导率低至 k = 1.2W/(cm·K)(图 1.41)。热导率和晶粒大小的关系在文献[162]中以大量实验为基础进行了详细研究。

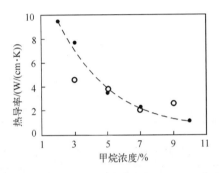

图 1.41　根据瞬态热光栅法(●)和光热偏转法(○)得出的金刚石薄膜的
热导率与 CH_4/H_2 中甲烷含量的关系。相似条件下利用直流电弧等离子体在硅和
钼衬底上生长的厚度为(11±3)μm 的金刚石膜[164,165]

薄膜热导率与其中非晶碳含量也存在着一定的关系[165],非晶碳含量利用拉曼光谱确定。热导率 k 随着非晶碳和金刚石峰强比值 I_G/I_D 的增加而递减,这种关系与之前其他作者的研究结论非常相似,但金刚石膜合成方式有所不同[166]。这表明,含有非晶碳是重要的,非晶碳甚至是首要的阻热源。除此之外,通过透射电子显微镜研究硅衬底上生长出的金刚石膜的结构时发现[167]当甲烷含量高时即 $CH_4/(CH_4+H_2)$ > 3%,缺陷含量(孪晶、堆垛层错等)明显增加。

2. 光学性质与热导率的相互关系

不同的点缺陷与大尺寸缺陷会同时影响金刚石的热导率及光吸收特性,因此金刚石的热导率与光学性质之间存在着某种关系。其中,氮是天然金刚石中最主要的杂质,因此 Ia 型金刚石中热导率和掺杂氮的红外吸收带存在相互关系[168],除了专门的吸收带以外,在 CVD 金刚石中还存在光谱连续性吸收本底,这与结构中含有石墨相,或晶体内部存在大尺寸缺陷而形成的不规则区域(通常为纳米级)有关。不论是明显还是不明显的吸收本底都可以在金刚石膜的可见光区域观察到。如图 1.42 所示为各抛光金刚石膜在波长 200~700nm 处的吸收光谱 $\alpha(\lambda)$(散射损耗包含在 α 值内),这些金刚石膜的面内热导率 $k_{\parallel}$ 为 7.9~17.4W/(cm·K)[110],显然,吸收值越低,$k_{\parallel}$ 的值越高。

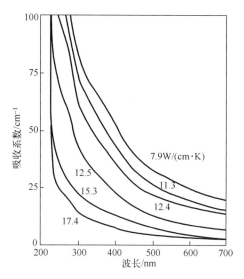

图 1.42 面内热导率 $k_{\parallel}$ 取值不同[110]的金刚石膜在波长 200~700nm 处的吸收光谱 $\alpha(\lambda)$。每个样品的 $k_{\parallel}$ 值标注在相应光谱曲线旁

热导率和吸收系数的定量关系如图 1.43 所示,其中 α 取波长 $\lambda=500$nm 处的值。在可见光区域不存在特别的吸收峰(吸收光谱是连续的),因此选择波长 $\lambda=500$nm 不重要,用其他的波长 λ 以及所有可见光区域的整体吸收率也可以得到类似图 1.43 的关系。定性关系符合 Grabner 的研究结果,他将热导率与利用积分球得到的整体吸收光谱的测量结果进行了比较[169]。这样在不改变生长方法的情况下,根据所测样品的光学吸收值来估计热导率的值。

在研究的样品中顺磁氮的含量在(0.8~14)ppm 之间,这样少的杂质氮含量不会对热导率产生影响(如果不考虑金刚石生长过程中因为氮而产生的结构缺陷)。根据 Burgermeister 的研究[168],当 $C \cdot \Delta M^2 > 200$ 时(其中 C 为以原子级 ppm 为单位的杂质浓度,ΔM 为杂质碳和杂质原子在原子质量上的差值),金刚石中存在的点缺陷散射会导致热导率的明显减小。在氮的 $\Delta M=2$ 情况下,只有

当 $C>50$ppm 时才会对金刚石的热导率产生明显影响。而在我们所研究的样品中氮的含量要低很多,也就是说氮不会直接影响声子散射,而是间接影响。随着金刚石中氮含量的增加,氢的含量也在增加[110,156],氢会导致缺陷的形成,这种关系体现在当氮杂质进入时,材料的缺陷有所增大。根据 Callaway Werner 等的方法[170],人们对微波等离子体生长的金刚石膜的热导率关系进行了模拟实验,得出的结论是向工作气体中添加少许氮气(5ppm)会引起晶界模糊(使晶界对于声子不透明),可能会形成某些大尺寸的缺陷,从而导致热导率降低,从 19.5W/(cm·K)降低到 9.0W/(cm·K)。所以金刚石中含有氮杂质会使结构缺陷增多[171]进而间接引起热导率的降低。

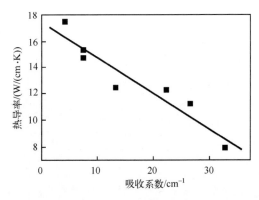

图 1.43 不同缺陷的金刚石片在波长 $\lambda=500$nm 处热导率 $k_{//}$ 和吸收系数 α 的相互关系[110],α 值包含散射损耗

3. 高温条件下的热导率

一些电子仪器(如微波晶体管)的金刚石散热装置通常在在高于室温的条件下(达 450~500K)高效率工作。而在大功率 CO_2 激光器或者回旋管里金刚石窗会明显变热,因此研究高温条件下 CVD 金刚石的导热性有非常重要的实际意义。金刚石的热导率已被证实与温度有密切的关系[172]。当温度低时,声子的平均自由程为常量且受样品尺寸的限制(在多晶材料中受到晶粒大小的限制),热导率的增长满足关系 $k\sim T^3$。在更高的温度下,声子-声子散射更加活跃,使热导率降低。对于纯度更高的 IIa 型单晶金刚石,当温度接近 $T=100$K 时 k 值最大[173],缺陷使热导率降低并且使热导率最大值在更高的温度下得到,在温度曲线上达到最大值后热导率随温度以指数方式下降[172]。

在高于室温条件下对高质量金刚石厚膜的热阻影响最大的是声子-声子散射[140,143]。对于理想的晶体来说,在高温条件下(金刚石的德拜温度 θ_D = 1860K)这种机制会使 k 与 T 呈反比关系,即 $k \sim T^{-1}$。$k(T)$ 曲线的斜率随着缺陷增多而减小[150]。在实际应用中温度在 300~500K 条件下,金刚石的热导率可能满足关系 $k \sim T^{-n}$,其中 n 的值取决于金刚石的缺陷程度,即 k 的取值从室温条件下的 k_{293} 起。Burgermeister 在温度区间 320~450K 对大量天然单晶金刚石样品进行了详细的研究[168],他发现,当 T = 450K 时 k 的值会降低 20%~60%,具体降低的百分比取决于晶体的质量(氮杂质的浓度)。热导率的降低满足关系式 $k \sim T^{-n}$,随着氮杂质的浓度增加到 3000ppm,n 的取值从 1.26(不掺杂氮 II a 型金刚石的平均值)降低到 0.5,同时热导率从 20W/(cm·K)降低到 6W/(cm·K)。

如图 1.44 所示具有不同缺陷浓度的 CVD 金刚石膜,都满足相似的关系 $k \sim T^{-n}$,图中 $k(T)$ 为两边取对数后的函数图像。图中展示了在 293~460K 温度范围内,多个金刚石膜的热导率 $k_{/\!/}$,热导率满足公式 $k_{/\!/} = D_{/\!/} \rho C$,其中 $\rho = 3.51 \text{g/cm}^3$,$C(T)$ 为相应温度下的金刚石比热容,对于 CVD 金刚石和天然金刚石来说二者近似相等(取小数点后 2 位)[174]。单晶 $C(T)$ 的数据可从文献[137]中获得。在所研究的温度区间内,热容的变化更加明显,变化值大约为 2 倍。指数 n(图 1.44 的直线斜率)从 1.02($k_{/\!/}$ = 18.0W/(cm·K))(比较完美的金刚石)变成 n = 0.17

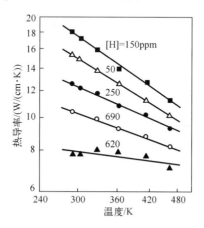

图 1.44 各种品质的 CVD 金刚石膜的热导率 $k_{/\!/}$ 与温度关系曲线,两边取对数,对应关系式 $k \sim T^{-n}$,每一条曲线上都标明该样品中化合态氢杂质(C—H)的浓度(以 ppm 为单位)[110]

($k_\parallel = 7.9\text{W}/(\text{cm} \cdot \text{K})$)(缺陷程度最高(最不透明)的金刚石膜),其热导率的极值在293K处取得。这样高品质CVD金刚石和天然金刚石的热导率与温度的关系十分相近。

总之,尽管存在一些例外,但是随着氢杂质含量的增加,k 值有减小的趋势,存在的误差可能是由于一些样品去除了衬底面几十微米厚的缺陷层,而一些样品没有去除。对于缺陷程度更高的金刚石($k \approx 4 \sim 7\text{W}/(\text{cm} \cdot \text{K})$),在温度区间 $T = 20 \sim 120℃$ 热导率几乎是恒定的[150]。

4. 低温条件下的热导率

热导率由材料中不同大小的缺陷的叠加声子散射以及一定温度 T 条件下的声子光谱决定,因此热导率 $k(T)$ 与温度之间存在复杂的关系(图1.36),但可以粗略地借助声子热传导的相关概念并通过以下公式对其进行分析[172],即

$$k = CvL/3 \tag{1.1}$$

式中:C 为金刚石的热容(当温度为293K时 $C = 1.79\text{J}/(\text{cm}^3 \cdot \text{K})$);$v = 13430\text{m/s}$ 为声子平均群速度(根据取向和调制)[175];L 为声子平均自由程。

在式(1.1)中对于单晶金刚石来说室温下热导率最大可达到 $k = 20\text{W}/(\text{cm} \cdot \text{K})$,其室温条件下声子平均自由程为 $L = 250\text{nm}$。随着温度的降低,L 值增加,然后达到最大值(大致和晶粒的尺寸相等),同时热容迅速减小,二者的关系满足 $C \sim T^3$,因此热导率与温度的关系式有最大值,和 $k \sim T^3$ 一样,当 T 趋近于 0 时 C 减小。当接近温度最大值时缺陷对热导率的影响起主导作用。在图1.36 的例子中对于质量足够好的多晶金刚石(室温条件下 $k_{298} = 19.5\text{J}/(\text{cm}^3 \cdot \text{K})$),当 $T = 168\text{K}$ 时热导率取得最大值 $28\text{W}/(\text{cm} \cdot \text{K})$。并且不同金刚石材料的最大热导率存在明显差异。Berman 等人[176]在温度 $T = 70 \sim 80\text{K}$ 时得到了 Ia 型天然金刚石的 $k_{max} = 33\text{W}/(\text{cm} \cdot \text{K})$,而 Slack 则宣布[177]在温度 $T = 65\text{K}$ 时高质量(含有氮 84ppm)的 II a 型 HPHT 金刚石的 k_{max} 值可达到 $175\text{W}/(\text{cm} \cdot \text{K})$。

5. 同位素金刚石

随着材料同位素成分的改变,晶格参数、声子和电子光谱以及热导率会明显改变。在非金属晶体中,同位素随机分布在晶格中,会极大地限制热导率的大小[178]。与含有天然同位素的晶体相比,单同位素晶体在较低的温度下热导率多倍增加。同位素 ^{28}Si 的含量达 99.98% 的硅,室温条件下热导率增加了大约10%(与含有天然同位素的 Si 的 $k = 1.4\text{W}/(\text{cm} \cdot \text{K})$ 相比),而当 $T = 26\text{K}$ 时热导

率达到原来的 8 倍[179]。

具有天然同位素成分的金刚石(碳)中包含 98.93% 的 ^{12}C 以及 1.07% 的 ^{13}C。首次对热导率的同位素效应进行实验研究的是 General Electric 公司[180](利用 HPHT 单晶金刚石)。在室温条件下,^{12}C 含量为 99.9% 的金刚石热导率为 33.2W/(cm·K),比含有天然同位素成分的金刚石(含有 98.93% 的 ^{12}C,热导率为 22.3W/(cm·K))高出 50%,这是所有天然或人造金刚石材料中热导率最高的。导致室温下不同同位素含量的金刚石热导率差异的因素是三声子过程和包括杂质同位素在内的晶格缺陷的声子散射,这些条件使得同位素(以及其他杂质)对金刚石热导率的影响十分明显[178]。文献[181-183]对多晶 CVD 金刚石热导率的同位素效应进行了实验研究。在较早的研究[181]中,利用热丝 CVD 生长的金刚石膜(厚度为 170μm)的质量较差,作者未能发现,与天然成分的金刚石相比 ^{12}C 含量为 99.9% 的金刚石膜的热导率有所增加,主要是因为薄膜中较多的缺陷将室温条件下的热导率限制在 10W/(cm·K)。

1994 年 Grabner 等人[182]发现,用含有 99.95% ^{12}C 同位素的甲烷在微波等离子体中生长出的多晶 CVD 金刚石的热导率的同位素效应十分明显。室温条件下面内热导率 $k_\parallel$ 增加了 27%,法向热导率 $k_\perp$ 增加了 40%。热导率的绝对值为 $k_\parallel = 21.8W/(cm·K)$,$k_\perp = 26W/(cm·K)$,其中法向热导率甚至比含有天然同位素成分的单晶金刚石的最高热导率还要大。在文献[184]中,利用稳态纵向热流法测量了温度区间 5~420K 的双层多晶 CVD 金刚石 $k_\parallel$ 的值,双层 CVD 多晶金刚石是由单一金刚石同位素构成(99.96% ^{12}C),厚度 $t_2 \approx 0.3mm$。其衬底是厚度为 $t_1 = 168μm$ 的天然同位素金刚石膜样品的横截面积约为 0.5mm×2mm,长度为 14mm。作为对照样品(No0905p1)的是在相同条件下生长出的含天然同位素成分以及 0.4ppm 氮,厚度为 500μm 的金刚石片。

单同位素双层 CVD 金刚石以及含天然同位素成分的 CVD 金刚石(No0905p1)在高于 100K 的温度条件下热导率和温度的关系 $k(T)$ 如图 1.45 所示。我们发现,双层金刚石片的热导率 $k = 22.5W/(cm·K)$,要计算单同位素层的热导率 k_2,要假设底层的热导率是高质量天然金刚石样品(No0905p1)的热导率,即 $k_1 = 18.2W/(cm·K)$。从 ^{12}C 金刚石每一层的热流量平衡得出室温条件下 $k_2 = 24.3W/(cm·K)$,这和天然单晶金刚石的最大值相等,这个值比 HPHT 法生长的[185]含天然同位素成分的高质量单晶金刚石的值(22.3W/(cm·K))要高。从这些数据中得出结论,室温条件下同位素效应的值不低于 34%,这比 Grabner 等人[182]测量的结果要高很多。

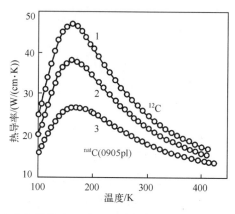

图 1.45　含有富集同位素以及天然同位素成分的多晶 CVD 金刚石面内
热导率和温度的关系

1—^{12}C 富集(99.96%)的金刚石;2—双层组合式金刚石膜

(0.17mm 的天然同位素金刚石,0.30mm 的 ^{12}C 富集的金刚石;

3—厚度为 0.5mm 含天然同位素成分的金刚石膜对照样品(No0905p1)。

实际上,在低温条件下($T<50\sim60K$)同位素效应会消失,这是因为在这一温度范围内金刚石的热导率由晶界处和晶格大尺寸缺陷处的声子散射决定,并不是由作为点状缺陷的 ^{13}C 杂质同位素决定。

6. 纳米晶金刚石膜

在纳米晶金刚石膜(NCD)中声子的平均自由程归根结底是由晶粒大小决定(一般来说晶粒尺寸 $d=5\sim20$nm),在晶粒特别小并且没有缺陷的情况下,NCD 的平均自由程 L 和相应的热导率应当比多晶金刚石膜小很多。对于单晶金刚石而言 $L=250$nm,即 L 比一般多晶金刚石膜的晶粒大小小 1~3 个数量级($d\approx10\sim100\mu m$)。对于 NCD 来说,我们认为 $L=d=5\sim20$nm,并且从式(1.1)得出可能的热导率的最大值为 $k=0.4\sim1.6$W/(cm·K)。由于在实际的 NCD 中含有缺陷,所以热导率可能更低。超纳米晶金刚石膜的热导率与 NCD 的热导率也不相同,超纳米晶金刚石膜的热导率首次出现在文献[120]中,是利用激光闪射法测量的。在混合气体 Ar/CH$_4$/H$_2$ 中生长的厚度为 9~11μm 的超纳米晶金刚石膜,在室温条件下得到的 $k=(0.10\pm0.02)$W/(cm·K),随着向混合气体中增加氮气,k 值减小到 $(0.06±0.01)$ W/(cm·K)。

Balandine 等人[123,186]在温度 $T=80\sim400$K 利用 3Ω 法测量氮气浓度分别为 0 和 25% 的条件下在硅衬底上生长的 NCD 金刚石膜的 $k(T)$。每一个 NCD 金刚石样品的晶粒大小 d 都由 X 射线中衍射峰的半高宽确定。并测量了平均晶粒大小为 $d=2\mu m$,厚度为 $3.4\mu m$(利用扫描电子显微镜测得)微米晶金刚石膜(MCD)的热导率。所得的 $k(T)$ 如图 1.46 所示。当温度 $T=200$K 时,MCD 金刚石膜的热导率最大,在室温条件下其热导率为 5.5W/(cm·K)。图中虚线标出的为根据 Callaway 模型[186]计算的金刚石块体的热导率与温度关系 $k(T)$ 值,但没有考虑样品晶界对声子平均自由程的限制。室温条件下 NCD 膜的热导率很低,没有掺杂氮的 NCD_0 样品的热导率为 0.016W/(cm·K),是掺杂氮的 NCD_25 膜样品的热导率 0.008W/(cm·K)的 2 倍。因此,在掺有氮的等离子体中生长的金刚石膜的热导率会降低。和多晶金刚石不同的是,NCD 膜的热导率随着温度的升高单调递增,且没有最大值,这再一次说明了低于室温的温度范围内晶界处的声子散射对金刚石热导率起决定作用。以没有掺氮的 NCD_0 膜为例,随着温度从 $T=80$K 升高到 $T=400$K,k 的值从 0.01W/(cm·K)增加到 0.20W/(cm·K)。在温度范围 $T=260\sim360$K 实验得到的 $k(T)$ 关系式可以近似用函数 $k=AT^{\gamma}$ 来描述,其中掺杂氮的 NCD_25 膜的 $A=1.8\times10^{-4}$W/(m·K),$\gamma=1.1$,没有掺杂氮的 NCD_0 膜 $A=4.32\times10^{-3}$W/(m·K),$\gamma=0.6$。

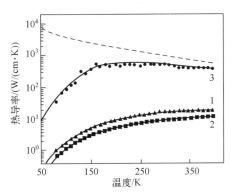

图 1.46　超纳米晶金刚石膜的热导率与温度的关系:NCD_0 样品
(1,$d=2\mu m$),NCD_25 样品(2,$d=26$nm),微晶膜 MCD(3,$d=22$nm)。
虚线—根据 Callaway 模型[186]计算的金刚石块体的热导率与
温度关系 $k(T)$ 的计算值

在声子跃迁模型中 $k(T)$ 的计算值和实验值相吻合(如图 1.46 的连续曲线)。模型[187]假设,在晶粒内部声子的扩散和在块体金刚石内一样,但是声子经过晶界处的概率却与块体金刚石不同,即晶界仅仅可以看作部分透明,并且应当通过调整 $k(T)$ 的计算值使之与实验值相匹配以求出声子扩散系数。将得到的 k 值与文献中非晶碳热导率的数据进行比较,其中包括与含 sp^3 相最多的四面体非晶碳 ta-C 膜的比较(表 1.5)。

表 1.5 纳米晶金刚石膜和类金刚石(非晶)碳的热导率[186]

膜的类型	膜的厚度	生长方法	$k/(W/(m·K))$	测量方法	备注
NCD:0%N_2	2.17μm	MPCVD	16.6	3ω	晶粒大小 $d=22$nm
NCD:25%N_2	9.54μm	MPCVD	8.6	3ω	晶粒大小 $d=26$nm
MCD	3.4μm	MPCVD	551.0	3ω	晶粒大小 $d=2$μm
ta-C	70nm	FCVA①	3.5	3ω	非晶 sp^3 相
ta-C:H	70nm	ECWR②	1.3	3ω	28%H_2
DLCH	85nm	PECVD	0.7	3ω	sp^2 和 sp^3 相混合
ta-C	20~100nm	FCVA①	4.0	光热法	

① FCVA—过滤阴极真空电弧沉积;② ECWR—电子回旋波共振

无氮掺杂的超纳米晶金刚石膜的热导率是非晶碳膜 ta-C 的 4 倍,比含氢的膜 ta-C:H 大了一个数量级。超纳米晶金刚石膜的热导率大约是单晶的 1/200。超纳米晶金刚石热导率理论参考值为 $k≈0.1$W/(cm·K),结合公式(1.1)可以得出其声子平均自由程 L 约为 1nm,该数值在数量级上与 sp^2 结构晶界厚度或无缺陷的晶粒尺寸吻合。

7. 单晶金刚石

单晶金刚石、多晶金刚石和纳米晶金刚石的热导率依次降低。Element Six 公司生长的高质量单晶 CVD 金刚石室温条件下的热导率为 20~22W/(cm·K)[21]。不久前刚刚得到了微波等离子体中生长出的单晶金刚石热导率和温度的关系 $k(T)$[81](图 1.47)。利用激光闪射法测得室温条件下大小为 4mm×4mm×0.5mm 的单晶片的热导率 $k=23.0±3.3$W/(cm·K)。Element Six 公司生长的光学性能好且杂质氮含量极少(少于 5ppb)的晶体的热导率与之相近,为 $k=(22.5±3.3)$

W/(cm·K)。这两个金刚石膜样品的 $k(T)$ 关系也十分类似因为随着温度的降低,缺陷含量降低,声子-声子散射会减弱,k 值明显增加。相同厚度条件下光学性能好的多晶 CVD 金刚石 $k(T)$ 关系的斜率更小,室温下其热导率为 k = 20.0±3.0W/(cm·K)。

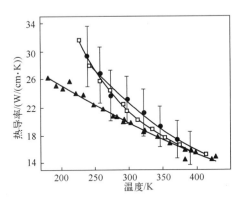

图 1.47 俄罗斯科学院普通物理研究所(●)以及 Element Six 公司(□)在微波等离子体中生长的单晶 CVD 金刚石热导率和温度的关系 $k(T)$。厚度为 0.5mm 光学性能好的多晶 CVD 金刚石的 $k(T)$ 关系为对照组(▲)[81]

1.3.2 光学性质

1. 在可见光波段以及红外波段的吸收

由于金刚石晶格的对称性,在金刚石中缺乏单一声子吸收,因此在禁带宽度为 5.4eV 时所有光学性能优良的材料中金刚石的透过光谱窗口最宽,它从紫外波段(基本吸收限 λ = 225nm)一直延伸到无线电波段。图 1.48 为紫外-红外区域(0.2~40μm)以及远红外区域(2~1000μm)金刚石透过率曲线。

金刚石在 2.5~7.5μm 波段以外的地方吸收较少,在该波段具有较大的吸收。该波段主要位于双声子和三声子区域。在该波段的吸收可以理解为两个光子相加,包括横声学频率,纵声学频率,横光学频率,纵光学频率。其中,金刚石在波长 λ = 4.62μm 处出现最大吸收值 α = 12.8cm^{-1}[6]。在单声子吸收带中,这一数值可以用来确定金刚石中杂质和缺陷诱导吸收曲线。一般情况下,金刚石的实际透过率约为 71%,考虑到金刚石的折射率 n = 2.4,这一结果与其理论计算结果相符。图 1.48(b)还展示了金刚石在太赫兹区的透过率曲线,可以看出该金刚石材料具有较高的透明度。

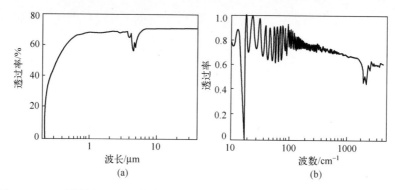

图1.48 （a）厚度为150μm的多晶金刚石膜在波段 $\lambda = 0.2 \sim 40\mu m$ 的透过率曲线以及（b）厚度为450μm的多晶金刚石膜在波段 $\lambda = 2 \sim 1000\mu m$ 的透过率曲线。可以看到金刚石在位于 $2.5 \sim 6.3\mu m$ 波段，在双声子和三声子波段的吸收

2. 波长 10.6μm 处的吸收

近年来，被越来越多地金刚石应用于连续 CO_2 激光器[189,190]以及 Nd:YAG 光纤激光器[27]的制备中。金刚石拥有完美的光学、力学、热学特性，这些性质使其在光学材料应用上（尤其在红外波段）展现了巨大的潜力。与传统的 CO_2 激光器窗口材料锌化硒（ZnSe）相比，金刚石的热光系数和热膨胀系数要低很多，并且金刚石的热导率是 ZnSe 的 100 倍（表1.6），所以尽管与 ZnSe 相比，金刚石在波长 10.6μm 的吸收更强（Ⅱa 型天然单晶金刚石的 $\alpha_{金刚石} = (3.3 \sim 3.6) \times 10^{-2} cm^{-1}$ [190]，$\alpha_{ZnSe} = (5 \sim 6) \times 10^{-4} cm^{-1}$），但是利用金刚石作为 CO_2 激光器输出窗口的热透镜，不良效果会减弱大约 200 倍[189,191]。除此之外，由于金刚石窗口硬度高，耐磨性好，因此可以将窗口厚度减小到 $0.7 \sim 1mm$，而 ZnSe 窗口厚度为 6mm 左右。

表1.6 室温条件下 CVD 多晶金刚石和 ZnSe 的性质[8,189,192]

性 质	CVD 金刚石	ZnSe
热导率/(W/(m·K))	2000	17
硬度/GPa	90	8
热光系数 $dn/dT/10^{-6}K^{-1}$	10	$92 \sim 107$
抗弯强度/MPa	$350 \sim 600$	1.8
窗口一般厚度/mm	$0.7 \sim 1.0$	$4 \sim 6$
热膨胀系数/$10^{-6}K^{-1}$	1	7.1

(续)

性　　质	CVD 金刚石	ZnSe
折射系数	2.39(0.63μm) 2.38(10.6μm)	2.6(0.63μm) 2.4(10.6μm)
吸收系数($\lambda=10.6\mu m$)/cm^{-1}	0.03~0.10	0.0005~0.0006①
表面吸收系数/%	未知②	0.04③

① 一般来说标出的数据为热测量得到的数据,没有划分成内部和表面损失。高质量的材料内部吸收为 $\alpha=0.00025\sim0.0003cm^{-1}$。
② 不存在。
③ 最小值,很大程度上取决于加工工艺

CVD 金刚石的吸收系数在波长 10.6μm 处取得最小值,其取值范围是 $0.030\sim0.065cm^{-1}$[190,193,194]。需要注意的是,CVD 金刚石吸收系数很大程度上取决于金刚石的合成工艺,因为工艺条件对其缺陷和杂质含量影响很大,因此精确调控工艺参数对于制备金刚石光学材料十分重要。

在文献[195]中,通过光热偏转法测量了多晶 CVD 金刚石在波长 10.6μm 处的吸收系数,并研究了微波等离子体中生长的 0.3~0.5mm 厚的透明抛光多晶金刚石膜的吸收系数,同时还选取了两组单晶金刚石样品作为对比:①无色天然金刚石,与Ⅱa 型相似,含有很少的氮杂质(样品 Natural);②利用高温高压法合成的晶面为(100)的淡黄色 HPHT 金刚石,氮杂质含量高(样品 HPHT)。表1.7 列出所测样品的一些性质。根据紫外吸收的数据,金刚石中杂质氮含量 N_c,在各样品中变化了 5~30 倍,即在 $(1\sim5)\times10^{18}cm^{-3}$ 的范围内。在四组试验样品中有三组 CVD 金刚石样品的 α 小于 $0.08cm^{-1}$,最小值为 $0.057cm^{-1}$。利用光热偏转法和红外光谱测得的 10.6μm 处的吸收系数 α 与 α_t 数值吻合,只是 α_t 的误差相对较大,最高达 50%。随着氢杂质含量的增加,吸收系数也随之增加,这种现象并不奇怪:正如之前所提到的,金刚石中的氢含量的高低是材料缺陷程度大小的指示计。同样发现,随着氮杂质含量的增加,吸收系数也有增加的趋势,这与之前其他研究者利用激光量热法对 CVD 单晶金刚石进行的测量结果一致[196]。

表 1.7 利用光热偏转法测得的 α 以及从红外透过光谱中测得的 α_t。天然金刚石样品(Natural)、合成 HPHT 金刚石以及 CVD 金刚石在波长 $\lambda=$ 10.6μm 处的光学吸收系数,样品中氮杂质和氢杂质的浓度[195]

样品编号	尺寸/mm	N 含量/10^{18}cm^{-3}	H 含量/10^{18}cm^{-3}	α/cm^{-1}	α_t/cm^{-1}
0206	8×8×0.31	0.2	13.5	0.079	0.09±0.05
BKP-2	8×8×0.23	0.2	18.0	0.120	0.14±0.05
0905	7×3×0.45	0.3	11.5	0.060	0.08±0.04
1005	8×8×0.45	0.2	10.0	0.057	0.08±0.04
HPHT	ø3×3×0.32	15 32	—	0.086① 0.53①	0.2 0.5
Natural	4×3×0.18	6	—	0.086	0.08±0.05

① 在合成的 HPHT 单晶中,两个区域内氮杂质的含量不同,在 1mm×1mm 的区域进行透过率曲线的光学测量

最完美的单晶金刚石在波长 10.6μm 的吸收系数为 $0.033\sim0.036$cm^{-1}[197],这个最小值是由 $3.75\sim7.5$μm 波段[198]双声子区域决定的,而 HPHT 单晶金刚石的吸收系数要高出几倍($0.086\sim0.53$cm^{-1}),主要原因是 HPHT 金刚石中氮含量较高(比 CVD 金刚石高出两个数量级)。同一个样品中吸收系数在一定范围内变化是因为杂质氮原子在金刚石中分布不均匀[199],这种分布会导致可见光谱区域内晶体的颜色从无色转变为黄色。

3. 毫米波段的光学吸收

多晶 CVD 金刚石是用来制备能够持续运转的兆瓦级超大功率回旋管输出窗口的不可替代的材料[200],这种回旋管能产生毫米波。输出窗口的电介质材料应当具有以下特殊性质:极低的吸收系数、极高的热导率、极高的机械强度、极低的热膨胀系数、极小的介电常数和极大的尺寸(直径接近 100mm)。如表 1.8 所列,目前公认的[201]满足这些严苛要求的材料只有多晶金刚石,其中最重要的参量是损耗角的正切值 $\tan\delta$,在高质量的金刚石圆片中 $\tan\delta$ 大约为 10^{-5} 甚至更低。$\tan\delta$ 的值由公式 $\tan\delta=\varepsilon''/\varepsilon'$ 求得,其中 ε' 和 ε'' 是介电常数 $\varepsilon=\varepsilon'-\mathrm{i}\varepsilon''$ 相应的实部和虚部。电磁波吸收系数 α 和 $\tan\delta$ 的关系为 $\alpha=(\pi\varepsilon'\nu\tan\delta)/c$,其中 ν 为频率,c 为光速。对于特征值 $\tan\delta=10^{-5}$,在频率 $\nu=170$GHz 处金刚石的吸收系数为 $\alpha\approx10^{-3}$cm^{-1}。

第1章 CVD金刚石:合成与特点

表 1.8 用于生产各波长毫米波段仪器窗口[202]的一些材料的性质:
ε—介电常数, $\tan\delta$—损耗角正切, k—热导率, α—热膨胀系数,
E—弹性模量。其中温度参量为 T=293K,频率为 f=145GHz

材料	ε	$\tan\delta/10^{-4}$	$k/(W/(cm \cdot K))$	$\alpha/10^{-6}K^{-1}$	E/GHz
石英	3.8	3	0.014	0.5	73
BN	4.3	5	0.35	3	60
BeO	6.7	10	2.5	7.6	350
蓝宝石	9.4	2	0.4	8.2	380
Si:Au	11.7	0.03	1.4	2.5	160
CVD金刚石	5.7	0.08	20	0.8	1050

在文献[203]的研究中,研究者首次从理论上证实了金刚石晶体在毫米和亚毫米波段的晶格损耗最小,也得到了只有利用多光子过程才能达到的晶格损耗理论极限值。在所有材料中,金刚石在减少晶格损耗以及由自由载流子造成的损耗这两个方面拥有最小理论极限值。室温条件下,在波长 λ=2mm 处金刚石、硅以及锗的晶格损耗的理论正切值[204] $\tan\delta$ 分别为 10^{-9}、3×10^{-8} 以及 2×10^{-7},不过目前在实际的金刚石样品中 $\tan\delta$ 比预测的极限值要高出3~4个数量级[205]。

图1.49 展示了[206]直径为 55mm、厚度为 0.74mm 的金刚石圆片的 $\tan\delta$、折射系数以及谐振频率(谐振频率反射值实际降至0)与温度的关系曲线,数据由具有高 Q 值的 FabryPerot 谐振器测得。此样品中的损耗角正切为 $\tan\delta \approx 8 \cdot 10^{-6}$ (170GHz,20℃),在文献[205]中处于最低水平。并且在温度区间 20℃<T<400℃ 随温度的增加缓慢增加,这可能是由于晶界处非金刚石成分导电性较弱。当 T>400℃ 时,损耗的增长加快,$\tan\delta$ 从 1.2×10^{-5}(400℃)增长到 2.8×10^{-5}(500℃),折射率从室温条件下的 n=2.381 增长到 500℃的 2.397。

计算表明[207],低吸收的金刚石可以用于制备连续振荡的功率大于 1MW 的回旋管窗口。窗口的吸收功率值约为 1kW,窗口的散热问题通过冷却水解决。图1.50 为铜制外壳上焊有金刚石圆片的图片(在《起源》科技生产企业完成焊接)[202]。窗口样品要在温度区间 25℃ –750℃ –25℃ 以及从 –60℃ 到 150℃ 进行循环热处理试验,同样也要完成在真空密闭的 650℃ 条件下加热 8h 的测试。

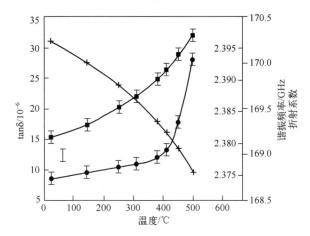

图 1.49　直径为 55mm、厚度为 0.74mm 的金刚石圆片的 tanδ(●)、
折射系数(■)以及谐振频率(+)与温度的关系

图 1.50　焊入铜质水冷外壳的直径为 15mm 和 60mm 的金刚石窗口

4. X 射线波段的吸收

与其它半导体相比,碳原子的原子序数小($Z=6$),因此金刚石对 X 射线的吸收少,可以用来制作测量 X 射线的半透明束流位置探测器[208,209]。文献[210]研究了两种金刚石膜在宽频带 X 射线的透过率。两种金刚石膜是利用直流电弧等离子体和微波等离子体在硅片上沉积的,厚度为 3~660μm,晶粒大小为 1~150μm。X 射线源是带钨阳极的 X 射线管,X 射线管高电压 U_a 和阳极电流 j(目标电子电流)在 8~50kV 和 0.5~15mA 的范围内变化。钨的特征光谱的激发电势为 69.3 kV,因此在给定的阳极电压下,X 射线管的射线光谱是连续的,其最短波长为 $\lambda_{min}[\text{Å}] = 12.4C/U_a[\text{kV}]$,其中常量 $C = 12.4\text{Å/kV}$。样品固定在距离 X 射线管的输出窗口 10cm 处。薄膜的射线透过率 T 为加入样品后 GaAs 探测器

(探测器紧贴在样品前面)读数与没有加入样品的探测器读数之比。将得到的实验数据 T_{exp} 与根据已知的碳元素 X 射线量子消光系数 $\mu(C)$ 计算出的理论值进行比较,并且研究二者与薄膜厚度 x 的关系[211]。在研究的能量区间内,消光系数 $\mu=\mu_a+\mu_s$ 是光电吸收和康普顿吸收 μ_a,以及弹性散射 μ_s 作用之和,其中当 $\lambda<0.6\text{Å}$ 时后一项 μ_s 占主要地位。

图 1.51 为阳极电压分别为 20kV 和 50kV 时射线透过率 $T(x)$ 的计算值以及与之相近的实验值与膜厚度 x 的关系图。若阳极电压 $U_a=50\text{kV}$,当厚度 $x=10\mu\text{m}$ 时,T 的计算值为 98.7%;当厚度 $x=100\mu\text{m}$ 时 $T=90\%$;当厚度 $x=1\text{mm}$ 时 $T=68\%$。因此厚度为几十微米的金刚石膜具有较高的透过率,可以用来制作 X 射线传感器。除此之外,对于较短波长的射线,在相同透过率情况下,可适当增加金刚石膜厚。

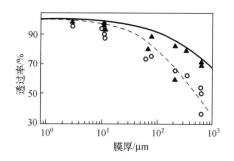

图 1.51　阳极电压 $U_a=20\text{kV}$(计算值—虚线,实验值—○)以及阳极电压 $U_a=50\text{kV}$
(计算值—连续实线,实验值—▲)射线透光率 T 与金刚石膜厚度的关系[210]

文献[212]利用厚度为 60μm 的金刚石膜片制成束流位置探测器,并在 6-20keV 单色高通量 X 射线束下进行测试。研究结果表明,金刚石束流位置探测器具有较快的时间相应和较高的位置灵敏度。

5. 金刚石的受激拉曼散射

最近 10 年,人们越来越喜欢将能进行受激拉曼散射的晶体制备成受激拉曼散射激光器(拉曼激光器)[213-216]。受激拉曼散射可以降低激光脉冲,改善激光束中的射线分布,也可以将波长改变为在一些具体任务中所需的光谱波段,而在这些波段可能没有其他的激光源。目前对于可以大幅度改变频率(频移超过 1000cm^{-1})的受激拉曼散射介质的需求很大。表 1.9 为拉曼散射频移大于 $\omega_{SRS}=850\text{cm}^{-1}$ 的实用型晶体。在这些晶体中金刚石性能最好,其增益 $g\approx 15\text{cm/Gw}$,

拉量位移为 1332cm^{-1},仅次于甲酸锂(1372cm^{-1})。这些特性再加上较宽的光谱波段、高热导率、化学惰性和机械强度等优异性能,使得金刚石成为制备大功率、小尺寸受激拉曼散射激光器的理想材料。

表 1.9 一些可进行受激拉曼散射且拉曼位移 ω_{SRS} 大于 850cm^{-1} 的晶体[213,217]

晶 体	拉曼位移/cm^{-1}	增益/(cm/Gw)	声子寿命/ps
LiHCOO·H$_2$O	1372	3	10
天然金刚石	1332	15	5
CVD 金刚石(多晶)	1332.5	>11	4.2
CaCO$_3$	1086	1.6	8.3
NaNO$_3$	1059	7	10
Ba(NO$_3$)$_2$	1040	10	26
KY(WO$_4$)$_2$	905	3.6	1.5
PbWO$_4$	901		1.5
YVO$_4$	890		3.5
Sr$_5$(PO$_4$)$_3$F	950		3.8

晶体中的拉曼散射过程包括光子和光学声子的相互作用,非弹性散射使光子能量减少或者声子能量增加。拉曼散射中的斯托克斯分量(St)为散射频率为 $\omega_0-\omega_1$ 的光子,其中 ω_1 为声子频率,反斯托克斯分量(ASt)为散射频率增加到 $\omega_0+\omega_1$ 的光子。一般的拉曼散射(自发的)大约只有 10^{-5} 的一小部分散射光发生频移。St 和 ASt 的强度比与温度呈指数函数关系,即 $I(\omega_0-\omega_1)/I(\omega_0+\omega_1)=\exp(-h\omega_1/kT)$,由于密度不同 $v=1$ 或者 0。金刚石的光学声子频率 $\omega_1=1332.5$cm^{-1},当温度 $T=293$K 时 St 和 ASt 的强度比 $I(\omega_0-\omega_1)/I(\omega_0+\omega_1)\approx1.5\times10^{-3}$。自发拉曼散射与介质不相干且是非窄束,但是在入射辐射强度足够强(激发)时在介质中会出现受激拉曼散射。声子频率为 ω_1 的介电常数调制会引起入射波和散射波之间的能量交换[218]。随着入射辐射强度阈值的增加,斯托克斯分量的强度也急剧增加,非斯托克斯分量也增加,这适用于大多数 $v=1$ 水平的激发态分子。受激拉曼散射辐射具有相干性并且光束较窄,受激拉曼散射的入射辐射中大约 80%的能量被转移。

Ⅱa 型天然金刚石是最早发现存在受激拉曼散射效应的三种晶体之一(另外两种为方解石和硫晶体)[219]。1970 年,研究者详细研究了用红宝石激光器激发天然金刚石受激拉曼散射的过程[220],但是由于高品质的天然晶体造价高昂,后来人们越来越少地使用金刚石作为受激拉曼散射的介质,这种状况直到热丝 CVD 金刚石的出现才得以改变。CVD 金刚石中受激拉曼散射振荡实验的初步结果显示,厚度较小(<0.5mm)的多晶金刚石样品,具有很高的吸收系数[217,221,222],但也具有较高的增益效果,其累积效果可以将多达 30% 的能量转化为拉曼散射分量。对以下经抛光处理的透明多晶金刚石膜进行了辐射:厚度为 350μm 的样品,其中含有杂质氢约 75ppm,杂质氮约 1ppm,以及厚度为 1.86mm 的样品,室温条件下利用波长 $\lambda_{f1}=1.06415\mu m$(脉冲时长 $\tau_{f1}\approx 110ps$)以及 $\lambda_{f1}=0.53207\mu m$(脉冲时长 $\tau_{f1}\approx 80ps$)、焦点直径为 160μm 的 $Nd^{3+}:Y_3Al_5O_{12}$ 皮秒脉冲激光器,激发受激拉曼散射振荡。除此之外,利用 $Nd^{3+}:Y_3Al_5O_{12}$ 激光器(脉冲时长为 15ns)来激发受激拉曼散射振荡,在单通路系统里(没有谐振腔)测量了受激拉曼散射和四波混合的光谱成分。皮秒激发态的受激拉曼散射光谱如图 1.52 所示。在波长 $\lambda=1.06415\mu m$ 处的激发可发现三处反斯托克斯分量、一处斯托克斯分量,它们在金刚石光学声子频率为 $\omega_{SRS}=1332.5cm^{-1}$ 处彼此远离。

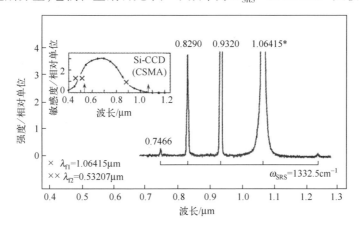

图 1.52 波长为 $\lambda=1.06415\mu m$ 处皮秒激发态的受激拉曼散射光谱
(没有调整 Si 检波器的光谱敏感度)。存在三处反斯托克斯分量、一处斯托克斯分量
以及激发曲线(用 * 标记出)。插入图片为硅 CCD 检波器的光谱敏感度

多晶金刚石中利用三种波长的皮秒和纳秒脉冲激发的受激拉曼散射的分量观察结果如表 1.10 所列。观测到以下几种最大的受激拉曼散射分量:第三位的

是波长为 $\lambda=1.06415\mu m$ 处激发的 ASt 曲线($\lambda=0.7466\mu m$),第二位是波长为 $\lambda=0.53207\mu m$ 处激发的 St 曲线($\lambda=0.6200\mu m$),这样受激拉曼散射分量覆盖了波长 $0.466\sim2.033\mu m$ 的波段。

表 1.10 利用 $Nd^{3+}:Y_3Al_3O_{12}$ 激光器波长为 $\lambda_{f1}=1.06415\mu m$,$\lambda_{f2}=0.53207\mu m$,$\lambda_{f3}=1.3187\mu m$($^4F_{3/2}\to{}^4I_{13/2}$)从纳秒脉冲和皮秒脉冲激发的多晶金刚石受激拉曼散射斯托克斯分量和反斯托克斯分量曲线振荡的光谱分量

激发参数		斯托克斯和反斯托克斯分量		
λ_f, μm	脉冲时长	波长/μm	曲线	受激拉曼散射曲线序列
1.06415①	约 15ns	0.9320	ASt_1	$\omega_{f1}+\omega_{SRS}$
		1.06415	λ_{f1}	ω_{f1}
		1.2400	St_1	$\omega_{f1}-\omega_{SRS}$
		1.4854	St_2	$\omega_{f1}-2\omega_{SRS}$
	约 110ps	0.7466	ASt_3	$\omega_{f1}+3\omega_{SRS}$
		0.8290	ASt_2	$\omega_{f1}+2\omega_{SRS}$
		0.9320	ASt_1	$\omega_{f1}+\omega_{SRS}$
		1.06415	λ_{f1}	ω_{f1}
		1.2400	St_1	$\omega_{f1}-\omega_{SRS}$
0.53207①	约 15ns	0.4968	ASt_1	$2\omega_{f1}+\omega_{SRS}$
		0.53207	λ_{f2}	$2\omega_{f1}$
		0.5727	St_1	$2\omega_{f1}-\omega_{SRS}$
	约 80ps	0.4660	ASt_1	$2\omega_{f1}+2\omega_{SRS}$
		0.4968	ASt_2	$2\omega_{f1}+\omega_{SRS}$
		0.53207	λ_{f2}	$2\omega_{f1}$
		0.5727	St_1	$2\omega_{f1}-\omega_{SRS}$
		0.6200	St_2	$2\omega_{f1}-2\omega_{SRS}$
1.3187②	约 15ns	1.1216	ASt_1	$\omega_{f3}+\omega_{SRS}$
		约 1.6	St_1	$\omega_{f3}-\omega_{SRS}$
		约 2.033	St_2	$\omega_{f3}-2\omega_{SRS}$

① 金刚石膜的厚度约为 $350\mu m$;
② 金刚石膜的厚度约为 1.86mm

多晶金刚石中波长为 $\lambda_{St1}=1.2400\mu m$ 数量级最大的斯托克斯分量的增益 g_{ssR}^{St1} 不小于 11cm/GW。这一数值比天然单晶的 $g_{ssR}^{St1}=15cm/GW$ 要小,因为受激

拉曼散射主要是在晶界处发生损失。当强度为 2.5GW/cm², 波长为 λ_{f2} = 0.53207nm 时,受激发而转化为斯托克斯和反斯托克斯分量的总转化率在 30% 左右。

对单晶 CVD 金刚石中的受激拉曼散射进行研究发现[223],在皮秒激发时增益较高,波长 λ_{St1} = 1.2400μm 时 g_{ssR}^{St1} ≥ 12.5cm/GW,所有受激拉曼散射分量的总激发转化率约为 45%,在晶体冷却到低温(10K)前增益几乎没有变化[224]。

第一台在可见光波段(573nm)振荡的单晶 CVD 金刚石受激拉曼散射激光器在 2008 年由 Mildren 等人研发[225]。自此以后,金刚石的受激拉曼散射激光器的发展获得巨大的飞跃(这一领域研究的详细介绍可参见文献[226])。目前这种脉冲式或连续式受激拉曼散射激光器可在宽光谱波段工作,从紫外光[227]和可见光[225,228]到近红外区[229-233]和中红外区[234]。利用 Yb 光纤激光器[235] 10ms 脉冲激发时,金刚石受激拉曼散射激光器的平均功率成功达到了前所未有的 381W。金刚石作为受激拉曼散射激光器介质的主要优点在于其将高热导率,低光热系数和低热膨胀系数集于一身,这极大降低了热透镜的影响,从而保证了高质量的激光束。

1.3.3 力学特性

金刚石是自然界中硬度最大的物质,其硬度 H = 80~100GPa(与单晶晶向有关)、弹性模量 E = 1143GPa[2]。金刚石的抗弯强度也是影响其在力学领域应用的重要参数,理想的金刚石晶体抗弯强度超过 90GPa[236],但是由于在实际的金刚石结构中存在缺陷,因此实际上抗弯强度要比理想值低 1~2 个数量级。研究表明[99,236-242],多晶 CVD 金刚石的抗弯强度 σ 并不是某个确定数值,它随着晶粒大小、结构、合成的方法和条件、施加载荷的几何参数变化而变化,例如,一般情况下利用三点抗弯测试厚度为 0.4~2.4mm 的多晶金刚石薄片的抗弯强度,σ 值的变化范围为 300~1200MPa[237]。值得强调的是,对厚度为 0.18mm 的 Ⅱa 型单晶金刚石膜进行同样的测量,得到的抗弯强度明显增加为 σ = 2400MPa。

利用三点抗弯测试测量的优点在于可对小尺寸的样品进行测量,其测量简图如图 1.53 所示。例如,利用激光从块体金刚石上切割下长度约为 10mm 的柱状样品进行测量,并且为了统计数据,还要同一块金刚石上切割至少 10 个同样大小的柱状样品[99,237]。

如图 1.53 所示,将样品固定在两个支座上(两支座间距为 L),在样品中心处施加载荷 F,F 的施加导致样品弯曲(弯曲挠度为 D),不断测量 F/D 的值直到样品断裂。抗弯强度 σ 与发生断裂时的施加载荷临界值 F_c 满足如下关系[243]:

$$\sigma = (3L/2h^2b)F_c \tag{1.2}$$

式中:b、h 为样品相对应的宽度和厚度。

在测量抗弯强度时弹性模量 E 的计算公式如下:

$$E = \frac{L^3}{4bh^3} \cdot \frac{F}{D} \tag{1.3}$$

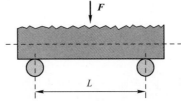

图 1.53 衬底面受到拉伸作用时利用三点抗弯测试对样品施加载荷简图

拉伸作用力在样品的下表面达到最大,离下表面越远作用力越小(1/2 厚度处为 0),而在另一面作用力为挤压作用力。由于多晶金刚石的晶粒大小沿着金刚石膜的法线方向变化,而金刚石呈锥形结构,并且强度的测量值与施加载荷方向有关,因此从厚度相同的一批样品中取一部分使晶粒较小的衬底面受拉伸作用(在这种情况下,衬底面固定在支座上,施力杆与生长面接触),另一部分样品则相反,即生长面受到拉伸作用。

我们还研究了抗弯强度 σ 与多晶片厚度的关系[99]如图 1.54 所示。当拉力作用在细晶粒的衬底面,最小厚度 $h=60\mu m$ 的样品 σ 值达到 $(2194\pm146)MPa$,σ 值随着膜厚度的增加而减小,当 $h\approx1000\mu m$ 时 σ 减小到 $(604\pm95)MPa$。在生长面受到拉伸作用时得到的抗弯强度值较小,σ 的值分别为 $1200MPa(h=60\mu m)$ 和 $200MPa(h=1000\mu m)$。该结论与 Pickles[237] 以及 Sperl 团队[242]利用光学性能优良的金刚石膜以及在微波等离子体中制备的金刚石膜的强度与厚度关系数据一致(没有指出合成参数)。同时我们还发现测得的抗弯强度比在直流电弧等离子体中生长的多晶膜[239]的抗弯强度要大很多(大约是其 2 倍)。

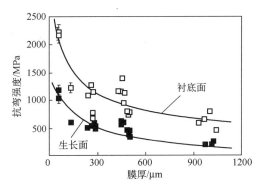

图 1.54　样品的生长面(■)以及衬底面(□)时抗弯强度 σ 与金刚石膜厚度的关系[99]

通过显微镜观察断口形貌发现,断裂发生在晶粒内部,而不是沿着晶界,这表明此处晶界的强度较高。多晶金刚石的强度由样品内的缺陷决定。缺陷的尺寸受晶粒大小的限制,在衬底面上晶粒更小,因此在晶粒小的衬底面承受的载荷更大。与晶粒直径同一大小的大尺寸缺陷决定断裂的临界值[237],这些大尺寸缺陷可能是由于生长过程中不断增加的高局部应力而造成的晶界边缘缺陷、细小的裂纹[105,237]或者是沿着晶界的带状缺陷[244]。

晶粒尺寸大于 100nm 的多晶(陶瓷)材料通常满足格里菲斯方程[243],裂纹长度 c 与强度 σ 的关系为 $\sigma=kc^{-1/2}$,其中 k 为常量。如果缺陷的大小与晶粒大小 d 相等,即 $c\approx d$(正如 Pickles 所展示的[237],这对于多晶金刚石是正确的),也就是说 $\sigma\sim d^{-1/2}$。一般情况下公式可写作

$$\sigma=\sigma_0+K^{-1/2} \tag{1.4}$$

式中:σ_0、K 为常量。

如图 1.55 所示[99],当多晶金刚石的每一面都受到拉伸作用时,这个公式成立。这里的晶粒大小 d 指的是生长面上能观察到的晶粒的平均直径。

利用最小平方法确定的常量 σ_0 和 K 如表 1.11 所列。在晶粒细小的衬底面,随着晶粒尺寸减小,抗弯强度明显增大。而对产生长面,抗弯强度随晶粒尺寸的变化趋势就相对缓慢。Espinosa 等人[245]发现,随着晶粒尺寸继续减小直到 d 约为 10nm 时,强度明显增加到 4GPa,但是增长的幅度不如式(1.4)明显。

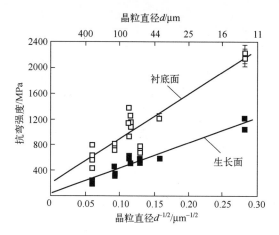

图 1.55 当衬底面(□)和生长面(■)分别受拉伸时在格里菲斯坐标系中 $(\sigma, d^{-1/2})$ 金刚石膜抗弯强度 σ 与晶粒大小 d 的关系[99]

表 1.11 测得的多晶金刚石膜[99]的式(1.4)的常量

拉 伸 面	σ_0/MPa	K/(MPa·cm$^{1/2}$)
生长面(21 个样品)	41±36	3900±270
衬底面(21 个样品)	197±105	6910±780

利用威布尔模型分析断裂的统计数据[238,243],得出样品断裂的累计概率 P 与载荷 σ 的关系为

$$P(\sigma) = 1 - \exp[-(\sigma/\sigma_N)^m] \quad (1.5)$$

式中:m 为威布尔模量;σ_N 为标准强度(与概率 $P=63.2\%$ 相符)。

m 的值利用直线斜率求出:

$$\ln[-\ln(1-P)] = -m\ln\sigma_N + m\ln\sigma \quad (1.6)$$

实验研究中 P 的值由公式 $P(i) = (i-1/2)/n$ 确定,其中 i 为按照强度依次递增的顺序排列的实验样品编号,n 为所有断裂样品的总数。威布尔模量大小决定了强度的实验临界值分布曲线的宽度:模量值越高,每一个测得的临界值和平均值的差别就越小。当 $m>20$ 时可认为材料是均匀的,且材料中含有尺寸相近的缺陷。

图 1.56 可观察到厚度为 130~600μm 的样品[99]在生长面和衬底面上分别得到的威布尔分布。其中生长面和衬底面相对应的 m 值为 6.4 和 4.5,标准强度值分别为 $\sigma_N \approx 550$MPa 和 1060MPa(表 1.12)。

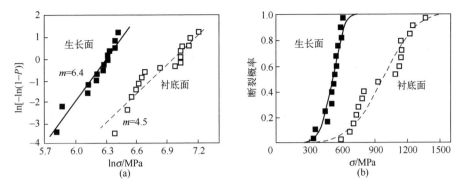

图1.56 (a)对数函数坐标系中威布尔分布(式(1.6))以及(b)将拉力施加在生长面(■)和衬底面(□)时的断裂概率 P[99]

表1.12 威布尔模量以及金刚石膜的标准强度 σ_N[99]

受到拉伸作用的面	威布尔模量 m	σ_N/MPa
生长面(14个样品)	6.4±0.4	549±38
衬底面(16个样品)	4.5±0.4	1063±88

将得到的威布尔模量与其他研究者测得的数据进行比较,其他研究者得到的数据如下:生长面 $m_g = 9.8 \sim 11.6$;衬底面 $m_s = 6.5 \sim 11$[237], $m_g = 17.4$, $m_s = 8.9$[246], $m_g = 4.7$, $m_s = 2.6$[238]。可以看到,可能是由于材料结构和制备条件存在差异使得数据十分分散。然而通常在拉力的作用下,大晶粒生长面的模量 m 值(虽然生长面的标准强度和平均强度 σ 要低)要比小晶粒的衬底面的 m 值大,这表明了在拉力作用下生长面的行为更具预测性。由于平均强度随着金刚石厚度的增加而减小(图1.54),所以表1.12中模量 m 必然会因为实验样品厚度 h 存在差异而导致数值偏小。

利用三点法,测得的厚度为 $60 \sim 270 \mu m$ 的10个样品两种状态下(分别在生长面和衬底面施加载荷)之间不等平均值,弹性模量为 $E = (1072 \pm 153)$ GPa[99],这与多晶金刚石根据所有晶粒取向得出的平均理论值 $E = 1143 GPa$ 很接近(计算中忽略晶体结构)[238]。

金刚石膜中不同的晶向及晶界处存在的非晶相会明显降低薄膜的抗弯强度,同时裂纹也容易分布在较"薄弱"的区域——晶界处,这一说法与文献[99]中的结论一致。文献[99]比较了两个厚度相等 $h \approx 0.5 mm$ 但主要晶面分别为(110)和(100)(图1.57)的金刚石膜的抗弯强度,发现透明金刚石在晶粒内部发生断裂,且有很多微小台阶状结构。而黑色金刚石的断裂面与从衬底面延伸到生长面的晶界重合。在黑色金刚石晶界处的拉曼散射光谱中可发现位移在 1500cm^{-1} 的非晶碳峰位(在晶粒中心的光谱中没有非晶碳峰位),因此在取向为(100)晶面的有缺陷的金刚石中,晶界处的晶粒与晶体内部相比更加无序,所以晶界是抗弯能力较弱的区域。

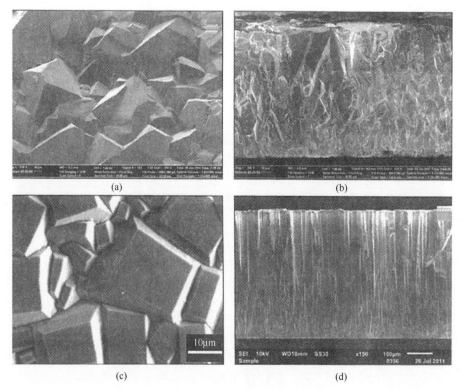

图1.57 厚度为0.5mm左右的多晶金刚石膜生长表面((a)(c))以及断裂面((b)(d))的扫描电子显微镜图。在光学性能良好的材料中断裂发生在晶粒内部,在黑色金刚石中断裂发生在柱状晶粒的晶界处[99]

(a)(b)光学性能良好,主要晶面为(110)的金刚石;(c)(d)晶面为(100)的黑色金刚石。

文献[99]中分别测量了拉伸条件下黑色金刚石和无色透明金刚石的生长面(σ_g)以及衬底面(σ_n)时的抗弯强度平均值,结果如表1.13所列,每个样品每次的抗弯强度大小如图1.58所示。黑色金刚石的衬底面和生长面在拉伸的条件下测得的强度平均值分别为316MPa和141MPa,较其他光学性能良好的金刚石抗弯强度低2~2.5倍。利用光学表面轮廓仪测量断裂面的粗糙度,结果发现黑色金刚石的粗糙度比透明金刚石粗糙度低($R_{rms}=11\mu m$),原因在于前者生长裂纹的晶界光滑,而后者的断裂面穿过晶粒,造成很多从几十纳米到几微米不等的微小台阶状结构,从而加大了自身的粗糙度(达到 $R_{rms}=15\mu m$)。

表 1.13 拉伸厚度为 0.5mm 的黑色金刚石和透明金刚石的生长面(σ_g)以及衬底面(σ_n)得到的抗弯强度以及样品断裂面的粗糙度 R_{rms}[99]

样品颜色	厚度/μm	晶粒大小 $d^{①}$/μm	σ_g/MPa	σ_n/MPa	R_{rms}/μm
黑色	538±39	约 10	141±10	316±109	11.1±1.1
透明	490±10	约 60	312±33	812±86	15.1±4.2
① 利用 EBSD 确定晶粒的大小					

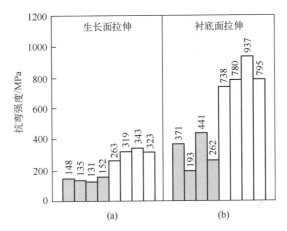

图 1.58 厚度均为 0.5mm 的透明金刚石(浅色柱形图)和黑色金刚石(深色柱形图)分别在(a)生长面受拉伸以及(b)衬底面受拉伸时测得的抗弯强度[99]

1.3.4 电学性质

金刚石是一种宽禁带半导体,禁带宽度为 5.45eV,金刚石的击穿电压高(10^7V/cm),室温条件下电阻率高(达 10^{16}Ω/cm),介电常数低($\varepsilon=5.7$),空穴迁移率($\mu_h=1600cm^2/(V\cdot c)$)以及电子迁移率($\mu_e=2200cm^2/(V\cdot c)$)高。其中关于迁移率的数据均来自天然单晶金刚石,而在文献[68]中测得的单晶 CVD 金刚石数据要比之高出 2 倍左右,即 $\mu_h=3800cm^2/(V\cdot c)$,$\mu_e=4500cm^2/(V\cdot c)$。宽禁带半导体由于具有抗辐射稳定性、高导热性以及化学稳定性,而在放射电子学中得到广泛应用[247-250]。由于本征金刚石本身的导电性非常小,在大多数基于金刚石的电子器件中都要使用掺杂金刚石。而向结构紧密的金刚石晶格中掺入杂质是十分困难的,目前只能向金刚石中成功掺入两种物质:一种是掺杂硼(B),构成 p 型导电,其活化能 $E_a=0.37\text{eV}$[251];另一种是掺杂磷(P)构成 n 型导电,其活化能 $E_a=0.59\text{eV}$[252],一般通过注入含 B 元素的混合气体,如乙硼烷(B_2H_6)、三甲基硼烷($B(CH_3)_3$)或者含磷元素的磷化氢(PH_3)等来实现掺杂。当金刚石中硼的含量大于 $3\times10^{20}\text{cm}^{-3}$ 时,其导电性可媲美金属,当硼的含量更高且温度大约为 11K 时甚至可以达到超导状态[253]。有关制备电子器件时使用掺杂金刚石的各个方面的研究已在很多著作中提到[248,254-259]。这里我们只研究非掺杂 CVD 金刚石的两处应用:在探测器和场效应晶体管中的应用。

1. 光电特性:X 射线以及紫外探测器

准分子激光器在显微加工、摄影、医疗等领域需求量越来越大,因此我们需要研制出能够监控辐射量、激光束状态及脉冲形式且能够抗辐射的稳定的探测器。248nm(KrF 激光器)、193nm(ArF 激光器)和 157nm(F2 激光器),向较短波长移动时,会遇到硅传感器探测效率降低的问题。而基于金刚石膜的紫外传感器[260-266]制备的光敏电阻型探测器,暗电流低(低于 10pA),在可见光波段敏感度低,损伤阈值在 $100\text{mJ}/\text{cm}^2$,但 20nsArF 激光器的阈值更高[261]。文献[264]研究了采用多晶金刚石薄片的探测器的光谱光敏性以及其对 ArF 激光器脉冲辐射的光响应。探测器中采用的是厚度为 0.4mm 和 0.8mm,面积为 10mm×10mm 的多晶金刚石膜(晶粒大小约为 100μm)。金刚石膜首先经过表面抛光、在 580℃ 空气中退火除去表层,然后利用光刻法制作面积为 12mm^2 的叉指电极,电极宽度为 100μm,间隙为 50μm,欧姆接触由 Au/Cr 构成。研究静态光照射时的光响应,采用的是 Xe 光灯(Germax,300W)作为光源,频率为 $f=13\sim700\text{Hz}$ 的滤光器来调节光束的频率。对于脉冲辐射利用的是 ArF 激光器(Neweks PSX100,脉冲时长 3.5ns,能量为 5mJ)。当电极上的偏压 $V_b=50\text{V}$ 时在波段 190~1000nm 的光谱光敏度如图 1.59 所示。

探测器在可见光波段响应度很低(只有几微安每瓦),但是在接近金刚石吸收边——波长 225nm 处,光响应度可以增加到 0.8A/W,这使得金刚石探测器具有光谱选择性,即在紫外波段和可见光波段的光响应度之比可以达到 10^5,表现

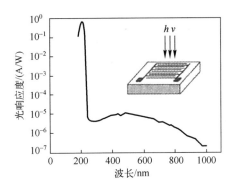

图 1.59 在准静态光的照射下厚度为 0.4mm 的金刚石紫外光电探测器的光谱光敏度。电压偏压 $V_b=50V$,频率 133Hz。附加图为以金刚石为材料的电极的几何形状[264]

出日盲探测性能。金刚石探测器对于光响应的选择性在高温条件下(至少可达到 300℃)同样适用[262]。同时在波长更短的波段($\lambda<200nm$)时,由于表面受激振荡载流子的重新组合,金刚石的光响应度会降低。

金刚石探测器在可见光波段的光响应是由禁带内部缺陷和杂质导致吸收,虽然其在可见光波段的光响应很低,但我们仍然不希望有光响应的出现。在偏压取值 $V_b=0.2\sim20V$ 的范围内,即 $40\sim4000V/cm$ 范围内电极上的光电流和偏压保持线性关系(图 1.60)。当偏压 $V_b=10V$ 时,暗电流 I_d 大约为 10pA。温度关系式 $I_d(T)$ 满足阿伦尼乌斯公式,其活化能为 1.06eV。

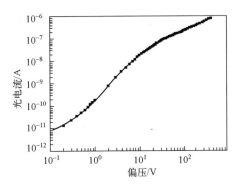

图 1.60 在利用带有叉指电极的紫外探测器照射时,波长 220nm 处光电流和电极偏压 V_b 的关系

ArF 激光器典型的光响应动态变化如图 1.61 所示。对比金刚石探测器的光响应曲线可以发现,该探测器的信号总体上与脉冲图像吻合,但是其半高宽为

5ns 比脉冲信号半高宽 3.5ns 高。半高宽的增大很有可能与载流子复合所需时间有关,其在高质量的多晶金刚石样品中可能会超过 1ns[267]。利用有缺陷的金刚石制成的探测器响应更加迅速,但代价是敏感度降低。

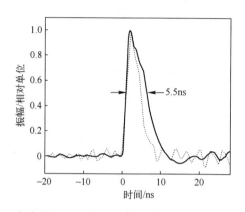

图 1.61　ArF 脉冲激光器的脉冲时间图像(虚线)以及厚度为 0.8mm 的
金刚石传感器的光响应(实线)曲线[264]

在 $0.1<E<10\mu J/cm^2$ 的范围内,脉冲探测器的信号 I_p 和能量密度 E 表现为线性关系,在 $E<20\mu J/cm^2$ 范围内,两者从线性关系变为次线性关系,在能量密度更高时二者的关系满足 $I_p \sim E^{1/2}$,这种转变可以解释为金刚石缺陷中发生的载流子复合、从单分子模式转变为直接的双分子模式($\beta=0.5$)的结果。文献[268]进行了金刚石紫外探测器稳定性剂量实验,结果表明,当 ArF 激光器能量密度为 $1mJ/cm^2$,曝光时间达到 10^6 脉冲时,主要参数(暗电流,光谱光敏感度,信号图像)仍保持不变,接近工业体系的要求。大尺寸多晶金刚石膜(为 $10\sim100cm^2$)决定了它们在制备抗辐射、定位灵敏[269]的紫外线和 X 射线波段辐射传感器[270]方面具有广阔前景。金刚石的高抗辐射稳定性使其可以作为高灵敏元件使用,如用于太空试验舰载紫外探测器[271]。

除此之外,一种基于多晶金刚石的点阵式探测器也逐渐被开发,它可以通过对紫外线和 X 射线光束强度分布分析,实现实时的光束轮廓重建[272]。目前束流形貌检测是激光眼外科、放射医疗、X 射线光谱学、医疗诊断以及晶体学中必需的手段。图 1.62 为该类型探测器的一种设计方案。

利用热蒸发方法在大小为 10mm×10mm、厚度为 260μm 的抛光金刚石薄片的两面形成银质欧姆接触。在施加偏压的一面连续银层的厚度为 50nm,该银层

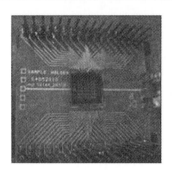

图 1.62　一种带支架的二维像素金刚石探测器(在中心位置)，
金刚石的尺寸为 10mm×10mm[272]

对入射辐照是半透明的，反面接触的银层厚度为 200nm。利用光刻法在金刚石膜上形成 36 个像素单元，其大小为 0.75mm×0.75mm，像素单元之间的间隙为 150μm。探测器作用的原理如图 1.63 所示，穿透半透明接触的光子产生电子空穴对，当偏压为 10~40V 时光生载流子向像素单元偏移。每个像素的信号频率为 2kHz，由像素构成信号分布图。当探测器连续受到紫外线($\lambda=235$nm)辐射时，其信号在电压范围 100V 以内比暗电流高出 3 个数量级。当激光功率密度为 1.4mJ/cm^2 时，即使是在施加了 2×10^6 个脉冲之后探测器的各种特性也没有任何减弱。这种探测器还可以用来检测钼阳极(带量子能量的 K_α 曲线 17.5keV，K_β 曲线 19.6keV)的 X 射线管发出的连续辐射光束的分布。射线管的电压为 45kV，电流为 1.1mA。探测器放置在离射线管输出窗口 5cm 处，这时辐射光点

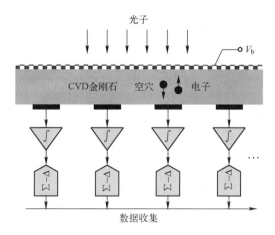

图 1.63　二维辐射探测器的几何图像及作用原理

的直径约为 3mm。开始时射线束形貌在探测器的某个起始位置被检测（图 1.64），然后探测器沿着平行于射线束的方向移动,移动间距大约为 1mm,同时可以清晰记录射线束中心的偏移。

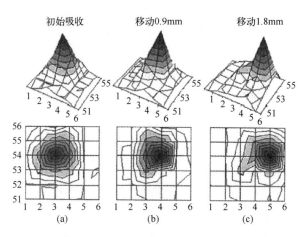

图 1.64 （a）探测器在初始位置由伦琴射线管(Mo 阳极)发出的连续射线束形貌分布，以及沿着平行于射线束的方向连续移动(b)0.9mm 和(c)1.8mm 后的形貌分布。其中,偏压大小为 40V,图像范围为 5.25mm×5.25mm；下方图像为二维图像,上方为三维图像[272]

2. 多晶和单晶 CVD 金刚石氢化表面的导电性:场效应晶体管

一般人们会把金刚石具有 p 型导电性和掺硼金刚石这两个概念联系在一起，但是在室温条件下由于活化能相对较高 $E_a = 0.37\text{eV}$,因此只有很小的一部分载流子可以被活化。其中一个解决办法就是利用金刚石较薄的氢化近表层(厚度小于 10nm)的二维导电性,近表层金刚石 p 型导电性的活化能很低 $E_a < 50 \text{ meV}$[273]。氢终端金刚石表面的 p 型导电性产生原因可以解释为,氢终端表面与吸附的空气中的分子如水分子等发生氧化还原反应,产生电荷转移,从而使表面产生受主能级[274]。一些电子亲合能高的金属,如 Al 或者 Cr,可以在 p 型表面形成肖特基接触。这种表面导电现象最早由 Kawarada 等人利用[275],以展示经过微波氢等离子体处理的金刚石外延膜的晶体管效应。基于具有二维空穴导电性的金刚石膜制成的场效应晶体管的结构如图 1.65 所示。源极和漏极为欧姆接触,一般是用金制成,源极和漏极之间的较窄沟道的栅极为肖特基接触。目前很多团队展开了基于单晶金刚石膜制成的场效应晶体管结构(MESFET)研究[276-284]。

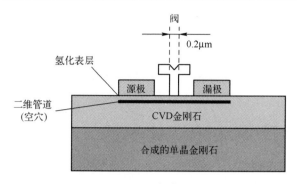

图 1.65　基于外延金刚石膜的氢化表层[275]制成的场效应微波晶体管的结构

图 1.66 中为采用晶粒大小为几十微米的多晶片氢化表层制成场效应晶体管[278]。首先将面积为 8mm×8mm,厚度为 0.5mm 的抛光多晶金刚石膜在压强为 80Torr,温度为 650℃ 的氢等离子体中处理 10min 以形成 p 层,随后利用四探针法测量其表面电阻为 $(14\pm2)k\Omega$。然后利用电子刻蚀的方法形成蝴蝶形状的场效应晶体管(图 1.66(a)~(c))。源极和漏极的欧姆接触由 Au 制成,而长度为 0.2~0.5μm 的肖特基栅极则由 Al 制成。栅极的宽度 W_G 的变化范围为 25~200μm。通过在 O_2/Ar 等离子体中刻蚀处理金刚石来使器件绝缘(局部除去导电层)。

由伏安特性以及 C-V 特性测得的空穴的迁移率在室温下为 $\mu \approx 100 cm^2/(V \cdot c)$,其表面密度约为 $10^{13} cm^{-2}$。场效应晶体管高频特性——根据电流 $|H21|^2$ 的增益以及所达到的最大增益系数(在信号低水平下)与频率的关系如图 1.66(d)所示。当漏极-源极电压 $V_{ds}=-35V$,栅极-源极电压 $V_{gs}=0$ 时,截止频率最大。最大频率 f_{max}(MAG=1)为 35GHz,当频率为 10GHz 时,增益等于 12dB。当场强为 $1.75\times10^6 V/cm$ 时,最大频率 $f_T(|H21|^2=1)$ 为 10GHz。基于多晶金刚石制成的场效应晶体管可以达到很高的参数,是因为场效应晶体管的结构与金刚石膜的晶粒大小相似或者比其更小。对于 CVD 单晶,基于金刚石氢化表层制成的场效应晶体管结构的截止频率 f_T 的最佳结果为 $f_T=53GHz$[283],而对于 100μm 左右晶粒更大的多晶金刚石则 $f_T=45GHz$[277]。

金刚石膜的高导电性不仅可以通过掺杂来实现,还可以通过形成纳米石墨相以构成连贯的导电沟道来实现,而超纳米晶金刚石膜的高导电性就是采用后者获得的[119,121,285]。当超纳米晶膜在掺杂氮气的 $Ar/CH_4/H_2$ 混合气体中沉积时,金刚石晶体可以形成含有被几层石墨层包裹着的纳米杆或纳米线结

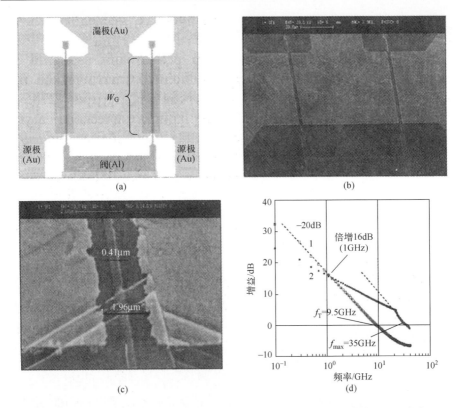

图 1.66 基于多晶金刚石的蝴蝶型场效应晶体管结构图:(a)源极和漏极—Au,栅极—Al;
其扫描电子显微镜图:(b)整体图以及(c)靠近沟道区域栅极长度为 400nm 的成像。
(d)场效应晶体管根据电流 $|H21|^2$ 的增益(1)以及所达到的 MAG 最大增益系数与
频率的关系(2);晶体管结构参数:栅极的长度 $L=0.2\mu m$,宽度 $W_G=25\mu m$。
标出了截止频率 f_T 以及最大频率 $f_{max}(\Gamma)$[278]

构[122,126]。这种含两种成分且由导电石墨相构成电子移动通路的结构使得掺氮金刚石膜具有导电性[127]。制备具有导电性的超纳米晶金刚石的方法之一是向工作气体中加入氮气,且氮气浓度高于临界值(一般高于 15%)。如图 1.67 所示,当氮气在混合气体中占的比例从 0 增加到 25%时,膜的电阻率将从 $10^{10}\Omega \cdot cm$ 减小到 $10^{-2}\Omega \cdot cm$ 以下[121],因此通入氮气可以控制超纳米晶金刚石膜的导电数值在 12 个数量级内变化。

导电金刚石镀层近年来广泛应用在电化学方面,而在不久之前人们还主要利用掺杂硼的微晶以及纳米晶膜作为导电金刚石镀层。掺杂硼的金刚石电极具

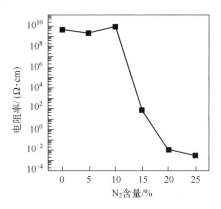

图 1.67 超纳米晶金刚石膜的电阻率与 $Ar/CH_4/H_2/N_2$ 混合气体下微波等离子体中氮气含量的关系[121]

有极高的稳定性、抗腐蚀稳定性、与有机化合物反应的选择性,因此可以将其应用于电解以及电分析领域[286]。然而电化学研究表明[287-293]掺杂氮的超纳米晶金刚石膜完全可以代替传统的掺硼金刚石电极,因为二者的电化学性质相近。但是有研究发现,在一定条件下腐蚀可能会(对石墨成分的腐蚀)导致超纳米晶金刚石结构不稳定[294]。但是这类金刚石膜依然是作为电极的理想材料,因为致密无孔厚度小的膜即使是在形状复杂的衬底上依然可以利用毒性小的掺杂材料沉积制成。导电超纳米晶金刚石膜也被视为前景广阔的优质材料,可用于锂电池[295]、场发射阴极[296]、光电阴极[297]、微电子机械系统[298],以及医学中作为可植入生物体内并利用电信号控制移植器官的微导线[299]等多个领域。

结语

现代等离子体化学气相沉积合成金刚石工艺可以制备出较薄的多晶金刚石,直径大于 50mm 的金刚石膜以及可以作为光学材料应用的高纯度单晶金刚石。CVD 金刚石,它们主要应用于受激拉曼散射激光器、大功率连续激光输出窗口、多光谱光学元件、用于量子信息学的 NV 和 SiV 色心单光子发射源、紫外和 X 射线波段探测器,用以显示同步加速器(X 射线激光器)激光束的闪烁器等多个领域。毫无疑问,随着合成工艺的优化、材料质量的提高、研究及工业化成本的降低,CVD 金刚石在光学领域的应用将会越来越广泛。

参考文献

[1] The Properties of Natural and Synthetic Diamond / Ed. by J.E. Field. London: Academic Press, 1992.

[2] *Новиков Н.В.* Физические свойства алмаза. Киев: Наукова думка, 1987.

[3] *Seal M.* High technology applications of diamond // The Properties of Natural and Synthetic Diamond / Ed. by J.E. Field. London: Academic Press, 1992. P. 620.

[4] *Douglas-Hamilton D.H., Hoag E.D., Seitz J.R.M.* Diamond as a high-power-laser window // JOSA. 1974. Vol. 64, N 1. P. 36–38.

[5] *Вавилов В.С., Гиппиус А.А., Конорова Е.А.* Электронные и оптические процессы в алмазе. М.: Наука, 1985. 120 с.

[6] *Квасков В.Б.* Природные алмазы России. М.: Полярон, 1997. С. 148–194.

[7] Low-Pressure Synthetic Diamond: Manufacturing and Applications / Ed. by B. Dischler, C. Wild. Springer Science & Business Media, 2013.

[8] *Zaitsev A.M.* Optical Properties of Diamond: A Data Handbook. Springer, 2013.

[9] *Aharonovich I., Greentree A.D., Prawer S.* Diamond photonics // Nature Photon. 2011. Vol. 5, N 7. P. 397–405.

[10] Optical Engineering of Diamond / Ed. by R. Mildren, J. Rabeau. Wiley, 2013. 446 p.

[11] *Конов В.И.* Углеродная фотоника // Квантовая электроника. 2015. Т. 45, № 11. С. 1043–1049.

[12] *Wentorf R.H. Jr.* Diamond growth rates // J. Phys. Chem. 1971. Vol. 75, N 12. P. 1833–1837.

[13] *Palyanov Yu.N., Kupriyanov I.N., Khokhryakov A.F., Ralchenko V.G.* Crystal Growth of Diamond // Handbook of Crystal Growth (2nd ed.) / Ed. by P. Rudolph. Elsevier, 2015. Vol. 2. P. 671–713.

[14] *D'Haenens-Johansson U.F., Katrusha A., Moe K.S., Johnson P., Wang W.* Large colorless HPHT synthetic diamonds from new diamond technology // Gems & Gemology. 2015. Vol. 51, N 3.

[15] *Sato Y., Kamo M.* Synthesis of diamond from the vapour phase // The Properties of Natural and Synthetic Diamond / Ed. by J.E. Field. London: Academic Press, 1992. P. 423–470.

[16] *Spitsyn B.V.* Growth of diamond films from the vapour phase // Handbook of Crystal Growth / Ed. by D.T.J. Hurle. 1994. Vol. 3. P. 401–456.

[17] Handbook of Industrial Diamonds and Diamond Films / Ed. by M.A. Prelas, G. Popovici, L.K. Bigelow. N.Y., Basel, Hong Kong: Marcel Dekker, 1997.

[18] *Белянин А.Ф., Самойлович М.И.* Пленки алмаза и алмазоподобных материалов: формирование, строение и применение в электронике // Высокие технологии в промышленности России. М.: ЦНИТИ «Техномаш», 2003. С. 19–110.

[19] *Varnin V.P., Laptev V.A., Ralchenko V.G.* The state of the art in the growth of diamond crystals and films // Inorg. Mater. 2006. Vol. 42. Suppl. 1, N 1. P. S1–S18.

[20] Physics and Applications of CVD Diamond / Ed. by S. Koizumi, C. Nebel, M. Nesladek. Wiley, 2008.

[21] *Balmer R.S., Brandon J.R., Clewes S.L., Dhillon H.K., Dodson J.M., Friel I., Inglis P.N., Madgwick T.D., Markham M.L., Mollart T.P., Perkins N., Scarsbrook G.A., Twitchen D.J., Whitehead A.J., Wilman J.J., Woollard S.M.* Chemical vapour deposition synthetic diamond: materials, technology and applications // J. Phys.: Condens. Matter. 2009. Vol. 21, N 36. P. 364221.

[22] *Butler J.E., Mankelevich Y.A., Cheesman A., Ma J. Ashfold M.N.R.* Understanding the chemical vapor deposition of diamond: Recent progress // J. Phys.: Condens. Matter. 2009. Vol. 21. P. 364201.

[23] *Спицын Б.В., Дерягин Б.В.* Способ наращивания граней алмаза. А.С. № 339134 (СССР) с приоритетом от 10.07.1956 // Бюлл. 1980. № 17. С. 233.

[24] *Eversole W.G.* Synthesis of diamond. US Patent N 3.030.187. Appl, 1958. Publ. 1962.

[25] *Mildren R.P., Sabella A., Kitzler O., Spence D.J., McKay A.M.* Diamond Raman laser design and performance // Optical Engineering of Diamond / Ed. by R. Mildren, J. Rabeau. Wiley, 2013. P. 239–276.

[26] Quantum Information Processing with Diamond: Principles and Applications / Ed. by S. Prawer, I. Aharonovich. Cambridge, UK: Woodhead Publ., 2014. 352 p.

[27] *Рогалин В.Е., Ашкинази Е.Е., Попович А.Ф., Ральченко В.Г., Конов В.И., Аранчий С.М., Рузин М.В., Успенский С.А.* Стойкость алмазной оптики в луче мощного волоконного лазера // Материалы электронной техники. 2011. № 3. С. 41–44.

[28] *Гарнов С.В.* Многофотонное возбуждение и рекомбинация неравновесных носителей заряда в широкозонных кристаллах при воздействии пикосекундных лазерных импульсов / Дис. ... доктора физ.-мат. наук. М.: ИОФ РАН, 2001.

[29] *Spitsyn B.V., Bouilov L.L., Derjaguin B.V.* Vapor growth of diamond on diamond and other surfaces // J. Cryst. Growth. 1981. Vol. 52. P. 219–226.

[30] *Silva F., Achard J., Brinza O., Bonnin X., Hassouni K., Anthonis A., De Corte K., Barjon J.* High quality, large surface area, homoepitaxial

MPACVD diamond growth // Diamond Relat. Mater. 2009. Vol. 18, N 5. P. 683–697.

[31] *Алтухов А.А., Вихарев А.Л., Горбачёв А.М., Духновский М.П., Земляков В.Е., Зяблюк К.Н., Митенкин А.В., Мучников А.Б., Радищев Д.Б., Ратникова А.К., Федоров Ю.Ю.* Исследование свойств монокристаллического алмаза, выращенного из газовой фазы на подложках из природного алмаза // ФТП. 2011. Т. 45, № 3. С. 403–407.

[32] *Koizumi S., Inuzuka T.* Initial growth process of epitaxial diamond thin films on cBN single crystals // Jpn. J. Appl. Phys. 1993. Vol. 32, N 9R. P. 3920.

[33] *Nistor L., Buschmann V., Ralchenko V., Dinca G., Vlasov I., Van Landuyt J., Fuess H.* Microstructural characterization of diamond films deposited on c-BN crystals // Diamond Relat. Mater. 2000. Vol. 9, N 3. P. 269–273.

[34] *Schreck M., Asmussen J., Shikata S., Arnault J.-C., Fujimori N.* Large-area high-quality single crystal diamond // MRS Bull. 2014. Vol. 39, N 6. P. 504–510.

[35] *Хмельницкий Р.А.* Перспективы выращивания монокристаллического алмаза большого размера // УФН. 2015. Т. 185, № 2. С. 143–159.

[36] *Goodwin D.G., Butler J.E.* Theory of diamond chemical vapor deposition // Handbook of Industrial Diamonds and Diamond Films / Ed. by M.A. Prelas, G. Popovici, L.K. Bigelow. N.Y., Basel, Hong Kong: Marcel Dekker, 1997. P. 527–581.

[37] *Gruen D.M.* Nanocrystalline diamond films // Ann. Rev. Mater. Sci. 1999. Vol. 29, N 1. P. 211–259.

[38] *Clages C.P., Schaefer L.* Hot-filament deposition of diamond // Low-Pressure Synthetic Diamond: Manufacturing and Applications / Ed. by B. Dischler, C. Wild. Springer, 2013. P. 85–101.

[39] *Matsumoto S., Sato Y., Tsutsumi M., Setaka N.* Growth of diamond particles from methane-hydrogen gas // J. Mater. Sci. 1982. Vol. 17, N 11. P. 3106–3112.

[40] *Fryda M., Herrmann D., Schafer L., Klages C.P.* Properties and applications of diamond electrodes // Proc. ADC/FCT'99: 5th Intl. Conf. on the Application of Diamond Films and Related Materials and 1st Intl. Conf. on Frontier Carbon Technology / Ed. by M. Yoshikawa, Y. Koga, Y. Tzeng, C.-P. Klages, K. Miyoshi. Tsukuba, Japan: AIST, 1999. P. 165–170.

[41] *Matsui Y., Yabe H., Hirose Y.* The growth mechanism of diamond crystals in acetylene flames // Jpn. J. Appl. Phys. 1990. Vol. 29, N 8R. P. 1552–1560.

[42] *Ravi K.V.* Combustion synthesis: is it the most flexible of the diamond synthesis processes? // Diamond Relat. Mater. 1995. Vol. 4, N 4. P. 243–249.

[43] *Löwe A.G., Hartlier A.T., Brand J., Atakan B., Kohse-Höinghaus K.* Diamond deposition in low-pressure acetylene flames: in situ temperature and

species concentration measurements by laser diagnostics and molecular beam mass spectrometry // Combustion and Flame. 1999. Vol. 118, N 1. P. 37–50.

[44] *Okada M., Nishigawara Y., Kubomura K.* A process for continuous manufacturing of diamond in atmosphere // Diamond Relat. Mater. 2002. Vol. 11, N 8. P. 1479–1484.

[45] *Takeuchi S., Murakawa M.* Synthesis and evaluation of high-quality homoepitaxial diamond made by the combustion flame method // Thin Solid Films. 2000. Vol. 377. P. 290–294.

[46] *Варнин В.П., Дерягин Б.В., Федосеев Д.В., Теремецкая И.Г., Ходан А.Н.* Особенности роста поликристаллических алмазных пленок из газовой фазы // Кристаллография. 1977. Т. 22, № 4. С. 893–896.

[47] *Попов С.В., Спицын Б.В., Алексенко А.Е.* Получение поликристаллических алмазных пленок миллиметровой толщины // Труды 1-го Межд. семинара по алмазным пленкам (Улан-Удэ, 1991). М.: Техника средств связи. Серия «Технология производства и оборудование». 1991. Вып. 4. С. 51–54.

[48] *Chapliev N.I., Konov V.I., Pimenov S.M., Prokhorov A.M., Smolin A.A.* Laser-assisted selective area deposition of diamond films // Applications of Diamond Films and Related Materials / Ed. by Y. Tzeng, M. Yoshikawa, M. Murakawa, A. Feldman. Elsevier, 1991. P. 417–421.

[49] *Kamada M., Arai S., Sawabe A., Murakami T., Inuzuka T.* Thick diamond films grown by DC discharge plasma chemical vapor deposition and their characteristics // Science and Technology of New Diamond / Ed. by S. Saito, O. Fukunaga, M. Yoshikawa. Tokio: TERRAPUB, 1990. P. 55–58.

[50] *Nesladek M.* Investigation of rotating DC discharge for diamond deposition // Diamond Relat. Mater. 1993. Vol. 2, N 2-4. P. 357–360.

[51] *Mankelevich Y.A., Rakhimov A.T., Suetin N.V., Kostyuk S.V.* Diamond growth enhancement in dc discharge CVD reactors. Effects of noble gas addition and pulsed mode application // Diamond Relat. Mater. 1996. Vol. 5, N 9. P. 964–967.

[52] *Eun K.Y., Lee J.K., Lee W.S., Baik Y.J.* Free-standing diamond wafers deposited by single-and multi-cathode direct-current plasma assisted CVD // Proc. ADC/FCT'99: 5th Intl. Conf. on the Application of Diamond Films and Related Materials and 1st Int. Conf. on Frontier Carbon Technology / Ed. by M. Yoshikawa, Y. Koga, Y. Tzeng, C.-P. Klages, K. Miyoshi. Tsukuba, Japan: AIST, 1999. P. 175–178.

[53] *Kurihara K., Sasaki K., Kawarada M., Koshino N.* High rate synthesis of diamond by dc plasma jet chemical vapor deposition // Appl. Phys. Lett.

1988. Vol. 52, N 6. P. 437–438.

[54] *Ohtake N., Yoshikawa M.* Diamond film preparation by arc discharge plasma jet chemical vapor deposition in the methane atmosphere // J. Electrochem. Soc. 1990. Vol. 137, N 2. P. 717–722.

[55] *Aksenov I.I., Vasil'ev V.V., Strel'nitskij V.E., Shulaev V.M., Zaleskij D.Y.* Arc discharge plasma torch for diamond coating deposition // Diamond Relat. Mater. 1994. Vol. 3, N 4. P. 525–527.

[56] *Lu F.X., Zhong G.F., Sun J.G., Fu Y.L., Tang W.Z., Wang J.J., Li G.H., Zang J.M., Pan C.H., Tang C.X., Lo T.L., Zhang Y.G.* A new type of DC arc plasma torch for low cost large area diamond deposition // Diamond Relat. Mater. 1998. Vol. 7, N 6. P. 737–741.

[57] *Partlow W.D., Schreurs J., Young R.M.* Low cost diamond production with large plasma torches // Proc. 3rd Intl. Conf. Applications of Diamond Films and Related Materials / Ed. by A. Feldman, W.A. Yarbrough, M. Murakawa, Y. Tzeng, M. Yoshikawa. Washington: NIST Spec. Publ., 1995. P. 519.

[58] *Gray K.J., Windischmann H.* Free-standing CVD diamond wafers for thermal management by dc arc jet technology // Diamond Relat. Mater. 1999. Vol. 8, N 2. P. 903–908.

[59] *Переверзев В.Г., Ральченко В.Г., Смолин А.А., Власов И.И., Образцова Е.Д., Конов В.И., Метев С., Оцеговски М., Зепольд Г.* Осаждение алмазных покрытий из газовой фазы методом электродугового плазмотрона постоянного тока // Физика и химия обработки материалов. 1999. № 2. С. 28–36.

[60] *Pereverzev V.G., Pozharov A.S., Konov V.I., Ralchenko V.G., Brecht H., Metev S., Sepold G.* Improved DC arc-jet diamond deposition with a secondary downstream discharge // Diamond Relat. Mater. 2000. Vol. 9, N 3. P. 373–377.

[61] *Chen R.F., Shen Z.X., Dai L.G., Zhang X.L., Zhu R., Zuo D.W.* Effect of input power on the deposition of optical grade thick diamond film in a DCPJ CVD jet system // Key Eng. Mat., Trans. Tech. Publ. 2010. Vol. 426. P. 245–248.

[62] *Konov V.I., Prokhorov A.M., Uglov S.A., Bolshakov A.P., Leontiev I.A., Dausinger F., Hügel H., Angstenberger B., Sepold G., Metev S.* CO_2 laser-induced plasma CVD synthesis of diamond // Appl. Phys. A. 1998. Vol. 66, N 5. P. 575–578.

[63] *Bolshakov A.P., Konov V.I., Prokhorov A.M., Uglov S.A., Dausinger F.* Laser plasma CVD diamond reactor // Diamond Relat. Mater. 2001. Vol. 10, N 9. P. 1559–1564.

[64] *Большаков А.П., Востриков В.Г., Дубровский В.Ю., Конов В.И., Косырев Ф.К., Наумов В.Г., Ральченко В.Г.* Лазерный плазмотрон для бескамерного осаждения алмазных пленок // Квантовая электроника. 2005. Т. 35, № 4. С. 385–389.

[65] *Bachmann P.K., Leers D., Lydtin H.* Towards a general concept of diamond chemical vapour deposition // Diamond Relat. Mater. 1991. Vol. 1, N 1. P. 1–12.

[66] *Sevillano E.* Microwave-plasma deposition of diamond // Low-Pressure Synthetic Diamond: Manufacturing and Applications / Ed. by B. Dischler, C. Wild. Berlin: Springer, 1998. P. 11–39.

[67] *Bachmann P.K.* Microwave-Plasma Chemical Vapor Deposition of Diamond // Handbook of Industrial Diamonds and Diamond Films / Ed. by M.A. Prelas, G. Popovici, L.K. Bigelow. N.Y., Basel, Hong Kong: Marcel Dekker, 1997. P. 821–850.

[68] *Isberg J., Hammersberg J., Johansson E., Wikström T., Twitchen D.J., Whitehead A.J., Coe S.E., Scarsbrook G.A.* High carrier mobility in single-crystal plasma-deposited diamond // Science. 2002. Vol. 297, N 5587. P. 1670–1672.

[69] *Yan C., Vohra Y.K., Mao H., Hemley R.J.* Very high growth rate chemical vapor deposition of single-crystal diamond // Proc. Natl. Acad. Sci. USA. 2002. Vol. 99, N 20. P. 12523–12525.

[70] *Muchnikov A.B., Vikharev A.L., Gorbachev A.M., Radishev D.B., Blank V.D., Terentiev S.A.* Homoepitaxial single crystal diamond growth at different gas pressures and MPACVD reactor configurations // Diamond Relat. Mater. 2010. Vol. 19, N 5. P. 432–436.

[71] *Kamo M., Sato Y., Matsumoto S., Setaka N.* Diamond synthesis from gas phase in microwave plasma // J. Cryst. Growth. 1983. Vol. 62, N 3. P. 642–644.

[72] *Vikharev A.L., Gorbachev A.M., Kozlov A.V., Radishev D.B., Muchnikov A.B.* Microcrystalline diamond growth in presence of argon in millimeter-wave plasma-assisted CVD reactor // Diamond Relat. Mater. 2008. Vol. 17, N 7. P. 1055–1061.

[73] *Füner M., Wild C., Koidl P.* Novel microwave plasma reactor for diamond synthesis // Appl. Phys. Lett. 1998. Vol. 72, N 10. P. 1149–1151.

[74] *Сергейчев К.Ф., Лукина Н.А., Большаков А.П., Ральченко В.Г., Арутюнян Н.Р., Бокова С.Н, Конов В.И.* Осаждение алмазных пленок в плазме СВЧ-факела при атмосферном давлении // Журн. прикл. физики. 2008. № 6. С. 39–43.

[75] *Chayahara A., Mokuno Y., Horino Y., Takasu Y., Kato H., Yoshikawa H., Fujimori N.* The effect of nitrogen addition during high-rate homoepitaxial growth of diamond by microwave plasma CVD // Diamond Relat. Mater. 2004. Vol. 13, N 11. P. 1954–1958.

[76] *Asmussen J., Grotjohn T.A., Schuelke T., Becker M.F., Yaran M.K., King D.J., Wicklein S., Reinhard D.K.* Multiple substrate microwave plasma-assisted chemical vapor deposition single crystal diamond synthesis // Appl. Phys. Lett. 2008. Vol. 93, N 3. P. 31502.

[77] *Ho S., Yan C., Liu Z., Mao H., Hemley R.* Prospects for large single crystal CVD diamonds // Ind. Diamond Rev. 2006. Vol. 66, N 1. P. 28–31.

[78] *Meng Y., Yan C., Krasnicki S., Liang Q., Lai J., Shu H., Yu T., Steele A., Mao H., Hemley R.J.* High optical quality multicarat single crystal diamond produced by chemical vapor deposition // Phys. Status Solidi A. 2012. Vol. 209, N 1. P. 101–104.

[79] *Tallaire A., Achard J., Silva F., Brinza O., Gicquel A.* Growth of large size diamond single crystals by plasma assisted chemical vapour deposition: Recent achievements and remaining challenges // Comptes Rendus Physique. 2013. Vol. 14, N 2. P. 169–184.

[80] *Lu J., Gu Y., Grotjohn T.A., Schuelke T., Asmussen J.* Experimentally defining the safe and efficient, high pressure microwave plasma assisted CVD operating regime for single crystal diamond synthesis // Diamond Relat. Mater. 2013. Vol. 37. P. 17–28.

[81] *Bolshakov A.P., Ralchenko V.G., Yurov V.Y., Popovich A.F., Antonova I.A., Khomich A.A., Ashkinazi E.E., Ryzhkov S.G., Vlasov A.V., Khomich A.V.* High-rate growth of single crystal diamond in microwave plasma in CH_4/H_2 and CH_4/H_2/Ar gas mixtures in presence of intensive soot formation // Diamond Relat. Mater. 2016. Vol. 62. P. 49–57.

[82] *Williams O.A.* Nanocrystalline diamond // Diamond Relat. Mater. 2011. Vol. 20, N 5-6. P. 621–640.

[83] *Smolin A.A., Ralchenko V.G., Pimenov S.M., Kononenko T.V., Loubnin E.N.* Optical monitoring of nucleation and growth of diamond films // Appl. Phys. Lett. 1993. Vol. 62, N 26. P. 3449–3451.

[84] *Daenen M., Williams O.A., D'Haen J., Haenen K., Nesládek M.* Seeding, growth and characterization of nanocrystalline diamond films on various substrates // Phys. Status Solidi A. 2006. Vol. 203, N 12. P. 3005–3010.

[85] *Tsugawa K., Ishihara M., Kim J., Koga Y., Hasegawa M.* Nucleation enhancement of nanocrystalline diamond growth at low substrate temperatures by adamantane seeding // J. Phys. Chem. C. 2010. Vol. 114, N 9. P. 3822–3824.

[86] *Sedov V.S., Ral'chenko V.G., Khomich A.A., Sizov A.I., Zvukova T.M., Konov V.I.* Stimulation of the diamond nucleation on silicon substrates with a layer of a polymeric precursor in deposition of diamond films by microwave plasma // J. Superhard Mater. 2012. Vol. 34, N 1. P. 37–43.

[87] *Zakhidov A.A., Baughman R.H., Iqbal Z., Cui C., Khayrullin I., Dantas S., Marti J., Ralchenko V.G.* Carbon structures with three-dimensional periodicity at optical wavelengths // Science. 1998. Vol. 282, N 5390. P. 897–901.

[88] *Ralchenko V., Vlasov I., Frolov V., Sovyk D., Karabutov A., Gogolin-*

sky K., Yunkin V. CVD diamond films on surfaces with intricate shape // Nanostructured Thin Films and Nanodispersion Strengthened Coatings / Ed. by A.A. Voevodin, D.V. Shtansky, E.A. Levashov, J.J. Moore. Kluwer, 2004. P. 209–220.

[89] *Nistor L.C., Landuyt J.V., Ralchenko V.G., Smolin A.A., Korotushenko K.G., Obraztsova E.D.* Structural studies of diamond thin films grown from DC arc plasma // J. Mater. Res. 1997. Vol. 12, N 10. P. 2533–2542.

[90] *Angus J.C., Sunkara M., Sahaida S.R., Glass J.T.* Twinning and faceting in early stages of diamond growth by chemical vapor deposition // J. Mater. Res. 1992. Vol. 7, N 11. P. 3001–3009.

[91] *Wang C.F., Hanson R., Awschalom D.D., Hu E.L., Feygelson T., Yang J., Butler J.E.* Fabrication and characterization of two-dimensional photonic crystal microcavities in nanocrystalline diamond // Appl. Phys. Lett. 2007. Vol. 91, N 20. P. 201112.

[92] *Ralchenko V.G., Pimenov S.M.* Processing // Handbook of Industrial Diamonds and Diamond Films / Ed. by M.A. Prelas, G. Popovici, L.K. Bigelow. N.Y., Basel, Hong Kong: Marcel Dekker, 1997. P. 983–1021.

[93] *Ralchenko V.G., Pimenov S.M., Kononenko T.V., Korotushenko K.G., Smolin A.A., Obraztsova E.D., Konov V.I.* Processing of CVD diamond with UV and green lasers // Proc. 3rd Intl. Conf. «Applications of Diamond Films and Related Materials» / Ed. by A. Feldman, Y. Tzeng, W.A. Yarbrough, M. Yoshikawa, M. Murakawa. NIST Spec. Publ., 1995. P. 225–232.

[94] *Ralchenko V.G., Smolin A.A., Korotoushenko K.G., Nounouparov M.S., Pimenov S.M., Vodolaga B.K.* A technique for controllable seeding of ultrafine diamond particles for growth and selective-area deposition of diamond films // Proc. 2nd Intl. Conf. «Applications of Diamond Films and Related Materials» / Ed. by M. Yoshikawa, M. Murakawa, Y. Tzeng, W.A. Yarbrough. Tokyo: MYU, 1993. P. 475–480.

[95] *Ralchenko V.G., Korotoushenko K.G., Smolin A.A., Konov V.I.* Patterning of diamond films by direct laser writing: selective-area deposition, chemical etching and surface smoothing. // Advances in New Diamond Science and Technology / Ed. by S. Saito. Tokyo: MYU, 1994. P. 493–496.

[96] *Inoue T., Tachibana H., Kumagai K., Miyata K., Nishimura K., Kobashi K., Nakaue A.* Selected-area deposition of diamond films. // J. Appl. Phys. 1990. Vol. 67, N 12. P. 7329–7336.

[97] *Masood A., Aslam M., Tamor M.A., Potter T.J.* Techniques for patterning of CVD diamond films on non-diamond substrates // J. Electrochem. Soc. 1991.Vol. 138, N 11. P. L67–L68.

[98] *van der Drift A.* Evolutionary selection, a principle governing growth ori-

entation in vapour-deposited layers // Philips Res. Rep. 1967. Vol. 22, N 3. P. 267–288.

[99] *Ralchenko V.G., Pleuler E., Lu F.X., Sovyk D.N., Bolshakov A.P., Guo S.B., Tang W.Z., Gontar I.V., Khomich A.A., Zavedeev E.V., Konov V.I.* Fracture strength of optical quality and black polycrystalline CVD diamonds // Diamond Relat. Mater. 2012. Vol. 23. P. 172–177.

[100] *Fodchuk I.M., Tkach V.M., Ralchenko V.G., Bolshakov A.P., Ashkinazi E.E., Vlasov I.I., Garabazhiv Y.D., Balovsyak S.V., Tkach S.V., Kutsay O.M.* Distribution in angular mismatch between crystallites in diamond films grown in microwave plasma // Diamond Relat. Mater. 2010. Vol. 19, N 5-6. P. 409–412.

[101] *Liu T., Raabe D.* Influence of nitrogen doping on growth rate and texture evolution of chemical vapor deposition diamond films // Appl. Phys. Lett. 2009. Vol. 94, N 2. P. 021119.

[102] *Liu T., Raabe D., Zaefferer S.* A 3D tomographic EBSD analysis of a CVD diamond thin film // Sci. Technol. Adv. Mater. 2008. Vol. 9. P. 035013.

[103] *Ralchenko V.G., Smolin A.A., Konov V.I., Sergeichev K.F., Sychov I.A., Vlasov I.I., Migulin V.V., Voronina S.V., Khomich A.V.* Large-area diamond deposition by microwave plasma // Diamond Relat. Mater. 1997. Vol. 6, N 2-4. P. 417–421.

[104] *Ральченко В.Г., Савельев А.В., Попович А.Ф., Власов И.И., Воронина С.В., Ашкинази Е.Е.* Двухслойные теплоотводящие диэлектрические подложки алмаз–нитрид алюминия // Микроэлектрон. 2006. Т. 35, № 4. С. 243–248.

[105] *Vlasov I.I., Ralchenko V.G., Obraztsova E.D., Smolin A.A., Konov V.I.* Stress mapping of chemical-vapor-deposited diamond film surface by micro-Raman spectroscopy // Appl. Phys. Lett. 1997. Vol. 71, N 13. P. 1789–1791.

[106] *Ralchenko V., Sychov I., Vlasov I., Vlasov A., Konov V., Khomich A., Voronina S.* Quality of diamond wafers grown by microwave plasma CVD: effects of gas flow rate // Diamond Relat. Mater. 1999. Vol. 8, N 2-5. P. 189–193.

[107] *Wild C., Koidl P., Müller-Sebert W., Walcher H., Kohl R., Herres N., Locher R., Samlenski R., Brenn R.* Chemical vapour deposition and characterization of smooth {100}-faceted diamond films // Diamond Relat. Mater. 1993. Vol. 2, N 2-4. P. 158–168.

[108] *Nistor L., Van Landuyt J., Ralchenko V., Vlasov I.* Defects and microstructure of diamond films grown at different hydrogen flow rates // Proc. ADC/FCT'99: 5th Intl. Conf. on the Application of Diamond Films and Related Materials and 1st Int. Conf. on Frontier Carbon Technology / Ed.

by M. Yoshikawa, Y. Koga, Y. Tzeng, C.-P. Klages, K. Miyoshi. Tsukuba, Japan: AIST, 1999. P. 90–95.

[109] *Nistor L., Van Landuyt J., Ralchenko V.* Structural aspects of CVD diamond wafers grown at different hydrogen flow rates // Phys. Status Solidi A. 1999. Vol. 174, N 1. P. 5–9.

[110] *Sukhadolau A.V., Ivakin E.V., Ralchenko V.G., Khomich A.V., Vlasov A.V., Popovich A.F.* Thermal conductivity of CVD diamond at elevated temperatures // Diamond Relat. Mater. 2005. Vol. 14, N 3-7. P. 589–593.

[111] *Zhou D., Gruen D.M., Qin L.C., McCauley T.G., Krauss A.R.* Control of diamond film microstructure by Ar additions to CH_4/H_2 microwave plasmas // J. Appl. Phys. 1998. Vol. 84, N 4. P. 1981–1989.

[112] *Bénédic F., Mohasseb F., Bruno P., Silva F., Lombardi G., Hassouni K., Gicquel A.* Synthesis of nanocrystalline diamond films in $Ar/H_2/CH_4$ microwave discharges // Synthesis, Properties and Applications of Ultrananocrystalline Diamond / Ed. by D.M. Gruen, O.A. Shenderova, A.Y. Vul'. Berlin: Springer, 2005. P. 79–92.

[113] *Auciello O., Sumant A.V.* Status review of the science and technology of ultrananocrystalline diamond (UNCD) films and application to multifunctional devices // Diamond Relat. Mater. 2010. Vol. 19. P. 699–718.

[114] *Konov V.I., Smolin A.A., Ralchenko V.G., Pimenov S.M., Obraztsova E.D., Loubnin E.N., Metev S.M., Sepold G.* Dc arc plasma deposition of smooth nanocrystalline diamond films // Diamond Relat. Mater. 1995. Vol. 4, N 8. P. 1073–1078.

[115] *Gruen D.M., Liu S., Krauss A.R., Luo J., Pan X.* Fullerenes as precursors for diamond film growth without hydrogen or oxygen additions // Appl. Phys. Lett. 1994. Vol. 64, N 12. P. 1502.

[116] *Konov V.I., Smolin A.A., Ralchenko V.G., Pimenov S.M., Obraztsova E.D., Loubnin E.N., Metev S.M., Sepold G.* DC arc plasma deposition of smooth nanocrystalline diamond films in hydrogen-free mixtures // Int. Conf. Diamond Films'94. Il Ciocco. Italy, 1994.

[117] *Curtiss L.A., Zapoll P., Sternberg M., Redfernm P.C., Horner D.A., Gruen D.M.* Quantum chemical studies of growth mechanisms of ultrananocrystalline diamond // Synthesis, Properties and Applications of Ultrananocrystalline Diamond / Ed. by D.M. Gruen, O.A. Shenderova, A.Y. Vul'. Berlin: Springer, 2005. Vol. 192. P. 39–48.

[118] *Richley J.C., Fox O.J.L., Ashfold M.N.R., Mankelevich Y.A.* Combined experimental and modeling studies of microwave activated $CH_4/H_2/Ar$ plasmas for microcrystalline, nanocrystalline, and ultrananocrystalline diamond deposition // J. Appl. Phys. 2011. Vol. 109, N 6. P. 063307.

[119] *Bhattacharyya S., Auciello O., Birrell J., Carlisle J.A., Curtiss L.A., Goyette A.N., Gruen D.M., Krauss A.R., Schlueter J., Sumant A., Zapol P.*

Synthesis and characterization of highly-conducting nitrogen-doped ultrananocrystalline diamond films // Appl. Phys. Lett. 2001. Vol. 79, N 10. P. 1441–1443.

[120] *Ральченко В.Г., Конов В.И., Савельев А.В., Попович А.Ф., Власов И.И., Терехов С.В., Заведеев Е.В., Хомич А.В., Божко А.Д.* Свойства легированных азотом нанокристаллических алмазных пленок, выращенных в СВЧ разряде // Матер. 11-й межд. конф. «Высокие технологии в промышленности России». М.: Техномаш, 2005. С. 541–546.

[121] *Ralchenko V., Pimenov S., Konov V., Khomich A., Saveliev A., Popovich A., Vlasov I., Zavedeev E., Bozhko A., Loubnin E., Khmelnitskii R.* Nitrogenated nanocrystalline diamond films: Thermal and optical properties // Diamond Relat. Mater. 2007. Vol. 16, N 12. P. 2067–2073.

[122] *Vlasov I., Lebedev O.I., Ralchenko V.G., Goovaerts E., Bertoni G., Van Tendeloo G., Konov V.I.* Hybrid diamond-graphite nanowires produced by microwave plasma chemical vapor deposition // Adv. Mater. 2007. Vol. 19, N 22. P. 4058–4062.

[123] *Liu W.L., Shamsa M., Calizo I., Balandin A.A., Ralchenko V., Popovich A., Saveliev A.* Thermal conduction in nanocrystalline diamond films: Effects of the grain boundary scattering and nitrogen doping // Appl. Phys. Lett. 2006. Vol. 89, N 17. P. 171915.

[124] *Ralchenko V.G., Saveliev A.V., Vlasov I.I., Khomich A.V., Popovich A.F., Ostrovskaya L., Dub S.N., Konov V.I.* Synthesis of nanocrystalline diamond films in microwave plasma // Proc. 9th International Workshop «Strong Microwaves: Sources and Applications» (Nizhny Novgorod, Russia, 2009) / Ed. by A.G. Litvak. Vol. 2. P. 564–571.

[125] *Vlasov I.I., Goovaerts E., Ralchenko V.G., Konov V.I., Khomich A.V., Kanzyuba M.V.* Vibrational properties of nitrogen-doped ultrananocrystalline diamond films grown by microwave plasma CVD // Diamond Relat. Mater. 2007. Vol. 16, N 12. P. 2074–2077.

[126] *Arenal R., Bruno P., Miller D.J., Bleuel M., Lal J., Gruen D.M.* Diamond nanowires and the insulator-metal transition in ultrananocrystalline diamond films // Phys. Rev. B. 2007. Vol. 75, N 19. P. 195431.

[127] *Власов И.И., Канзюба М.В., Ширяев А.А., Волков В.В., Ральченко В.Г., Конов В.И.* Перколяционная модель перехода диэлектрик-проводник в ультрананокристаллических алмазных пленках // Письма в ЖЭТФ. 2012. Т. 95, № 7. С. 435–439.

[128] *Tallaire A., Achard J., Silva F., Sussmann R.S., Gicquel A., Rzepka E.* Oxygen plasma pre-treatments for high quality homoepitaxial CVD diamond deposition // Phys. Status Solidi A. 2004. Vol. 201, N 11. P. 2419–2424.

[129] *Большаков А.П., Ральченко В.Г., Польский А.В., Ашкинази Е.Е., Хо-*

мич А.А., Шаронов Г.В., Хмельницкий Р.А., Заведеев Е.В., Хомич А.В., Совык Д.Н., Конов В.И. Выращивание эпитаксиальных алмазных пленок и кристаллов в микроволновой плазме // Рос. хим. журн. 2012. Т. 56, № 1-2. С. 70–75.

[130] *Liang Q., Chin C.Y., Lai J., Yan C., Meng Y., Mao H., Hemley R.J.* Enhanced growth of high quality single crystal diamond by microwave plasma assisted chemical vapor deposition at high gas pressures // Appl. Phys. Lett. 2009. Vol. 94, N 2. P. 024103.

[131] *Frauenheim T., Jungnickel G., Sitch P., Kaukonen M., Weich F., Widany J., Porezag D.* A molecular dynamics study of N-incorporation into carbon systems: Doping, diamond growth and nitride formation // Diamond Relat. Mater. 1998. Vol. 7, N 2-5. P. 348–355.

[132] *Wang W., Moses T., Linares R.C., Shigley J.E., Hall M., Butler J.E.* Gem-quality synthetic diamonds grown by a chemical vapor deposition (CVD) method // Gems & Gemology. 2003. Vol. 39, N 4. P. 268–283.

[133] *Achard J., Silva F., Brinza O., Tallaire A., Gicquel A.* Coupled effect of nitrogen addition and surface temperature on the morphology and the kinetics of thick CVD diamond single crystals // Diamond Relat. Mater. 2007. Vol. 16, N 4-7. P. 685–689.

[134] *Mokuno Y., Chayahara A., Soda Y., Yamada H., Horino Y., Fujimori N.* High rate homoepitaxial growth of diamond by microwave plasma CVD with nitrogen addition // Diamond Relat. Mater. 2006. Vol. 15, N 4-8. P. 455–459.

[135] *Samlenski R., Haug C., Brenn R., Wild C., Locher R., Koidl P.* Incorporation of nitrogen in chemical vapor deposition diamond // Appl. Phys. Lett. 1995. Vol. 67, N 19. P. 2798–2800.

[136] *Bushuev E.V., Yurov V.Y., Bolshakov A.P., Ralchenko V.G., Ashkinazi E.E., Ryabova A.V., Antonova I.A., Volkov P.V., Goryunov A.V., Luk'yanov A.Y.* Synthesis of single crystal diamond by microwave plasma assisted chemical vapor deposition with in situ low-coherence interferometric control of growth rate // Diamond Relat. Mater. 2016. Vol. 66. P. 83–89.

[137] *Nepsha V.I.* Heat capacity, conductivity, and the thermal coefficient of expansion // Handbook of Industrial Diamond and Diamond Films / Ed. by M.A. Prelas, G. Popovici, L.K. Bigelow. N.Y., Basel, Hong Kong: Marcel Dekker, 1997. P. 147–192.

[138] *Berman R.* Thermal properties // The Properties of Diamond / Ed. by J.E. Field. London: Academic Press, 1979. P. 3–22.

[139] *Yoder M.N.* Diamond properties and applications // Diamond Films and Coatings: Development, Properties, and Applications / Ed. by R.F. Davis. Noyes Publ. 1993. P. 1–30.

[140] *Graebner J.E., Mucha J.A., Baiocchi F.A.* Sources of thermal resistance

in chemically vapor deposited diamond // Diamond Relat. Mater. 1996. Vol. 5, N 6. P. 682–687.
[141] *Graebner J.E., Reiss M.E., Seibles L., Hartnett T.M., Miller R.P., Robinson C.J.* Phonon scattering in chemical-vapor-deposited diamond // Phys. Rev. B. 1994. Vol. 50, N 6. P. 3702–3713.
[142] *Wörner E., Wild C., Müller-Sebert W., Locher R., Koidl P.* Thermal conductivity of CVD diamond films: high-precision, temperature-resolved measurements // Diamond Relat. Mater. 1996. Vol. 5. N 6-8. P. 688–692.
[143] *Инюшкин А.В., Талденков А.Н., Ральченко В.Г., Конов В.И., Хомич А.В., Хмельницкий Р.А.* Теплопроводность поликристаллического CVD-алмаза: эксперимент и теория // ЖЭТФ. 2008. Т. 134, № 3. С. 544–556.
[144] *Inyushkin A.V., Taldenkov A.N., Ralchenko V.G., Vlasov I.I., Konov V.I., Khomich A.V., Khmelnitskii R.A., Trushin A.S.* Thermal conductivity of polycrystalline CVD diamond: effect of annealing-induced transformations of defects and grain boundaries // Phys. Status Solidi A. 2008. Vol. 205, N 9. P. 2226–2232.
[145] *Callaway J.* Model for lattice thermal conductivity at low temperatures // Phys. Rev. 1959. Vol. 113, N 4. P. 1046–1051.
[146] *Klemens P.G.* Phonon scattering and thermal resistance due to grain boundaries // Intl. J. Thermophys. 1994. Vol. 15, N 6. P. 1345–1351.
[147] *Graebner J.E., Jin S., Kammlott G.W., Bacon B., Seibles L., Banholzer W.* Anisotropic thermal conductivity in chemical vapor deposition diamond // J. Appl. Phys. 1992. Vol. 71, N 11. P. 5353–5356.
[148] *Ивакин Е.В., Суходолов А.В., Ральченко В.Г., Власов А.В., Хомич А.В.* Измерение теплопроводности поликристаллического CVD-алмаза методом импульсных динамических решеток // Квантовая электроника. 2002. Т. 32, № 4. С. 367–372.
[149] *Vlasov A., Ralchenko V., Gordeev S., Zakharov D., Vlasov I., Karabutov A., Belobrov P.* Thermal properties of diamond/carbon composites // Diamond Relat. Mater. 2000. Vol. 9, N 3-6. P. 1104–1109.
[150] *Graebner J.E.* Thermal conductivity of CVD diamond films: Techniques and results // Diamond Films and Tech. 1993. Vol. 3. P. 77–130.
[151] *Ralchenko V.G., Vlasov A.V., Ivakin E.V., Sukhadolau A.V., Khomich A.V.* Measurements of thermal conductivity of undoped and boron-doped CVD diamond by transient grating and laser flash techniques // Proc. ADC/FCT 2003: 7th Applied Diamond Conference / 3rd Frontier Carbon Technology Joint Conference. Ed. by M. Murakawa, K. Miyoshi, Y. Koga, L. Schaefer, Y. Tzeng. NASA/CP-2003-212319. 2003. P. 309–314.

[152] *Steeds J.W., Gilmore A., Bussmann K.M., Butler J.E., Koidl P.* On the nature of grain boundary defects in high quality CVD diamond films and their influence on physical properties // Diamond Relat. Mater. 1999. Vol. 8, N 6. P. 996–1005.

[153] *Verhoeven H., Hartmann J., Reichling M., Müller-Sebert W., Zachai R.* Structural limitations to local thermal diffusivities of diamond films // Diamond Relat. Mater. 1996. Vol. 5, N 9. P. 1012–1016.

[154] *Khomich A., Ralchenko V., Nistor L., Vlasov I., Khmelnitskiy R.* Optical properties and defect structure of CVD diamond films annealed at 900–1600°C // Phys. Status Solidi A. 2000. Vol. 181, N 1. P. 37–44.

[155] *Coe S., Sussmann R.* Optical, thermal and mechanical properties of CVD diamond // Diamond Relat. Mater. 2000. Vol. 9, N 9-10. P. 1726–1729.

[156] *Ralchenko V., Khomich A., Khmelnitskii R., Zakhidov A.* Hydrogen in polycrystalline CVD diamond // Proc. 7th Intl. Conf. «Hydrogen Material Science and Chemistry of Metal Hydrides». 16–22 September 2001. Alushta, Ukraine. P. 696–697.

[157] *Pimenov S.M., Kononenko V.V., Ralchenko V.G., Konov V.I., Gloor S., Lüthy W., Weber H.P., Khomich A.V.* Laser polishing of diamond plates // Appl. Phys. A. 1999. Vol. 69, N 1. P. 81–88.

[158] *Maclear R.D., Butler J.E., Connell S.H., Doyle B.P., Machi I.Z., Rebuli D.B., Sellschop J.P.F., Sideras-Haddad E.* The distribution of hydrogen in polycrystalline CVD diamond // Diamond Relat. Mater. 1999. Vol. 8, N 8-9. P. 1615–1619.

[159] *Ральченко В.Г., Конов В.И., Леонтьев И.А.* Свойства и применения поликристаллических алмазных пластин // Сб. трудов 7-й Межд. научно-техн. конф. «Высокие технологии в промышленности России». М.: Техномаш, 2001. С. 246–253.

[160] *Ivakin E.V., Sukhadolau A.V., Ralchenko V.G., Vlasov A.V.* Laser-induced transient gratings application for measurement of thermal conductivity of CVD diamond // Laser Processing of Advanced Materials and Laser Microtechnologies. Proc. SPIE. 2003. Vol. 5121. P. 253–258.

[161] *Simon R.B., Anaya J., Faili F., Balmer R., Williams G.T., Twitchen D.J., Kuball M.* Effect of grain size of polycrystalline diamond on its heat spreading properties // Appl. Phys. Exp. 2016. Vol. 9, N 6. P. 061302.

[162] *Anaya J., Rossi S., Alomari M., Kohn E., Tóth L., Pécz B., Hobart K.D., Anderson T.J., Feygelson T.I., Pate B.B., Kuball M.* Control of the in-plane thermal conductivity of ultra-thin nanocrystalline diamond films through the grain and grain boundary properties // Acta Mater. 2016. Vol. 103. P. 141–152.

[163] *Käding O.W., Matthias E., Zachai R., Füßer H.-J., Münzinger P.* Thermal diffusivities of thin diamond films on silicon // Diamond Relat. Mater. 1993. Vol. 2, N 8. P. 1185–1190.

[164] *Bertolotti M., Liakhou G.L., Ferrari A., Ralchenko V.G., Smolin A.A., Obraztsova E., Korotoushenko K.G., Pimenov S.M., Konov V.I.* Measurements of thermal conductivity of diamond films by photothermal deflection technique // J. Appl. Phys. 1994. Vol. 75, N 12. P. 7795–7798.

[165] *Graebner J.E., Ralchenko V.G., Smolin A.A., Obraztsova E.D., Korotushenko K.G., Konov V.I.* Thermal conductivity of thin diamond films grown from DC discharge // Diamond Relat. Mater. 1996. Vol. 5, N 6-8. P. 693–698.

[166] *Bachmann P.K., Hagemann H.J., Lade H., Leers D., Wiechert D.U., Wilson H., Fournier D., Plamann K.* Thermal properties of C/H-, C/H/O-, C/H/N- and C/H/X-grown polycrystalline CVD diamond // Diamond Relat. Mater. 1995. Vol. 4, N 5-6. P. 820–826.

[167] *Nistor L.C., Van Landuyt J., Ralchenko V.G., Obraztsova E.D., Smolin A.A.* Nanocrystalline diamond films: transmission electron microscopy and Raman spectroscopy characterization // Diamond Relat. Mater. 1997. Vol. 6, N 1. P. 159–168.

[168] *Burgemeister E.A.* Thermal conductivity of natural diamond between 320 and 450 K // Physica B+C. 1978. Vol. 93, N 2. P. 165–179.

[169] *Graebner J.E.* Simple correlation between optical absorption and thermal conductivity of CVD diamond // Diamond Relat. Mater. 1995. Vol. 4, N 10. P. 1196–1199.

[170] *Wörner E., Pleuler E., Wild C., Koidl P.* Thermal and optical properties of high purity CVD-diamond discs doped with boron and nitrogen // Diamond Relat. Mater. 2003. Vol. 12, N 3-7. P. 744–748.

[171] *Müller-Sebert W., Wörner E., Fuchs F., Wild C., Koidl P.* Nitrogen induced increase of growth rate in chemical vapor deposition of diamond // Appl. Phys. Lett. 1996. Vol. 68, N 6. P. 759–760.

[172] *Берман Р.* Теплопроводность твердых тел. М:. Мир, 1979.

[173] *Berman R., Hudson P.R.W., Martinez M.* Nitrogen in diamond: evidence from thermal conductivity // J. Phys. C: Solid State Phys. 1975. Vol. 8, N 21. P. L430–L434.

[174] *Graebner J.E.* Measurements of specific heat and mass density in CVD diamond // Diamond Relat. Mater. 1996. Vol. 5, N 11. P. 1366–1370.

[175] *Efimov V.B., Mezhov-Deglin L.P.* Mechanisms of phonon scattering in microcrystalline diamond films // Lasers in Synthesis, Characterization, and Processing of Diamond / Ed. by V. Konov, V. Ralchenko. Proc.

SPIE. 1998. Vol. 3484. P. 241–244.

[176] *Berman R., Simon F.E., Ziman J.M.* The thermal conductivity of diamond at low temperatures // Proc. Royal Soc. A. 1953. Vol. 220, N 1141. P. 171–183.

[177] *Slack G.* Nonmetallic crystals with high thermal conductivity // J. Phys. Chem. Solids. 1973. Vol. 34, N 2. P. 321–335.

[178] *Жернов А.П., Инюшкин А.В.* Кинетические коэффициенты в кристаллах с изотопическим беспорядком // УФН. 2002. Т. 172, № 5. С. 573–599.

[179] *Kremer R.K., Graf K., Cardona M., Devyatykh G.G., Gusev A.V., Gibin A.M., Inyushkin A.V., Taldenkov A.N., Pohl H.-J.* Thermal conductivity of isotopically enriched ^{28}Si: revisited // Solid State Commun. 2004. Vol. 131, Iss. 8. P. 499–503.

[180] *Anthony T.R., Banholzer W.F., Fleischer J.F., Wei L., Kuo P.K., Thomas R.L., Pryor R.W.* Thermal diffusivity of isotopically enriched ^{12}C diamond // Phys. Rev. B. 1990. Vol. 42, N 2. P. 1104–1111.

[181] *Anthony T.R., Fleischer J.L., Olson J.R., Cahill D.G.* The thermal conductivity of isotopically enriched polycrystalline diamond films // J. Appl. Phys. 1991. Vol. 69, N 12. P. 8122–8125.

[182] *Graebner J.E., Hartnett T.M., Miller R.P.* Improved thermal conductivity in isotopically enriched chemical vapor deposited diamond // Appl. Phys. Lett. 1994. Vol. 64, N 19. P. 2549–2551.

[183] *Belay K., Etzel Z., Onn D.G., Anthony T.R.* The thermal conductivity of polycrystalline diamond films: Effects of isotope content // J. Appl. Phys. 1996. Vol. 79, N 11. P. 8336.

[184] *Инюшкин А.В., Ральченко В.Г., Талденков А.Н., Артюхов А.А., Кравец Я.М., Гнидой И.П., Устинов А.Л., Большаков А.П., Попович А.Ф., Савельев А.В., Хомич А.В., Панченко В.А., Конов В.И.* Значительный рост теплопроводности поликристаллического CVD-алмаза при изотопном обогащении // Краткие сообщ. по физике. 2007. № 11. С. 36–43.

[185] *Wei L., Kuo P.K., Thomas R.L., Anthony T.R., Banholzer W.F.* Thermal conductivity of isotopically modified single crystal diamond // Phys. Rev. Lett. 1993. Vol. 70, N 24. P. 3764–3767.

[186] *Shamsa M., Ghosh S., Calizo I., Ralchenko V., Popovich A., Balandin A.A.* Thermal conductivity of nitrogenated ultrananocrystalline diamond films on silicon // J. Appl. Phys. 2008. Vol. 103, N 8. P. 083538.

[187] *Braginsky L., Lukzen N., Shklover V., Hofmann H.* High-temperature phonon thermal conductivity of nanostructures // Phys. Rev. B. 2002. Vol. 66, N 13. P. 134203.

[188] *Corrigan T.D., Gruen D.M., Krauss A.R., Zapol P., Chang R.P.H.* The effect of nitrogen addition to Ar/CH$_4$ plasmas on the growth, morphology and field emission of ultrananocrystalline diamond // Diamond Relat. Mater. 2002. Vol. 11, N 1. P. 43–48.

[189] *Brierley C.J., Beck C.M., Kennedy G.R., Metcalfe J., Wheatley D.* The potential of CVD diamond as a replacement to ZnSe in CO$_2$ laser optics // Diamond Relat. Mater. 1999. Vol. 8, N 8-9. P. 1759–1764.

[190] *Pickles C.S.J., Madgwick T.D., Sussmann R.S., Wort C.J.H.* Optical performance of chemically vapour-deposited diamond at infrared wavelengths // Diamond Relat. Mater. 2000. Vol. 9, N 3-6. P. 916–920.

[191] *Sussmann R.S., Brandon J.R., Coe S.E., Pickles C.S.J., Sweeney C.G., Wasenczuk A., Wort C.J.H., Dodge C.N.* CVD diamond: a new engineering material for thermal, dielectric and optical applications // Ind. Diamond Rev. 1998. Vol. 58, N 578. P. 69–77.

[192] *Savage J.A., Wort C.J.H., Pickles C.S.J., Sussmann R.S., Sweeney C.G., McClymont M.R., Brandon J.R.* Properties of freestanding CVD diamond optical components // Window and Dome Technologies and Materials. Proc. SPIE. 1997. Vol. 3060. P. 144–159.

[193] *Massart M., Union P., Scarsbrook G.A., Sussmann R.S., Muys P.F.* CVD-grown diamond: a new material for high-power CO$_2$ lasers // Laser-Induced Damage in Optical Materials: 1995 / Ed. by H.E. Bennett, A.H. Guenther, M.R. Koslowski, B.E. Newnam, M.J. Soileau. Proc. SPIE. 1996. Vol. 2714. P. 177–184.

[194] *Woerner E., Wild C., Mueller-Sebert W., Locher R., Koidl P.* Optical and thermo-optical properties of chemical vapor deposited (CVD) diamond // Advances in the Science and Technology of Diamond. Proc. 9th CIMTEC'98-Forum on New Materials, Symp. IV-Diamond Films / Ed. by P. Vincenzini. Techna Srl., 1999. P. 305–320.

[195] *Лукьянов А.Ю., Ральченко В.Г., Хомич А.В., Сердцев Е.В., Волков П.В., Савельев А.В., Конов В.И.* Измерение оптического поглощения пластин поликристаллического CVD-алмаза фазовым фототермическим методом на длине волны 10,6 мкм // Квантовая электроника. 2008. Т. 38, № 12. С. 1171–1178.

[196] *Webster S., Chen Y., Turri G., Bennett A., Wickham B., Bass M.* Intrinsic and extrinsic absorption of chemical vapor deposition single-crystal diamond from the middle ultraviolet to the far infrared // JOSA B. 2015. Vol. 32, N 3. P. 479–484.

[197] *Harris K., Herrit G.L., Johnson C.J., Rummel S.P., Scatena D.J.* Infrared optical characteristics of type 2A diamonds // Appl. Opt. 1991. Vol. 30, N 34. P. 5015.

[198] *Thomas M.E.* Multiphonon model for absorption in diamond // Window and Dome Technologies and Material IV. Proc. SPIE. 1994. Vol. 2286. P. 152–159.

[199] *Burns R.C., Cvetkovic V., Dodge C.N., Evans D.J.F., Rooney M.-L.T., Spear P.M., Welbourn C.M.* Growth-sector dependence of optical features in large synthetic diamonds // J. Crystal Growth. 1990. Vol. 104, N 2. P. 257–279.

[200] *Thumm M.* MPACVD-diamond windows for high-power and long-pulse millimeter wave transmission // Diamond Relat. Mater. 2001. Vol. 10. N 9-10. P. 1692–1699.

[201] *Litvak A.G., Denisov G.G., Myasnikov V.E., Tai E.M., Azizov E.A., Ilin V.I.* Development in Russia of megawatt power gyrotrons for fusion // J. Infrared, Millimeter, and Terahertz Waves. 2011. Vol. 32, N 3. P. 337–342.

[202] *Parshin V., Ralchenko V., Batygin V., Sporl R., Heidinger R., Konov V., Leontiev I.* Vacuum tight CVD diamond windows for high-power infrared and millimeter waves devices // Proc. 4th Intl. Symp. on Diamond Films and Related Materials. Kharkov, Ukraine, 1999. P. 343–347.

[203] *Галдецкий А.В., Гарин Б.М.* О многофотонном поглощении ИК-излучения в кристаллах из-за оптической ангармоничности // Препринт № 17(320). М.: ИРЭ АН СССР, 1981.

[204] *Garin B.M.* Minimum dielectric losses at the millimeter and submillimeter wavelengths range // Digest of Third Int. Conf. on Millimeter-Wave and Far-Infrared Science and Technology / Ed. by G.M. Tucker. Guangzhou, China, 1994. P. 275–277.

[205] *Garin B.M., Parshin V.V., Polyakov V.I., Rukovishnikov A.I., Serov E.A., Mocheneva O.S., Jia C.C., Tang W.Z., Lu F.X.* Dielectric properties and applications of CVD diamonds in the millimeter and terahertz ranges // Recent Advances in Broadband Dielectric Spectroscopy / Ed. by Yu.P. Kalmykov. Springer, 2013. P. 79–87.

[206] *Гарин Б.М., Копнин А.Н., Паршин В.В., Ральченко В.Г., Чигряй Е.Е., Конов В.И., Мазур А.Б., Пархоменко М.П.* О потерях в алмазе в миллиметровом диапазоне // Письма в ЖТФ. 1999. Т. 25, № 7. С. 85–89.

[207] *Takahashi K., Kajiwara K., Oda Y., Sakamoto K., Omori T., Henderson M.* High power millimeter wave experiment of torus diamond window prototype for ITER EC H&CD system // Fusion Engineering and Design. 2013. Vol. 88, N 2. P. 85–93.

[208] *Bergonzo P., Tromson D., Mer C.* CVD diamond-based semi-transparent beam-position monitors for synchrotron beamlines: preliminary studies and device developments at CEA/Saclay // J. Synchrotron Radiat. 2006. Vol. 13, N 2. P. 151–158.

[209] *Dabagov S.B., Vlasov I.I., Murashova V.A., Negodaev M.V., Ralchenko V.G., Fedorchuk R.V., Yakimenko M.N.* CVD diamond films for synchrotron radiation beam monitoring / Detectors for Crystallography and Diffraction Studies at Synchrotron Sources // Proc. SPIE. 1999. Vol. 3774. P. 122–127.

[210] *Дворянкин В.Ф., Кудряшов А.А., Ральченко В.Г.* Детекторы рентгеновского излучения на основе поликристаллических алмазных пленок // Краткие сообщ. по физике. 2006. № 9. С. 44–49.

[211] *Немец О.Ф., Гофман Ю.В.* Справочник по ядерной физике. Киев: Наукова думка, 1975.

[212] *Marinelli M., Milani E., Prestopino G., Verona C., Verona-Rinati G., Angelone M., Pillon M., Kachkanov V., Tartoni N., Benetti M., Cannatà D., Di Pietrantonio F.* X-ray beam monitor made by thin-film CVD single-crystal diamond // J. Synchrotron Radiat. 2012. Vol. 19. P. 1015–1020.

[213] *Pasmanik G.A.* Stimulated Raman scattering augments DPSS lasers // Laser Focus World. 1999. Vol. 35, N 11. P. 137–144.

[214] *Basiev T.T., Powell R.C.* Solid-state Raman lasers // Handbook of Laser Technology and Applications / Ed. by C.E. Webb, J.D.C. Jones. Institute of Physics, UK, 2003. P. 469–497.

[215] *Pask H.M., Dekker P., Mildren R.P., Spence D.J., Piper J.A.* Wavelength-versatile visible and UV sources based on crystalline Raman lasers // Progr. Quantum Electron. 2008. Vol. 32, N 3-4. P. 121–158.

[216] *Зверев П.Г.* ВКР активные кристаллы и разработка ВКР преобразователей на их основе // Автореф. дис. ... доктора физ.-мат. наук. М.: ИОФ РАН, 2011.

[217] *Kaminskii A.A., Ralchenko V.G., Konov V.I.* CVD-diamond – a novel $\chi^{(3)}$-nonlinear active crystalline material for SRS generation in very wide spectral range // Laser Phys. Lett. 2006. Vol. 3, N 4. P. 171–177.

[218] *Ярив А.* Квантовая электроника и нелинейная оптика. М.: Советское радио, 1973.

[219] *Eckhardt G., Bortfeld D.P., Geller M.* Stimulated emission of Stokes and anti-Stokes Raman lines from diamond, calcite, and α-sulfur single crystals // Appl. Phys. Lett. 1963. Vol. 3, N 8. P. 137–138.

[220] *McQuillan A.K., Clements W.R.L., Stoicheff B.P.* Stimulated Raman emission in diamond: spectrum, gain, and angular distribution of intensity // Phys. Rev. A. 1970. Vol. 1, N 3. P. 628–635.

[221] *Kaminskii A.A., Ralchenko V.G., Konov V.I.* Observation of stimulated Raman scattering in CVD-diamond // JETP Lett. 2004. Vol. 80, N 4. P. 267–270.

[222] *Kaminskii A.A., Ralchenko V.G., Konov V.I., Eichler H.J.* High-order Stokes and anti-Stokes Raman generation in CVD diamond // Phys. Status Solidi B. 2005. Vol. 242, N 1. P. R4–R6.

[223] *Kaminskii A.A., Hemley R.J., Lai J., Yan C.S., Mao H.K., Ralchenko V.G., Eichler H.J., Rhee H.* High-order stimulated Raman scattering in CVD single crystal diamond // Laser Phys. Lett. 2007. Vol. 4, N 5. P. 350–353.

[224] *Lux O., Ralchenko V.G., Bolshakov A.P., Konov V.I., Sharonov G.V., Shirakawa A., Yoneda H., Rhee H., Eichler H.J., Mildren R.P., Kaminskii A.A.* Multi-octave frequency comb generation by $\chi^{(3)}$-nonlinear optical processes in CVD diamond at low temperatures // Laser Phys. Lett. 2014. Vol. 11, N 8. P. 086101.

[225] *Mildren R.P., Butler J.E., Rabeau J.R.* CVD-diamond external cavity Raman laser at 573 nm // Opt. Exp. 2008. Vol. 16, N 23. P. 18950–18955.

[226] *Mildren R.P., Sabella A., Kitzler O., Spence D.J., McKay A.M.* Diamond Raman laser design and performance // Optical Engineering of Diamond / Ed. by R. Mildren, J. Rabeau. Wiley, 2013. P. 239–276.

[227] *Granados E., Spence D.J., Mildren R.P.* Deep ultraviolet diamond Raman laser // Opt. Exp. 2011. Vol. 19, N 11. P. 10857–10863.

[228] *Reilly S., Savitski V.G., Liu H., Gu E., Dawson M.D., Kemp A.J.* Monolithic diamond Raman laser // Opt. Lett. 2015. Vol. 40, N 6. P. 930–933.

[229] *Jelínek M., Kitzler O., Jelínková H., Šulc J., Němec M.* CVD-diamond external cavity nanosecond Raman laser operating at 1.63 μm pumped by 1.34 μm Nd:YAP laser // Laser Phys. Lett. 2012. Vol. 9, N 1. P. 35–38.

[230] *Feve J.-P.M., Shortoff K.E., Bohn M.J., Brasseur J.K.* High average power diamond Raman laser // Opt. Exp. 2011. Vol. 19, N 2. P. 913–922.

[231] *McKay A., Liu H., Kitzler O., Mildren R.P.* An efficient 14.5 W diamond Raman laser at high pulse repetition rate with first (1240 nm) and second (1485 nm) Stokes output // Laser Phys. Lett. 2013. Vol. 10, N 10. P. 105801.

[232] *Murtagh M., Lin J., Mildren R.P., McConnell G., Spence D.J.* Efficient diamond Raman laser generating 65 fs pulses // Opt. Exp. 2015. Vol. 23, N 12. P. 15504–15513.

[233] *Pashinin V.P., Ralchenko V.G., Bolshakov A.P., Ashkinazi E.E., Gorbashova M.A., Yurov V.Y., Konov V.I.* External-cavity diamond Raman laser performance at 1240 nm and 1485 nm wavelengths with high pulse energy // Laser Phys. Lett. 2016. Vol. 13, N 6. P. 065001.

[234] *Sabella A., Piper J.A., Mildren R.P.* Diamond Raman laser with continuously tunable output from 3.38 to 3.80 μm // Opt. Lett. 2014. Vol. 39, N 13. P. 4037–4040.

[235] *Williams R.J., Nold J., Strecker M., Kitzler O., McKay A., Schreiber T., Mildren R.P.* Efficient Raman frequency conversion of high-power fiber

lasers in diamond: Efficient Raman frequency conversion of high-power fiber lasers in diamond // Laser Photon. Rev. 2015. Vol. 9, N 4. P. 405–411.

[236] *Hess P.* The mechanical properties of various chemical vapor deposition diamond structures compared to the ideal single crystal // J. Appl. Phys. 2012. Vol. 111, N 5. P. 051101.

[237] *Pickles C.S.J.* The fracture stress of chemical vapour deposited diamond // Diamond Relat. Mater. 2002. Vol. 11, N 12. P. 1913–1922.

[238] *Klein C.A.* Diamond windows and domes: flexural strength and thermal shock // Diamond Relat. Mater. 2002. Vol. 11, N 2. P. 218–227.

[239] *Yang J.X., Li C.M., Lu F.X., Chen G.C., Tang W.Z., Tong Y.M.* Microstructure and fracture strength of different grades of freestanding diamond films deposited by a DC arc plasma jet process // Surf. Coat. Tech. 2005. Vol. 192, N 2. P. 171–176.

[240] *Davies A.R., Field J.E., Pickles C.S.J.* Strength of free-standing chemically vapour-deposited diamond measured by a range of techniques // Philos. Mag. 2003. Vol. 83, N 36. P. 4059–4070.

[241] *Ральченко В.Г., Плейлер Э., Совык Д.Н., Конов В.И.* Прочность поликристаллического CVD-алмаза оптического качества // Перспективные материалы. 2011. № 3. С. 33–39.

[242] *Sporl R., Heidinger R., Kennedy G.R., Brierley, C.J.* Mechanical properties of free-standing CVD diamond wafer // Advances in the Science and Technology of Diamond. Proc. 9th CIMTEC'98 – Forum on New Materials, Symp. IV-Diamond Films / Ed. by P. Vincenzini. Techna Srl., 1999. P. 335–342.

[243] *Wachtman J.B. Jr.* Mechanical Properties of Ceramics. N.Y.: Wiley, 1996.

[244] *Burton N.C., Steeds J.W., Meaden G.M., Shreter Y.G., Butler J.E.* Strain and microstructure variation in grains of CVD diamond film // Diamond Relat. Mater. 1995. Vol. 4, N 10. P. 1222–1234.

[245] *Espinosa H.D., Peng B., Prorok B.C., Moldovan N., Auciello O., Carlisle J.A., Gruen D.M., Mancini D.C.* Fracture strength of ultrananocrystalline diamond thin films—identification of Weibull parameters // J. Appl. Phys. 2003. Vol. 94, N 9. P. 6076–6084.

[246] *Lu F.X., Jiang Z., Tang W.Z., Huang T.B., Liu J.M.* Accurate measurement of strength and fracture toughness for miniature-size thick diamond-film samples by three-point bending at constant loading rate // Diamond Relat. Mater. 2001. Vol. 10, N 3. P. 770–774.

[247] Diamond: Electronic Properties and Applications / Ed. by L.S. Pan, D.R. Kania. Boston: Kluwer, 1995.

[248] CVD Diamond for Electronic Devices and Sensors / Ed. by R.S. Sussmann. Chichester, UK: Wiley, 2009.

[249] Алмаз в электронной технике / Под ред. В.Б. Кваскова. М.: Энергоатомиздат, 1990.

[250] *Ральченко В., Конов В.* CVD-алмазы: применение в электронике // Электроника: Наука, технология, бизнес. 2007. № 4. С. 58–67.

[251] *Deneuville A.* Boron doping of diamond films from the gas phase // Thin Film Diamond I / Ed. by C.E. Nebel, J. Ristein. Amsterdam: Elsevier, 2003. P. 183–238.

[252] *Koizumi S.* n-Type diamond growth // Thin Film Diamond I / Ed. by C.E. Nebel, J. Ristein. Amsterdam: Elsevier, 2003. P. 239–259.

[253] *Takano Y., Takenouchi T., Ishii S., Ueda S., Okutsu T., Sakaguchi I., Umezawa H., Kawarada H., Tachiki M.* Superconducting properties of homoepitaxial CVD diamond // Diamond Relat. Mater. 2007. Vol. 16, N 4-7. P. 911–914.

[254] *Umezawa H., Nagase M., Kato Y., Shikata S.* High temperature application of diamond power device // Diamond Relat. Mater. 2012. Vol. 24. P. 201–205.

[255] *Makino T., Kato H., Takeuchi D., Ogura M., Okushi H., Yamasaki S.* Device design of diamond Schottky-*pn* diode for low-loss power electronics // Jpn. J. Appl. Phys. 2012. Vol. 51, N 9R. P. 090116.

[256] *Funaki T., Hirano M., Umezawa H., Shikata S.* High temperature switching operation of a power diamond Schottky barrier diode // IEICE Electron. Exp. 2012. Vol. 9, N 24. P. 1835–1841.

[257] *Achard J., Issaoui R., Tallaire A., Silva F., Barjon J., Jomard F., Gicquel A.* Freestanding CVD boron doped diamond single crystals: A substrate for vertical power electronic devices? // Phys. Status Solidi A. 2012. Vol. 209, N 9. P. 1651–1658.

[258] *Kawashima H., Noguchi H., Matsumoto T., Kato H., Ogura M., Makino T., Shirai S., Takeuchi D., Yamasaki S.* Electronic properties of diamond Schottky barrier diodes fabricated on silicon-based heteroepitaxially grown diamond substrates // Appl. Phys. Exp. 2015. Vol. 8, N 10. P. 104103.

[259] *Гаврилов С.А., Дзбановский Н.Н., Ильичев Э.А., Минаков П.В., Полторацкий Э.А., Рычков Г.С., Суетин Н.В.* Усиление потока электронов с помощью алмазной мембраны // ЖТФ. 2004. Т. 74, № 1. С 108–114.

[260] *Polyakov V.I., Rukovishnikov A.I., Rossukanyi N.M., Krikunov A.I., Ralchenko V.G., Smolin A.A., Konov V.I., Varnin V.P., Teremetskaya I.G.* Photodetectors with CVD diamond films: Electrical and photoelectrical properties photoconductive and photodiode structures // Diamond Relat. Mater. 1998. Vol. 7, N 6. P. 821–825.

[261] *Whitfield M.D., Lansley S.P., Gaudin O., McKeag R.D., Rizvi N., Jackman R.B.* Diamond photodetectors for next generation 157-nm deep-UV photolithography tools // Diamond Relat. Mater. 2001. Vol. 10. P 693–697.

[262] *Salvatori S., Rossi M.C., Scotti F., Conte G., Galluzzi F., Ralchenko V.* High-temperature performances of diamond-based UV-photodetectors // Diamond Relat. Mater. 2000. Vol. 9, N 3. P. 982–986.

[263] *Balducci A., Marinelli M., Milani E., Morgada M.E., Tucciarone A., Verona-Rinati G., Angelone M., Pillon M.* Extreme ultraviolet single-crystal diamond detectors by chemical vapor deposition // Appl. Phys. Lett. 2005. Vol. 86, N 19. P. 193509.

[264] *Ральченко В.Г., Савельев А.В., Конов В.И., Маццео Д., Спациани Ф., Конте Д., Поляков В.И.* УФ-детекторы на основе поликристаллических алмазных пленок для эксимерных лазеров // Квантовая электроника. 2006. Т. 36, № 6. С. 487–488.

[265] *Schein J., Campbell K.M., Prasad R.R., Binder R., Krishnan M.* Radiation hard diamond laser beam profiler with subnanosecond temporal resolution // Rev. Sci. Instrum. 2002. Vol. 73, N 1. P. 18–22.

[266] *Salvatori S., Girolami M., Oliva P., Conte G., Bolshakov A., Ralchenko V., Konov V.* Diamond device architectures for UV laser monitoring // Laser Phys. 2016. Vol. 26, N 8. P. 084005.

[267] *Garnov S.V., Ritus A.I., Klimentov S.M., Pimenov S.M., Konov V.I., Gloor S., Luethy W., Weber H.P.* Time-resolved microwave technique for ultrafast charge-carrier recombination time measurements in diamonds and GaAs // Appl. Phys. Lett. 1999. Vol. 74, N. 12. P. 1731–1733.

[268] *Whitfield M.D., Lansley S.P., Gaudin O., McKeag R.D., Rizvi N., Jackman R.B.* Diamond photoconductors: operational lifetime and radiation hardness under deep-UV excimer laser irradiation // Diamond Relat. Mater. 2001. Vol. 10, N 3-7. P. 715–721.

[269] *Mazzeo G., Conte G., Rossi M.C., Salvatori S., Ralchenko V.* Deep UV detection by CVD diamond position sensitive devices // Phys. Status Solidi C. 2004. Vol. 1, N 2. P. 261–264.

[270] *Ciancaglioni I., Spaziani F., Rossi M.C., Conte G., Kononenko V., Ralchenko V.* Diamond microstrip detector for deep UV imaging // Diamond Relat. Mater. 2005. Vol. 14, N 3-7. P. 526–530.

[271] *Hochedez J.-F., Bergonzo P., Castex M.-C., Dhez P., Hainaut O., Sacchi M., Alvarez J., Boyer H., Deneuville A., Gibart P., Guizard B., Kleider J.-P., Lemaire P., Mer C., Monroy E., Muñoz E., Muret P., Omnes F., Pau J.., Ralchenko V., Tromson D., Verwichte E., Vial J.-C.* Diamond UV detectors for future solar physics missions // Diamond Relat. Mater. 2001. Vol. 10, N 3-7. P. 673–680.

[272] *Girolami M., Allegrini P., Conte G., Trucchi D.M., Ralchenko V.G., Salvatori S.* Diamond detectors for UV and X-ray source imaging // IEEE Electron Dev. Lett. 2012. Vol. 33, N 2. P. 224–226.

[273] *Garrido J.A., Heimbeck T., Stutzmann M.* Temperature-dependent trans-

port properties of hydrogen-induced diamond surface conductive channels // Phys. Rev. B. 2005. Vol. 71, N 24. P. 245310.

[274] *Ristein J.* Surface transfer doping of diamond // J. Phys. D: Appl. Phys. 2006. Vol. 39, N 4. P. R71.

[275] *Kawarada H., Aoki M., Ito M.* Enhancement mode metal-semiconductor field effect transistors using homoepitaxial diamonds // Appl. Phys. Lett. 1994. Vol. 65, N 12. P. 1563.

[276] *Kasu M., Ueda K., Yamauchi Y., Tallaire A., Makimoto T.* Diamond-based RF power transistors: Fundamentals and applications // Diamond Relat. Mater. 2007. Vol. 16, N 4-7. P. 1010–1015.

[277] *Ueda K., Kasu M., Yamauchi Y., Makimoto T., Schwitters M., Twitchen D.J., Scarsbrook G.A., Coe S.E.* Diamond FET using high-quality polycrystalline diamond with f_T of 45 GHz and f_{max} of 120 GHz // IEEE Electron Dev. Lett. 2006. Vol. 27, N 7. P. 570–572.

[278] *Conte G., Giovine E., Bolshakov A., Ralchenko V., Konov V.* Surface channel MESFETs on hydrogenated diamond // Nanotechnology. 2011. Vol. 23, N 2. P. 025201.

[279] *Calvani P., Corsaro A., Girolami M., Sinisi F., Trucchi D.M., Rossi M.C., Conte G., Carta S., Giovine E., Lavanga S., Limiti E., Ralchenko V.* DC and RF performance of surface channel MESFETs on H-terminated polycrystalline diamond // Diamond Relat. Mater. 2009. Vol. 18, N 5. P. 786–788.

[280] *Aleksov A., Denisenko A., Spitzberg U., Jenkins T., Ebert W., Kohn E.* RF performance of surface channel diamond FETs with sub-micron gate length // Diamond Relat. Mater. 2002. Vol. 11, N 3. P. 382–386.

[281] *Liu J.L., Li C.M., Zhu R.H., Guo J.C., Chen L.X., Wei J.J., Hei L.F., Wang J.J., Feng Z.H., Guo H., F.X. Lu.* RF characteristic of MESFET on H-terminated DC arc jet CVD diamond film // Appl. Surf. Sci. 2013. Vol. 284. P. 798–803.

[282] *Sicignano F., Vellei A., Rossi M.C., Conte G., Lavanga S., Lanzieri C., Cetronio A., Ralchenko V.* MESFET fabricated on deuterium-implanted polycrystalline diamond // Diamond Relat. Mater. 2007. Vol. 16, N 4. P. 1016–1019.

[283] *Russell S.A.O., Sharabi S., Tallaire A., Moran D.A.* Hydrogen-terminated diamond field-effect transistors with cut-off frequency of 53 GHz // IEEE Electron Dev. Lett. 2012. Vol. 33, N 10. P. 1471–1473.

[284] *Pakes C.I., Garrido J.A., Kawarada H.* Diamond surface conductivity: Properties, devices, and sensors // MRS Bull. 2014. Vol. 39. P. 542–548.

[285] *Williams O.A., Curat S., Gerbi J.E., Gruen D.M., Jackman R.B.* N-type conductivity in ultrananocrystalline diamond films // Appl. Phys. Lett. 2004. Vol. 85, N 10. P. 1680–1682.

[286] *Плесков Ю.В.* Электрохимия алмаза. М.: Едиториал УРСС, 2003. 101 с.

[287] *Плесков Ю.В., Кротова М.Д., Ральченко В.Г., Савельев А.В., Божко А.Д.* Электрохимическое поведение азотированных нанокристаллических алмазных электродов // Электрохимия. 2007. Т. 43, № 7. С. 868–877.

[288] *Pleskov Y.V., Krotova M.D., Elkin V.V., Ralchenko V.G., Saveliev A.V., Pimenov S.M., Lim P.-Y.* N-Type nitrogenated nanocrystalline diamond thin-film electrodes: The effect of the nitrogenation on electrochemical properties // Electrochim. Acta. 2007. Vol. 52, N 17. P. 5470–5478.

[289] *Плесков Ю.В., Кротова М.Д., Ральченко В.Г., Власов И.И., Савельев А.В.* Электроды из сильно-азотированного нанокристаллического алмаза // Электрохимия. 2010. Т. 49, № 9. С. 1133–1139.

[290] *Pleskov Y.V., Krotova M.D., Elkin V.V., Varnin V.P., Teremetskaya I.G., Saveliev A.V., Ralchenko V.G.* Benzene oxidation at diamond electrodes: comparison of microcrystalline and nanocrystalline diamonds // Chem. Phys. Chem. 2012. Vol. 13, N 12. P. 3047–3052.

[291] *Azevedo A.F., Baldan M.R., Ferreira N.G.* Structural and electrochemical properties of NDND films grown in a HFCVD system // ECS Transactions. 2012. Vol. 43, N 1. P. 203–209.

[292] *Pleskov Y.V., Krotova M.D., Pimenov S.M.* Electrochemical behavior of nanocrystalline diamond thin films grown in electrical arc plasma // Russ. J. Electrochem. 2010. Vol. 46, N 3. P. 319–324.

[293] *Skoog S.A., Miller P.R., Boehm R.D., Sumant A.V., Polsky R., Narayan R.J.* Nitrogen-incorporated ultrananocrystalline diamond microneedle arrays for electrochemical biosensing // Diamond Relat. Mater. 2015. Vol. 54. P. 39–46.

[294] *Кротова М.Д., Плесков Ю.В., Хомич А.А., Ральченко В.Г., Совык Д.Н., Казаков В.А.* Электроды из нанокристаллического алмаза: исследование полупроводниковых свойств и коррозионных изменений // Электрохимия. 2014. Т. 50, № 2. Р. 115–121.

[295] *Cheng Y.-W., Lin C.-K., Chu Y.-C., Abouimrane A., Chen Z., Ren Y., Liu C.-P., Tzeng Y., Auciello O.* Electrically conductive ultrananocrystalline diamond-coated natural graphite-copper anode for new long life lithium-ion battery // Adv. Mater. 2014. Vol. 26, N 22. P. 3724–3729.

[296] *Yuan W., Fang L., Feng Z., Chen Z., Wen J., Xiong Y., Wang B.* Highly conductive nitrogen-doped ultrananocrystalline diamond films with enhanced field emission properties: triethylamine as a new nitrogen source // J. Mater. Chem. C. 2016. Vol. 4, N 21. P. 4778–4785.

[297] *Quintero K.J.P., Antipov S., Sumant A.V., Jing C., Baryshev S.V.* High quantum efficiency ultrananocrystalline diamond photocathode for photoinjector applications // Appl. Phys. Lett. 2014. Vol. 105, N 12. P. 123103.

[298] *Buja F., Sumant A.V., Kokorian J., van Spengen W.M.* Electrically conducting ultrananocrystalline diamond for the development of a next generation of micro-actuators // Sensors and Actuators A. 2014. Vol. 214. P. 259–266.

[299] *Ganesan K., Garrett D.J., Ahnood A., Shivdasani M.N., Tong W., Turnley A.M., Fox K., Meffin H., Prawer S.* An all-diamond, hermetic electrical feed-through array for a retinal prosthesis // Biomaterials. 2014. Vol. 35, N 3. P. 908–915.

第 2 章　金刚石中的缺陷

И. И. 弗拉索夫

引言

在金刚石内存在许多具有光学活性的缺陷,其中能够在禁带内进行电子跃迁,且跃迁时会吸收或放出光线的缺陷称为色心。目前研究最多的色心有"氮空位色心(NV)"和"硅空位色心"(SiV)。由于其在室温条件下具有较高的荧光量子产率及稳定性,并且可以根据荧光情况分析缺陷的自旋状态,因此这些色心在量子信息技术、自旋电子学、量子光学以及生物医学方面具有广阔的应用前景。本章主要研究在 CVD 金刚石合成过程中向金刚石中可控掺入氮和硅,以形成特定含量的 NV 缺陷及 SiV 缺陷的问题,并探讨较小尺寸的金刚石微粒对于缺陷发光性质的影响,并介绍最新发现的荧光色心及其相关信息。

2.1　氮空位色心

氮是金刚石中最常见的杂质,替位的氮原子主要是取代一个碳原子以单独的原子形式存在于晶格节点上。替位氮原子很容易与金刚石晶格中的点缺陷(空位)结合,这些空位大多是在金刚石合成过程中或者对金刚石进行高能粒子(质子、电子等)辐照时产生的。形成的氮空位缺陷(以下称氮空位色心)(NV)(图 2.1)可能呈现出不同的电荷状态,其中的两种——一种是带有一个电子的处于负电状态的色心(NV^-),另一种是处于电中性的色心(NV^0),均具有光学活性。NV^- 色心和 NV^0 色心的含量决定了在红外光谱区域的发光强度。这两个色心的零声子线分别位于 638nm 及 575nm 处,且在长波波段具有 100~150nm 足够展宽的声子边带。

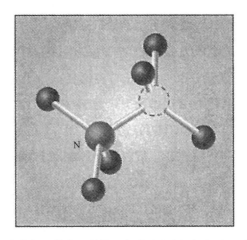

图 2.1　金刚石中的氮空位色心结构(碳原子用暗灰色表示,空位用虚线表示)

2.1.1　金刚石可控氮掺杂

利用化学气相沉积法(CVD 法)在金刚石生长过程中通入不同浓度的氮气,可以控制金刚石里氮杂质浓度,从而控制 NV 色心的数量。与普通的氮掺杂会不可避免地造成相邻晶格的结构缺陷不同,CVD 金刚石中的氮原子属于替位氮原子,其周围环境缺陷较少。除此之外,在 CVD 金刚石中顺磁缺陷的含量很低(低于 10^{13} cm^3)时,NV 色心的电子自旋退相干时间较长,在室温下高达几毫秒[1]。并且科研人员已经发现,NV 色心主要是在<111>晶轴的两个方向上形成,而非是在 CVD 单晶金刚石生长过程中沿着<110>晶轴上的四个可能方向形成。NV 色心的择优排布对制造超灵敏磁力计以及以 NV 色心团簇为基础的金刚石平面高灵敏度温度传感器具有重要意义[3]。

一些研究[4,5]发现,在采用 CVD 法合成单晶金刚石的过程中,由电子顺磁共振法[4]或者二次离子质谱法(SIMS)[5]监测到的金刚石内替位氮原子的含量实际上会随着氮气含量的增加在(0~200)ppm 的范围内呈线性增长(图 2.2)。但是研究者发现,当混合气体中氮气含量过高时生长速度会达到饱和[6],此时利用 SIMS 表征得到的掺入金刚石中的氮含量也会达到饱和[7]。最近有研究者利用电子密度泛函理论计算发现,对单晶金刚石沉积速度具有重要影响的是金刚石表面内的替位氮原子而非表面吸附的氮原子[8]。因此,晶体生长的速度饱和可以作为金刚石中氮掺杂饱和的标志,然而在饱和情况下,CVD 金刚石中掺杂的氮的绝对含量可能取决于合成条件。

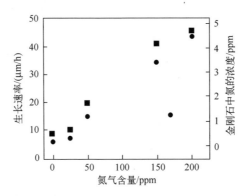

图 2.2　金刚石生长速率(■)以及 SIMS 法表征的金刚石中氮的含量(●)与气体中氮气浓度的关系

文献[9]介绍了在光学级 CVD 单晶金刚石中掺入氮形成 NV 色心的最佳方案,即采用微波等离子体化等气相沉积法在氮气含量很高(200～2000ppm)的甲烷-氢气混合气体中进行样品的生长。根据紫外吸收光谱可知,在所研究的材料中替位氮的极限浓度接近 $2\times10^{18}\,\mathrm{cm}^{-3}$(图 2.3),之后通过辐射和退火的方法在样品中可以形成大约相同含量的 NV 色心团簇,这一结论可能仅适用于该研究中所控制的金刚石衬底的温度范围以及相应(100)取向的晶界。在文献[9]中所得到的氮掺杂浓度是针对光学性能良好的单晶 CVD 金刚石而言的,金刚石的高透明度以及红外光谱中窄的金刚石峰都印证了这一点。在生长速率很大

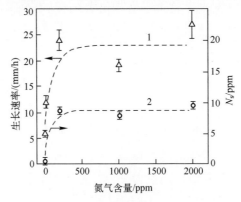

图 2.3　金刚石生长速率(1)以及替位氮 N_s 浓度(2)与气体中氮含量的关系

(>100μm/h)的条件下获得的含有石墨相杂质的 CVD 单晶金刚石中,掺入的氮的浓度可以达到大约 100ppm[10,11]。

当 CVD 金刚石样品中 NV 色心之间以及 NV 色心与金刚石中其他缺陷之间具有同样的相互作用时,NV 色心的相对含量可以根据这些色心的光致发光强度来评判(图 2.4)。

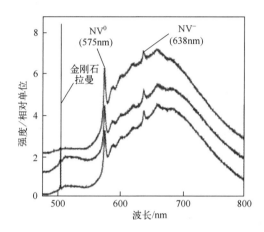

图 2.4 三个 CVD 金刚石样本中在波长 480~800nm 范围内的光致发光光谱,为了更加直观,纵坐标的分度为发光强度相对单位

当氮的掺杂量接近其极限溶解度时,CVD 金刚石内部形成的 NV 色心均匀性可以借助共聚焦荧光显微镜来研究,并假设发光强度和 NV 色心的含量成正比[12]。抛光表面以及所研究样品横截面的共聚焦荧光图像如图 2.5 所示。图像的特点为高强度发光带与低强度发光带交替分布。这些带交替的大小和方向

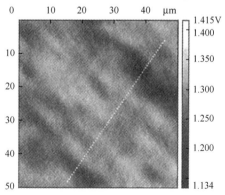

图 2.5 在⟨100⟩方向上外延生长的 CVD 金刚石片抛光表面的共聚焦荧光图像

与〈100〉晶向上外延生长的金刚石表面台阶结构一致。样品中不同区域发光强度的变化,即 NV 色心的含量变化未超过强度最大值的 30%,这证明 CVD 金刚石晶体内部 NV 色心的分布足够均匀。

2.2 硅空位色心

含有 SiV 色心的金刚石典型的光致发光光谱如图 2.6 所示。这一色心的光致发光基本上集中在波长 738nm 的零声子线上,弱声子边带则分布在 740～820nm 波长范围处。SiV 色心在零声子线的强度是色心总强度的 70%～80%,而 NV 色心在零声子线的强度只有 4%。

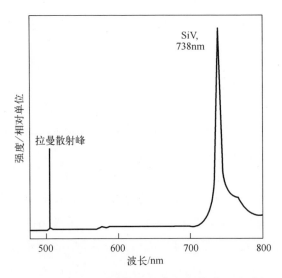

图 2.6　含有 SiV 色心的金刚石光致发光的典型光谱,色心在波长 738nm 处发光

利用局部电子密度泛函理论[13]可以计算 SiV 色心的分子结构。结果表明,当把硅原子掺入金刚石晶格节点处并与空位节点相邻时,在应力作用下硅原子会变得很不稳定而在节点处松弛,从而形成分裂空位(图 2.7)。利用电子顺磁共振以及光致发光光谱比较分析金刚石 SiV 色心的性质得出如下结论:在波长为 738nm 处发光的 SiV 色心带负电[14],因此用 SiV^- 表示。

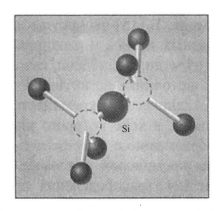

图 2.7　金刚石中硅空位色心的结构(暗灰色的为碳原子,虚线标出的为空位)

2.2.1　金刚石可控硅掺杂

SiV 色心是在硅衬底上生长出的 CVD 金刚石特有的特征,掺入金刚石晶格中的硅原子会促进邻近节点处空位的形成,因此,在向金刚石中掺杂硅时会直接形成 SiV 色心。

在 CVD 金刚石合成过程中向反应室中引入固态或者气态硅源可以实现可控的硅掺杂。文献[15]成功在铜衬底、钼衬底、石英衬底和蓝宝石衬底上合成了掺硅的金刚石膜(图 2.8 和图 2.9)。掺杂源是多晶硅片,具体过程是通过氢等离子体刻蚀多晶硅片产生硅烷基团(SiH_x)。与在硅衬底上生长金刚石时实现的"内部"掺杂相比,这种方法可以使合成金刚石中硅杂质在纵向上分布的更为

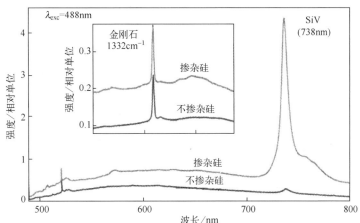

图 2.8　沉积在钼衬底上的掺杂硅及不掺杂硅的金刚石膜
(厚度 3μm)的光致发光光谱和拉曼光谱

均匀。

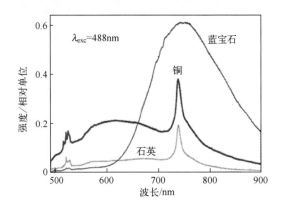

图 2.9　分别在石英衬底、铜衬底和蓝宝石衬底上生长的掺杂硅的金刚石的发光光谱。在石英衬底以及铜衬底上生长出的纳米金刚石光谱中波长为 738nm 处的波峰与 SiV 色心发光有关,在蓝宝石衬底上培养的金刚石膜样品光谱中波长范围 700~850nm 的波段与衬底的发光现象有关

直接向混合气体中加入硅烷(SiH_4)也可实现 CVD 金刚石的可控硅掺杂。文献[16]研究了不同浓度的硅烷对较薄的多晶 CVD 金刚石膜($1\mu m$)生长速度以及其 SiV 色心光致发光强度的影响(图 2.10)。可以使用硅晶片或氮化铝作为衬底,混合气体中的硅烷含量与甲烷浓度的比值在 0~0.9% 之间变化。

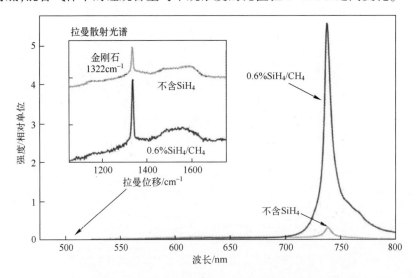

图 2.10　在氮化铝衬底上合成且混合气体中无硅烷添加(灰色曲线)以及添加 $0.6\%SiH_4/CH_4$(黑色曲线)的金刚石薄膜的光致发光光谱和拉曼光谱(插图)

研究表明，金刚石膜中 SiV 色心的光致发光峰强随着硅烷浓度的增加线性增加(图 2.11)。对于以氮化铝为衬底的金刚石膜，当 SiH_4 与 CH_4 的浓度比为 0.6% 时光致发光的强度达到最大；而对于以硅为衬底的金刚石膜，当 SiH_4 与 CH_4 的浓度比为 0.1% 时光致发光的强度达到最大。之后，SiV 色心发光强度逐渐减弱，这与光致发光的集中湮灭有关。值得注意的是，因为硅衬底可以作为补充硅源存在，故在硅衬底上合成的金刚石膜中，硅烷的浓度极低时也会出现发光现象。

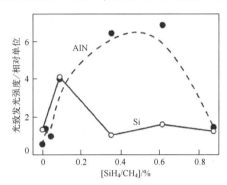

图 2.11　在硅衬底以及氮化铝衬底上合成的金刚石膜 SiV 色心光致发光的强度与混合气体中硅烷浓度的关系

针对在晶面为(100)的 HPHT 金刚石衬底上合成的单晶 CVD 金刚石膜也进行过类似的研究[17]。混合气体中硅烷与甲烷的浓度比值变化范围为 0.2~2.4%(图 2.12)，浓度比取值为 0.6% 时掺杂结果最佳(对于氮化铝衬底上合成

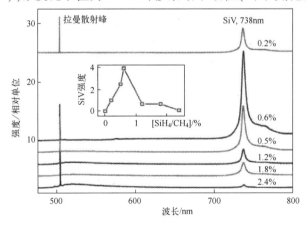

图 2.12　室温下分别在不同硅烷浓度条件下(0.2%~2.4%)合成的掺硅金刚石膜的光致发光谱。插图为 738nm 处曲线的积分强度和硅烷浓度间的关系

的多晶膜也是如此),在这一浓度条件下,SiV色心的含量大约为450ppb,比同样浓度的硅烷里合成的多晶膜中的SiV色心含量要低很多。

2.2.2 尺寸大小对SiV色心发光性质的影响

纳米金刚石色心的应用,如生物标记、纳米传感器以及单光子源等,要求在纳米尺寸的金刚石中获得高效发光的SiV色心。这受到两个因素的限制:①SiV色心的热稳定性会随着金刚石纳米微粒尺寸的减小而减小;②色心会与金刚石表面的缺陷相互作用。

根据理论计算,将氮注入尺寸小于2nm的金刚石晶格中从热动力学上来说是不合理的[18]。与氮不同的是,在2nm左右的纳米晶粒中SiV色心具有稳定性[19,20]。不久前的模拟实验表明,SiV色心在更小的尺寸——1.1nm的晶体中——也表现出稳定性。目前具有SiV发光现象的最小尺寸的纳米金刚石是从陨石中提取出来的[21]。在陨石纳米金刚石中含有不到2nm尺寸的晶粒团(图2.13),研究表明,正是这个金刚石晶粒团中有很大概率含有一个到多个SiV色心。色心的数量由所测得的单个纳米颗粒中SiV色心发光强度的自相关函数$g^{(2)}$的谷值大小决定(图2.14)。SiV发光为闪烁发光,但不会随着时间"湮灭"。文献[21]的作者将观测到的闪烁与SiV色心和分布在色心附近的可以捕获激发电子的金刚石表面缺陷之间的相互作用联系在一起。后面将对二者之间的相互作用进行介绍。

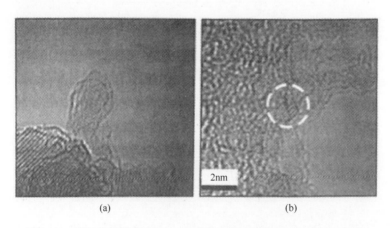

图2.13 借助高分辨率透射电子显微镜获得的陨石纳米金刚石图像
(a)尺寸约为2nm的晶粒;(b)烧结矿成分中的大小约为1nm的晶粒。

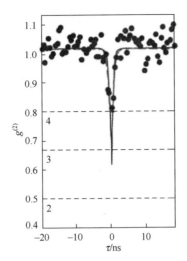

图 2.14　自相关函数 $g^{(2)}$：初始数据（●）以及包含仪器响应的近似曲线（连续曲线），根据这个曲线，SiV 辐射源的数量在被分析的圆点处为 3

总的来说，当含有色心的金刚石晶体尺寸减小时，色心与金刚石表面相互作用的概率会增加，这会导致纳米金刚石的发光强度减弱。这可能是由在与金刚石表面的缺陷相互作用时色心的电荷状态发生改变引起的，也可能是由于已经被表面缺陷捕获的色心电子又重新被释放出来，导致色心发光临时中断（闪烁）。文献[22]中研究了 SiV 色心和 NV 色心到纳米金刚石表面距离的临界值，超过这一临界值这些色心将无法"感知到"金刚石表面。所研究的纳米金刚石是核-壳复合型结构，其中核是含有 NV 色心的尺寸为 20nm 的 HPHT 金刚石，外壳是含有 SiV 色心的 CVD 金刚石，且 CVD 金刚石的厚度在实验过程中会发生变化（图 2.15）。

当核-壳结构的纳米金刚石横向尺寸小于 44nm 时，CVD 层的厚度小于 12nm，（需要注意的是，颗粒整体直径尺寸的增加值是 CVD 层厚度增加的两倍），样品中会出现 NV 色心闪烁发光。NV 色心"熄灭"状态的时长随着 CVD 层厚度的增加而减小，对于尺寸为 44nm 的纳米金刚石闪烁则完全停止。这样，这样，12nm 可以认为是 NV 色心与金刚石表面距离的临界值，超过这一临界值，二者相互作用会变得极小。波长为 738nm 处的 SiV 色心只有在纳米金刚石的横向尺寸达到 28nm（CVD 层厚度为 4nm）时才会发光。当 CVD 层的厚度从 8nm 增加到 12nm 时 SiV 辐射的强度大幅度增加（图 2.16）。这一效应可以理解为金刚石表面不再干扰 SiV 色心

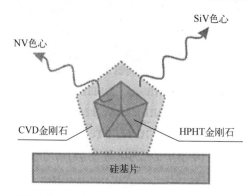

图 2.15　所研究的核-外壳复合型结构金刚石纳米晶粒的示意图。
核是含有 NV 色心的 HPHT 金刚石,外壳是含有
SiV 色心的 CVD 金刚石

发光。这样 4nm 可以看作 SiV 色心和金刚石表面距离的临界值,超过这一临界值二者的相互作用会变得极小。因此,由文献[22]可以得出结论,SiV 色心和 NV 色心分别在尺寸大于 8nm 和 24nm 的纳米金刚石中稳定发光。

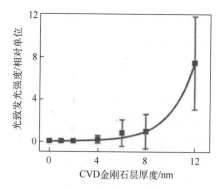

图 2.16　SiV 色心的发光强度和 CVD 金刚石层厚度的关系

2.3　金刚石中其他色心的发现

2.3.1　锗色心

不久前,几个科研团队几乎同时发现了新的发光色心,它与掺入金刚石晶格中的锗原子有关。这一色心在波长 602nm 处发光,在向 CVD 金刚石[23] 和

HPHT 金刚石[24]中掺入锗以及向金刚石中离子注入锗[25]的过程中被发现。据推测,锗原子会在金刚石中形成类似于 SiV 色心的组合体,在波长 602.7nm 处观测到 GeV 色心的零声子线(图 2.17)。在文献[23]中 CVD 金刚石膜沉积的衬底是晶面为(111)的锗单晶体。通过用氢等离子体刻蚀衬底形成 GeH_x 原子团,随后将锗原子注入金刚石晶格来实现整个掺杂锗的过程。

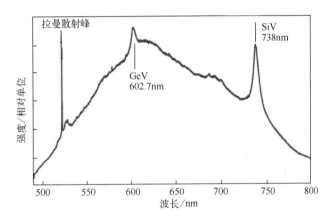

图 2.17　掺杂锗的金刚石膜的光致发光光谱。波长 602.7nm 处的发光峰表示 GeV 色心

2.3.2　580nm 色心

在高于 1600℃ 退火的 CVD 金刚石的光致发光光谱中,在波长 580nm 处发现了新的零声子线(图 2.18)以及一系列声子边带[26]。该实验条件为 CVD 金刚

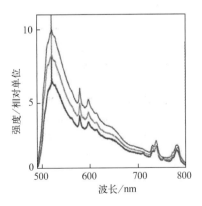

图 2.18　掺杂量为 $8×10^{16}cm^{-2}$ 重氢离子的 CVD 金刚石的光致发光光谱
(金刚石样品中三处不同的区域),金刚石在 1640℃ 真空条件下退火

石中掺杂重氢离子,能量为350keV,掺杂量为$8×10^{16}cm^{-2}$。这一发光现象在天然金刚石以及1300℃或更高温度时退火的CVD金刚石(中子辐射剂量为$2×10^{19}cm^{-2}$和$1×10^{20}cm^{-2}$)中都有发现(图2.19)。根据金刚石光谱带的分类,波长580nm处发光色心被归为H色心,其编号为H19。

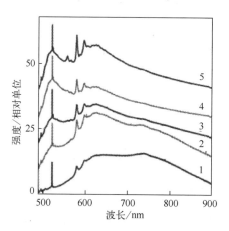

图2.19 中子辐射剂量为$2×10^{19}cm^{-2}$的CVD金刚石的光致发光光谱,金刚石的退火温度分别为1520℃(1)、1580℃(2)、1620℃(3)、1660℃(4)、1680℃(5)

H19色心的发光强度变化幅度与样品中掺入的氮或者硅的浓度和形态没有关系,与氢的初始含量和掺入量也没有关系。在所有被研究的样本中氮的浓度都不高,氮发光带的强度与波长575nm和503nm处的氮空位色心带无关。H19色心带的相对强度沿着天然金刚石和CVD金刚石表面发生变化。

在对被中子辐照过的金刚石进行退火处理时,在较大的温度范围内,随着退火温度的升高,H19色心光致发光强度与金刚石拉曼散射峰值的比值呈指数级增大。在该温度范围内(1000~1700℃),只有N-V-N色心(H3色心)的形成过程会存在类似的关系。对于中子辐射剂量不同的金刚石来说,H19色心的活化能为160~290kJ/mol。

结语

本章研究了CVD金刚石中NV色心和SiV色心的形成和发光性质的特点与金刚石合成条件的关系。我们发现,当向金刚石中掺入氮,在接近其浓度极限值时，CVD 金刚石内部 NV 色心分布十分均匀。另一个结果表明，在 CVD 金刚石片的生长过程中可以通过向反应室注入固态或者气态硅源来实现可控的 SiV 色心的制备。同时确定了 SiV 色心和 NV 色心到纳米金刚石表面的距离的临界值，高于这个临界值时这些色心的发光不再被表面抑制。进而得出结论 SiV 色心和 NV 色心分别在尺寸大于 8nm 和 24nm 的纳米金刚石中可以稳定发光。

另外本章也介绍了在掺杂锗的过程中产生的新色心。这一色心在波长 602nm 处发光，根据推断是由一对锗原子以及金刚石晶格中空位节点构成。另一个色心结构暂时不明，在波长 580nm 处发光，可以在被掺入（或被辐射）高剂量重氢离子（或中子）且退火后的金刚石的光致发光光谱中被发现。

参考文献

[1] *Balasubramanian G., Neumann P., Twitchen D., Markham M., Kolesov R., Mizuochi N., Isoya J., Achard J., Beck J., Tissler J., Jacques V., Hemmer P.R., Jelezko F., Wrachtrup J.* Ultralong spin coherence time in isotopically engineered diamond // Nat. Mater. 2009. Vol. 8, N 5. P. 383–387.

[2] *Edmonds A.M., D'Haenens-Johansson U.F.S., Cruddace R.J., Newton M.E., Fu K.-M.C., Santori C., Beausoleil R.G., Twitchen D.J., Markham M.L.* Production of oriented nitrogen-vacancy color centers in synthetic diamond // Phys. Rev. B. 2012. Vol. 86. P. 035201.

[3] *Schirhagl R., Chang K., Loretz M., Degen C.L.* Nitrogen-vacancy centers in diamond: nanoscale sensors for physics and biology // Ann. Rev. Phys. Chem. 2014. Vol. 65. P. 83–105.

[4] *Willems B., Tallaire A., Achard J.* Proc. Intl. Tech. Conf. "Diamond, Cubic Boron Nitride and Their Applications". Chicago, USA. 2–4 May 2011. P. 1–9.

[5] *Lu J., Gu Y., Grotjohn T.A., Schuelke T., Asmussen J.* Experimentally defining the safe and efficient, high pressure microwave plasma assisted CVD operating regime for single crystal diamond synthesis // Diamond Relat. Mater. 2013. Vol. 37. P. 17–28.

[6] *Chayahara A., Mokuno Y., Horino Y., Takasu Y., Kato H., Yoshikawa H., Fujimori N.* The effect of nitrogen addition during high-rate homoepitaxial growth of diamond by microwave plasma CVD // Diamond Relat. Mater. 2004. Vol. 13, N 11/12. P. 1954–1958.

[7] *Watanabe H., Kitamura T., Nakashima S., Shikata S.* Cathodoluminescence characterization of a nitrogen-doped homoepitaxial diamond thin film // J. Appl. Phys. 2009. Vol. 105. P. 093529.

[8] *Yiming Z., Larsson F., Larsson K.* Effect of CVD diamond growth by doping with nitrogen // Theor. Chem. Acc. 2014. Vol. 133, N 2. P. 1432.

[9] *Хомич А.А., Кудрявцев О.С., Большаков А.П., Хомич А.В., Ашкинази Е.Е., Ральченко В.Г., Власов И.И., Конов В.И.* Определение предела растворимости азота в синтезированных из газовой фазы монокристаллах алмаза методами оптической спектроскопии // Журн. прикл. спектроск. 2015. Т. 82. С. 248–253.

[10] *Yan C.-S., Vohra Y.K.* Very high growth rate chemical vapor deposition of single-crystal diamond // Diamond Relat. Mater. 1999. Vol. 8, N 11. P. 2022–2031.

[11] *Mokuno Y., Chayahara A., Soda Y., Yamada H., Horino Y., Fujimori N.* High rate homoepitaxial growth of diamond by microwave plasma CVD with nitrogen addition // Diamond Relat. Mater. 2006. Vol. 15, N 4-8. P. 455–459.

[12] *Shershulin V.A., Samoylenko S.R., Kudryavtsev O.S., Bolshakov A.P., Ashkinazi E.E., Yurov V.Yu., Ralchenko V.G., Konov V.I., Vlasov I.I.* Confocal luminescence study of nitrogen-vacancy distribution within nitrogen-rich single crystal CVD diamond // Laser Phys. 2016. Vol. 26. P. 015202.

[13] *Goss J.P., Jones R., Breuer S.J., Briddon P.R., Öberg S.* The twelve-line 1.682 eV luminescence center in diamond and the vacancy-silicon complex // Phys. Rev. Lett. 1996. Vol. 77. P. 3041–3044.

[14] *Edmonds A.M., Newton M.E., Martineau P.M., Twitchen D.J., Williams S.D.* Electron paramagnetic resonance studies of silicon-related defects in diamond // Phys. Rev. B. 2008. Vol. 77. P. 245205.

[15] *Седов В.С., Власов И.И., Ральченко В.Г., Хомич А.А., Конов В.И., Fabbri A., Conte G.* Выращивание из газовой фазы легированных кремнием люминесцирующих алмазных пленок и изолированных нанокристаллов // Краткие сообщ. по физике. 2011. № 10. С. 14–21.

[16] *Седов В.С., Ральченко В.Г., Власов И.И., Калиниченко Ю.И., Хомич А.А., Савин С.С., Конов В.И.* Фотолюминесценция центров окраски Si–вакансия в алмазных пленках, выращенных в СВЧ-плазме в смесях метан–водород–силан // Краткие сообщ. по физике. 2014. Т. 41, № 12. С. 36–42.

[17] *Bolshakov A.P., Ralchenko V.G., Sedov V., Khomich A.A., Vlasov I.I., Khomich A.V., Trofimov N., Krivobok V., Nikolaev S., Khmelnitskii R.A., Saraykin V.* Photoluminescence of SiV centers in single crystal CVD diamond in situ doped with Si from silane // Phys. Status Solidi A. 2015. Vol. 8, N 1. P. 1–8.

[18] *Barnard A.S., Sternberg M.* Substitutional nitrogen in nanodiamond and bucky-diamond particles // J. Phys. Chem. B. 2005. Vol. 109. P. 17107–17112.

[19] *Vlasov I.I., Barnard A.S., Ralchenko V.G., Lebedev O.I., Kanzyuba M.V., Saveliev A.V., Konov V.I., Goovaerts E.* Nanodiamond photoemitters based on strong narrow-band luminescence from silicon-vacancy defects // Adv. Mater. 2009. Vol. 21. P. 808–812.

[20] *Barnard A.S., Vlasov I.I., Ralchenko V.G.* Predicting the distribution and stability of photoactive defect centers in nanodiamond biomarkers // J. Mater. Chem. 2009. Vol. 19. P. 360–365.

[21] *Vlasov I.I., Shiryaev A.A., Rendler T., Steinert S., Lee S., Antonov D., Vörös M., Jelezko F., Fisenko A.V., Semjonova L.F., Biskupek J., Kaiser U., Lebedev O.I., Sildos I., Hemmer P.R., Konov V.I., Gali A., Wrachtrup J.* Molecular-sized fluorescent nanodiamonds // Nat. Nanotechnol. 2013. Vol. 9. P. 54–58.

[22] *Shershulin V.A., Sedov V.S., Ermakova,A., Jantzen U., Rogers L., Huhlina A.A., Teverovskaya E.G., Ralchenko V.G., Jelezko F., Vlasov I.I.* Size-dependent luminescence of color centers in composite nanodiamonds // Phys. Status Solidi A. 2015. Vol. 212. P. 2600–2605.

[23] *Ральченко В.Г., Седов В.С., Хомич А.А., Кривобок В.С., Николаев С.Н., Савин С.С., Власов И.И., Конов В.И.* Наблюдение нового центра окраски Ge–вакансия в микрокристаллических алмазных пленках // Краткие сообщ. по физике. 2015. Т. 42, № 6. С. 15–19.

[24] *Ekimov E.A., Lyapin S.G., Boldyrev K.N., Kondrin M.V., Khmelnitskiy R., Gavva V.A., Kotereva T.V., Popova M.N.* Germanium-vacancy color center in isotopically enriched diamonds synthesized at high pressures // Письма в ЖЭТФ. 2015. Т. 102, № 11. С. 811–816.

[25] *Iwasaki T., Ishibashi F., Miyamoto Y., Doi Y., Kobayashi S., Miyazaki T., Tahara K., Jahnke K.D., Rogers L.J., Naydenov B., Jelezko F., Yamasaki S., Nagamachi S., Inubushi T., Mizuochi N., Hatano M.* A germanium-vacancy single photon source in diamond // arXiv preprint. 2015. arXiv:1503.04938.

[26] *Хомич А.А., Ральченко В.Г., Хомич А.В., Власов И.И., Хмельницкий Р.А., Карькин А.Е.* Формирование новых центров окраски в осажденных из газовой фазы алмазах // Изв. вузов. Химия и химическая технология. 2013. Т. 56, № 5. С. 27–31.

第3章 金刚石的加工方法

E. E. 阿什金纳济, B. B. 科诺年科, T. B. 科诺年科

3.1 激光切割

在已知的金刚石材料切割工艺中激光切割是最高效的一种。激光切割是基于对金刚石的烧蚀作用。激光脉冲对金刚石表面局部快速加热至升华温度(大约4000℃),导致一定厚度的金刚石层挥发(烧蚀)。金刚石烧蚀的厚度取决于激光参数。脉冲激光辐射的功率密度($10^{16} \sim 10^{17} W/cm^2$)比连续激光辐射的功率密度($10^8 \sim 10^9 W/cm^2$)高出几个数量级,是其他能源(机械能、热化学能)无法达到的,这可以极大的提高加工效率。以激光作为热源切割金刚石可以保证输出的能量集中在金刚石表面较小区域,不会使区域周围的金刚石材料受热,也不会影响其结构和性质。由于金刚石的加热和冷却速度快,脉冲激光作用时间短,且脉冲激光加工金刚石材料时可以在很宽的范围内调整参数,因此利用激光切割可以保证复杂结构的精确切割[1,2]。

利用带有声光阀,调制频率在$(1 \sim 100) \times 10^3 Hz$范围内的连续固态激光器,成功完成对HPHT金刚石和CVD金刚石样品的切割。加工设备如图3.1所示以波长$\lambda = 1.064 \mu m$的ЛТН-201型激光器为基础制造的。在巨大的全铸机座的机身中,谐振腔的透镜之间安装有激光枪K301,其光轴与发射波长$\lambda = 0.63\mu m$的激光光束(ЛГИ-206型氦氖激光器)重合。光学系统包含向切割平面发射激光参考光束和切割光束的透镜、可移动的相干辐射系统,以及聚焦光斑大小约为$40\mu m$的聚焦镜。载物台及载物台上的待切割样品位于可移动支架上,支架固定在四轴移动平台上,其中三轴可以平移,另一轴可以旋转。由控制器SM-340下达指令来控制四个步进式发动机ST2818M1006的移动,其中一个发动机安装在转台STANDA-8MR上。所有的移动通过螺距为$1.5\mu m$的无间隙

螺丝来控制。金刚石加工时的外形设计通过图形图像设计软件 CorelDRAW 完成。这种设备配置可以保证得到大小为 30~60μm、精确度为 3~5μm 的切口。激光枪(泵浦以及活性元素)在重铬酸盐的稀溶液中进行冷却,溶液通过中心泵($p=5\text{atm}(1\text{atm}=101\text{kPa})$)闭合循环抽送。激光器准连续辐射的平均功率由泵浦的工作电流、电源组件"750W"的声光阀断开频率以及调制器决定,同时 M3-320 型声光阀可保证质量因数的调节。在切割多晶金刚石时,脉冲激光重复频率大约为 $10\text{kHz}(\tau=10\text{ns})$。

图 3.1　针对单晶金刚石和多晶金刚石材料进行外形加工的激光器设备
1—四轴移动平台,与使样品发生角度偏转的传动装置重合;2—泵送冷却气体的喷嘴;
3—相干辐射聚焦光学系统;4—激光器电源组件"750W";5—声光阀调制器电源组件;
6—ЛГИ-206 型氦氖激光器电源组件;7—ЛТН-201 型固态激光器谐振腔分布隔间;
8—激光枪 K301 水循环系统分布隔间;9—全铸生铁机座。

图 3.2 为 HPHT 金刚石片进行激光切割前后的图片。可以看到切割后的金刚石是大面为(100)、尺寸达 5mm×5mm 的直平行六面体。

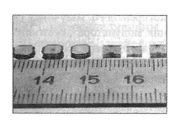

图 3.2　用于同质外延生长 CVD 金刚石的衬底图片:
三个单晶片半成品(左边),三个已成型衬底(右边)

3.2 机械加工

3.2.1 大尺寸多晶金刚石的机械抛光

除了激光切割外,金刚石的机械加工也是常用的加工方式之一。如果在磨棱机上磨削直径为25.4mm的多晶金刚石的速度为1μm/h,那么当金刚石的直径增加到2倍时,磨削的速度将降低两个数量级(0.01μm/h)。这是由于金刚石的各向异性,在不同的晶向上具有不同的表面硬度、机械强度以及脆性[3]。

现有的加工方法以及在传统光学工艺中使用的化合磨料制成的金刚石工具生产率低,无法保证工艺的稳定性。

一种可能提高加工质量和速度的方法是在同批号光学机床上利用金刚石粉末进行研磨处理,完善零件的运动轨迹,降低大直径砂轮内部存在质量不均而导致金刚石形状的破坏和"楔形物"的形成。该方法对于金刚石形状的保持主要通过控制抛光工具和磨削零件的安装位置以及二者的相对速度(Preston方程)。

在实验中使用的是抛光盘直径为320mm的三轴抛光精加工机床3ПД-320。机床的概念图如图3.3所示。打磨是通过粘在固定装置上的金刚石片(圆心为O_4的小圆)和抛光盘(圆心为O_3的大圆)的相对运动产生的摩擦进行。抛光盘3以角速度ω_0旋转,曲轴O_1B以角速度ω旋转并带动曲轴连杆装置运动二者共同保证固定装置和抛光盘的相对运动。曲轴O_1B作用于连杆AB,连杆AB两点为铰连接,因此AO_2O_4的刚性结构与金刚石固定装置一起沿抛光工具完成振荡运动。

固定的金刚石片上各点相对于抛光盘以不同速度运动,因此磨削材料的速度也不同。

1. 实验条件

对直径为75mm、厚度为1.2mm的多晶金刚石片(图3.4)进行研磨,可以看到沿薄片的生长表面分布着大小极不均匀的晶粒。经称重确定砂轮质心移动距离为X。Bachmann[4]和Butler[5]在其著作中提到利用微波等离子体生长的多晶金刚石存在着膜厚不均匀,中心与边缘晶粒尺寸不一致的缺点,这大大增加了金刚石的机械加工难度。

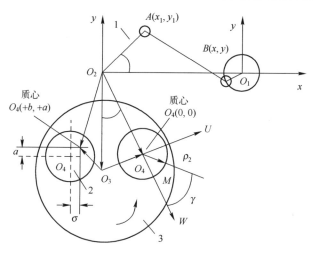

图 3.3 抛光精加工机床 3ПД-320 运动图示:机床摇臂系统(1);装有直径为 75mm 的 CVD 金刚石砂轮的固定装置,a—质心位于点 $O_4(0,0)$,黑色突出部分为当质心与零件中心重合的情况,b—质心位于点 $O_4(+a,+b)$,灰色突出部分为零件中心发生偏移的情况(2);抛光盘(3)

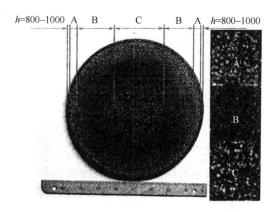

图 3.4 直径为 75mm 的多晶金刚石图片;其中划分出 A、B 和 C (右侧)部分的晶粒大小非常不均匀

利用机床 3ПД-320 分别在以下条件下对直径为 75mm 的多晶金刚石片进行加工:

游离磨料制成的工具,压力(固定装置和零件质心重合)$p = 10N, 30N, 50N$;

游离磨料制成的工具,压力(固定装置和零件质心不重合)$p = 10N, 30N, 50N$;

游离磨料制成的工具轴旋转频率 $n = 100 r/min$。

在被润滑冷却液以 1:10 的比例稀释过的金刚石粉末稀悬浊液中,利用淬火钢抛光工具(洛氏硬度 HRC=45)来打磨直径 75mm 的多晶金刚石。实验测得金刚石粉颗粒大小(最大和最小粒径)分别为 $63/50\mu m$、$40/20\mu m$、$20/14\mu m$ 和 $14/10\mu m$。固定装置为直径为 100mm 的铝制卡盘,中心可移动,借助真空黑蜡光学黏合剂(25%松蜡;75%石蜡)固定在新位置,利用 0.03%聚六亚甲基双胍磷酸盐溶液作为润滑冷却液。

2. 被研磨金刚石的运动方案

(1) 当零件质心和抛光工具中心重合时,二者以角速度 ω_2 被动旋转;

(2) 当零件质心和抛光工具中心重合时,二者以角速度 $\Delta\omega_2$ 自由旋转;

(3) 当零件质心和抛光工具中心偏离时,二者以角速度 $\Delta\omega_3$ 自由旋转。

3. 游离金刚石磨料的选择

实验中选择的是具有多晶结构的 ACM 牌号的金刚石粉末,每一个粉末微粒都是由含有高密度位错的纳米级单晶构成。在研磨过程中,随着微粒被破坏切刃会重复形成,保证了高研磨能力,以用于磨削硬度范围大的被加工材料。

4. 机床的调整

研磨过程按以下参量进行:

零件旋转速度　　　　　　　　100r/min;

双运转数　　　　　　　　　　20;

作用在零件上的单位压强　　　$22.6g/cm^2$、$67.9g/cm^2$ 和 $113.2g/cm^2$。

实验结果如表 3.1 所列。

表 3.1　直径 $d=75mm$ 的多晶金刚石研磨加工效率与金刚石粉末中晶体颗粒大小和被加工表面质心位置的关系

零件和固定装置的相对位置	ACM 牌号金刚石晶体粒大小	时间/min	研磨效率[①]/($\mu m/h$)			是否存在楔形物
			单位压强/(g/cm^2)			
			22.6	67.9	113.2	
共心	14/10	60	0.4	0.8	2.5	是
	20/14	60	1.0	2.9	7.5	是
	40/20	60	2.8	7.3	11.8	是
	63/50	60	5.3	10.1	17.9	是

(续)

零件和固定装置的相对位置	ACM 牌号金刚石晶体粒大小	时间/min	研磨效率①/(μm/h)			是否存在楔形物
			单位压强/(g/cm²)			
			22.6	67.9	113.2	
偏心	14/10	60	0.8	1.3	3.0	否
	20/14	60	1.5	3.4	8.0	否
	40/20	60	3.3	7.8	12.3	否
	63/50	60	5.8	10.6	18.4	否

① 利用分度值为 1μm 的表盘式千分表在金刚石中心进行磨损测量

因此,利用金刚石粉末制成的工具进行研磨处理过程中,抛光工具和多晶金刚石表面频繁的相互作用,使得金刚石砂轮和固定装置不论如何运动,金刚石晶粒都会迅速磨损形成磨损面,最终失去切割能力。通过显微镜可以清晰的看到金刚石研磨粉末和抛光工具表面微细粉末的磨损面及碎片,因此使用金刚石微细粉末进行研磨时的效率会急剧下降(已证明,选择多晶金刚石进行机械加工工具需要持续更新工具表面的金刚石工作层,从而可以持续利用裸露的金刚石颗粒继续这个过程)。磨损面会导致轴承滑动及切割能力丧失,为防止磨损面的产生将金刚石晶体颗粒的大小,从 10μm 增加到 63μm 以降低金刚石的含量的方式,来提高作用在单一晶粒上的单位载荷。淬火钢制抛光工具的非化合态磨料(效率最高)被合理利用在打磨过程的第一次过渡中。实验中确定,直径 $d=75mm$ 的多晶金刚石打磨过程中的最高效率(18.4μm/h;见表 3.1)出现在金刚石粉末 ACM63/50 稀悬浊液与淬火钢制抛光工具(HRC=45)接触时,且金刚石粉被润滑冷却液以 1∶10 的比例稀释过。通过称重的方法使固定装置和被加工的金刚石表面质心重合,从而去除了多晶金刚石砂轮各面不平的情况。

3.2.2 金刚石组件表面的抛光

为了保证金刚石较低的表面粗糙度,通常要采用一些处理方法对金刚石进行抛光,去除其表面被破坏的晶体层。处理方法的选择要考虑金刚石的硬度和脆性特点,以及金刚石膜和薄片的形状特点(低纵横比 d/h)。并且金刚石极高的硬度和化学惰性使得其抛光变得十分困难。金刚石具有很高的抗塑性形变的稳定性,因此加工过程应当分步进行,步骤决定了金刚石组件生产的速度和质量情况。多晶金刚石膜的优点是尺寸大,但是粗糙度高,通常厚度大于 1mm 的膜粗糙度会达到几十微米,而且晶粒大小和粗糙度随着厚度的增加而增加[6]。与单晶金刚石抛光处理相比[7,8],多晶金刚石膜传统的机械加工更加烦琐,原因在于多晶金刚石晶粒的随机取向,导致其缺少较易抛光方向。此外,多晶金刚石膜的面积往往大于 $20\sim30cm^2$,这比单晶金刚石要大很多[8-11]。这要求施加的载荷更大,即使是单晶金刚石和多晶金刚石的尺寸相近,多晶金刚石的脆性也大大增加了其加工的难度。多晶金刚石需要新的加工方法,因此人们设计并试验了金刚石抛光处理的各种可选择方法[9,11-14]。

以不同的物理和化学原理为基础的抛光方法包括:化学机械抛光[15,16];利用能溶解碳的金属(例如锰粉末[17]或者镧镍低共熔合金的熔融物[18])的热机械刻蚀;电子等离子体中的加工[19-21];激光抛光[22-25];离子束抛光[26-28];磨料喷射抛光[29];二氧化硅胶体的悬浮液中抛光[30];以动摩擦过程为基础的抛光,它将机械相互作用、热相互作用和化学相互作用集中在了一个过程里[31,32]。已知的高温抛光的原理是将金刚石溶入抛光盘的金属材料中(钢、钛),高温抛光可在抛光盘高速旋转下进行。加工的等级决定金刚石在电子学、光学(特别是在透视光学[33])以及其他对表面结构要求较高的领域的应用效果。同时,高质量 HPHT 金刚石片的抛光对于在薄片上外延生长出更加完美的 CVD 金刚石层是必需的。尽管有很多新方法出现,最经典的方法[34,35]依然是在铸铁盘上进行金刚石抛光,铸铁盘中注入金刚砂,其运动速度大约为 50m/s。这一方法能够获得广泛应用,主要得益于加工过程中由于高温和化学试剂的相互作用使得金刚石没有缺陷产生[36-39]。对金刚石进行机械抛光的结果是形成表面活性中心和摩擦层[40],它们可以进一步影响功能层边界的状态。金刚石表面化学键中断的过程[41]的研究,证明接下来与抛光粒子相互作用产生的游离水分子和氢分子钝化的能量效率,最终会导致非晶表层的形成。同时研究表明,从被抛光金刚石表面分离的微粒具有非晶结构[42]。这里需要强调的是,它们的形成可能与沿着金刚石较易抛光方向进行抛光有关[43,44]。但是众所周知,由于这种材料的各向异性,抛光过程以及被抛光的金刚石表面的质量很大程度上取决于抛光的方向[45]。因此至今没有解决的问题是,沿着硬方向和软方向的金刚石机械抛光对于摩擦系数会产生怎样的影响,而摩擦系数决定金刚石表面的温度变化,从而影响金刚石表面缺陷的产生和非晶层的形成。

1. 单晶及多晶 HPHT 和 CVD 金刚石片:机械抛光的表面粗糙度与热效应

利用设备 УПСА-100(微波功率为 5kW,频率为 2.45GHz),在微波等离子体甲烷氢气混合气体条件下沉积了厚度为 0.4~0.6mm 的多晶 CVD 金刚石,其基体是直径为 57mm 的硅衬底[46]。合成具有良好光学性质(透明)金刚石材料常用参数为:反应室中气体压强 95~100Torr,混合气体中甲烷的浓度为 1.2%~2.0%,衬底温度为 850~870℃,沉积速度为 1.5~2.5μm/h。利用在混合酸中化学腐蚀的方法使得到的金刚石片和衬底分离,然后通过激光切割(Nd:YAG 激光,$\lambda = 1.064$μm)从中切割出正方形(10mm×10mm)或者圆形(直径为 8mm)的样品。多晶金刚石的生长表面由大小达 100μm[47](图 3.5(a))、任意晶向的密集晶粒组成,平均粗糙度高达 $Ra = 5~8$μm。在同一等离子体化学气相沉积设备中还进行了单晶金刚石层在 HPHT 合成金刚石衬底上的外延沉积。沉积参数为:压强 140Torr、气体流速 500sccm、甲烷浓度 2%~4%。微波功率为 2.6kW,衬底温度为 950~1100℃[48]。生长速度取决于工艺参数,其速度为 2.5~12μm/h。衬底采用的是晶面为(100),厚度为 0.3~1.0μm,线性尺寸从 3.3mm×3.3mm 到 5.5mm×5.5mm 不等的 Ib 型 HPHT 金刚石单晶片。厚度为 0.61mm 的未抛光 CVD 金刚石层表面的形状特点是外形非对称,高度为 70~110nm(图 3.5(c))的平行台阶形貌(图 3.5(b))。HPHT 单晶金刚石(衬底)和 CVD 单晶金刚石按照抛光和打磨的方式加工。其中抛光是按照传统方法在直径为 290mm 和 140mm 的铸铁抛光盘上进行,加入 ACH 牌号金刚粉(晶粒大小分别为 20/14μm、10/7μm、5/3μm 和 2/1μm),旋转频率约为 3000r/min。

厚度约为 0.5mm 的多晶金刚石片分别按照传统抛光方法和精细打磨的方法加工,在精细打磨时薄片的轴和砂轮转动速度矢量之间的夹角发生周期变化。

由文献[34,42]可知,在对单晶金刚石进行抛光处理时材料去除的速度和摩擦力具有很强的各向异性。例如,对于不同的晶面去除速度可能会相差两个数量级:晶面{100}沿着⟨010⟩方向容易抛光,而沿着⟨110⟩方向抛光效果很差,对于与金刚石{111}和{100}晶面重合的平面的抛光处理比其他晶面的慢很多[49]。因此,为了比较有序晶向以及不同晶向晶体的摩擦力,我们对比了加工过程中单晶金刚石和多晶金刚石样品的加热温度。对于两种类型的金刚石(多晶 CVD 金刚石和单晶 HPHT 金刚石)的实验在相同条件下进行,并且预先将样本打磨至同样的尺寸和相近的粗糙度。多晶金刚石样品的面积为 50mm^2,单晶

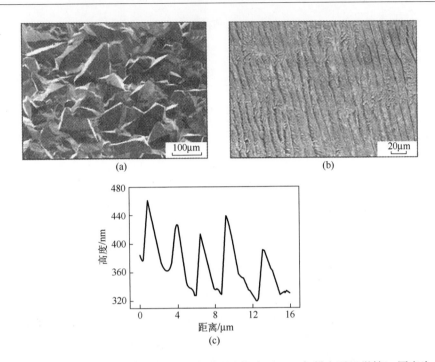

图 3.5　厚度为 0.5mm 的多晶 CVD 金刚石生长表面((a)扫描电子显微镜),厚度为
0.29mm 的单晶外延金刚石膜表面((b)激光显微镜)以及厚度为 0.61mm 的
外延金刚石膜外形((c)原子力显微镜)

金刚石的面积为 66.4mm^2,温度测量工具为电阻式温度计 Pt100(大小为 2.0mm×2.0mm,快速作用时间 1s),利用导热胶将温度计固定在金刚石片的背面,之后将金刚石片固定在打磨端头上。每一次实验中金刚石片分别放置在离打磨砂轮旋转轴不同的距离处,砂轮相对于静止的金刚石样品的线速度为 14~44m/s。作用在样品上的载荷为 0.09~0.68MPa。晶面为(100)的单晶片分别分布在两个方向上:与抛光速度矢量方向所成夹角为 0°和 45°。抛光方向和晶向一致,金刚石的抛光方向在和砂轮接触的地方与打磨砂轮的速度矢量平行。当改变样品的位置时,每一次测量的曝光时间为 1min,以足够确定恒定的温度值。在抛光过程中产生的磨损物在石棉表面积累,可能会导致石棉与金刚石的混合物的形成。利用拉曼光谱 LABRAM HR(Horiba)分析磨损产物的相组成。拉曼光谱仪使用的激光是 Ar+激光(波长 λ=488nm),聚焦点直径约为 1μm。利用电子背散射 EBSD(E VO-50,Carl Zeiss))确定多晶金刚石的晶向分布[47]。在被抛光金刚石表面每隔 1μm 进行一次电子射线扫描,每一点都保存下空间分辨率不低于

30nm 的局部衍射图。

金刚石样品的宏观形貌和表面粗糙度利用扫描电子显微镜 JSM-6480LV（JEOL）、激光扫描共焦显微镜 LSM-710-NLO（Carl Zeiss）、光学表面轮廓仪 NewVew（ZYGO）和扫描探针显微镜（SPM）Solver P47（NT-MDT）进行研究。

2. 单晶金刚石

当载荷 $p=0.07$MPa，金刚石沿砂轮滑动速度 $v=14$m/s 时，沿着硬方向（晶面（100）和打磨砂轮速度矢量方向之间的夹角 $α≈0°$）及软方向（$α≈45°$）进行抛光处理后的单晶金刚石表面形貌如图 3.6 所示。第一种情况中（图 3.6(a)）清晰可见深度达 25~30nm 的平行的沟槽（划痕）构成的网，而在第二种情况中（图 3.6(b)）这种纳米沟槽的数量和深度都有所减少（深度变为 3~15nm）。沿硬方向抛光的表面粗糙度 Ra 为 16.4nm（均方根值为 $R_{rms}=20.3$nm），而转向软方向后粗糙度降低了 8 倍，减小到大约 $Ra=2.7$nm（$R_{rms}=3.5$nm）。因此，表面形貌和粗糙度极大程度上取决于抛光的方向。

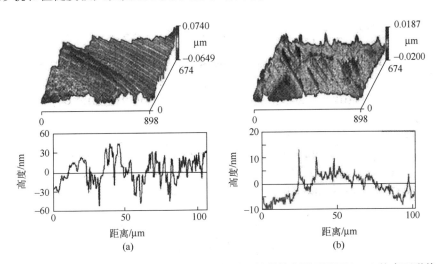

图 3.6 沿着（a）硬方向和（b）软方向抛光处理的单晶金刚石晶面（100）的表面形貌：
(a) $Ra=16.4$，(b) 2.7nm。

抛光后的单晶金刚石粗糙度会在一定范围内变化，表 3.2 中展示了五个单晶金刚石样品抛光后粗糙度大小。样品是利用掺入金刚石粉末磨料的铸铁抛光盘进行机械抛光，表面粗糙度为 $Ra=4~12$nm。

获得的表面光滑的金刚石衬底表面于外延工艺领域。

表 3.2 HPHT 单晶金刚石衬底机械抛光后的表面粗糙度 Ra

衬底编号	表面粗糙度 Ra/nm（机械抛光）
1	3.7
2	10.5
3	7.3
4	12.1
5	8.7

3. 多晶金刚石

多晶金刚石加工第一步除去的是棱锥状晶粒的顶端突出部分。

图 3.7 为部分打磨过的金刚石膜图片，从图中可见加工后晶面为(100)的正方形晶面彼此成一定角度。在打磨处理的每一刻都有一些晶粒是"正取向"（图 3.7 中的 2），即沿着软方向（晶面和打磨砂轮旋转速度矢量之间的夹角接近 45°），而另外一些晶粒（图 3.7 中的晶粒 1）沿着硬方向（$\alpha \approx 0$）。因此对于多晶体来说不仅仅存在一个软方向，与单晶金刚石相比其抛光处理也更加困难。从抛光结果可以看出，抛光的质量高，形成的表面缺陷数量不多，并可以保证利用 EBSD 得到清晰的电子衍射图，在最终抛光处理后能够成功确定晶粒分布。尺寸达 100μm 的晶粒取向图（图 3.8）表明主导晶面为（100），但是在晶面上存在一些任意取向的晶粒。

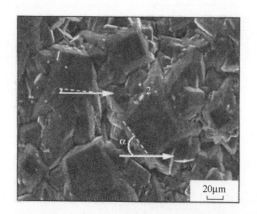

图 3.7 扫描电子显微镜下部分打磨过的多晶金刚石膜表面形貌。材料去除从突出平面 (100) 开始。晶体 1 和晶体 2 的晶面所成夹角约为 45°。角 α 为正方形晶面的棱边（虚线）和速度矢量（箭头）之间的夹角。$\alpha=45°$ 为沿软方向抛光，而 $\alpha=0$ 则是沿硬方向抛光

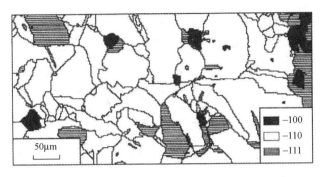

图 3.8　抛光多晶金刚石中晶粒取向分布图,主导取向为(100)

多晶 CVD 金刚石表面机械抛光的特点是由于相邻的不同取向晶粒之间抛光速度不同,而导致纳米沟槽的形成[35,50]。在抛光过程中当样品相对于速度矢量的方向固定的情况下,当表面平均粗糙度约为 10nm 时这些纳米沟槽可能会很高(约 50nm)(图 3.9)。随后通过周期性改变抛光方向进行最终抛光(精细打磨),可以得到光滑度较高的金刚石样品,粗糙度可达 $Ra=1.2$nm。

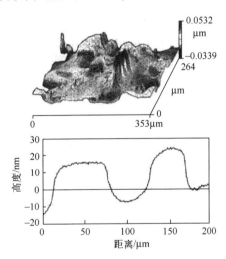

图 3.9　在样品相对于抛光砂轮运动速度矢量的方向固定的情况下进行抛光处理后的多晶金刚石表面形貌:粗糙度 $Ra=7.3$nm,单独突出的晶体的取向沿硬方向

4. 抛光过程中的热效应

金刚石和打磨砂轮之间的摩擦导致金刚石片的平均温度明显升高。据推测[35,45],如果接触点的局部温度变得特别高,金刚石层较薄的表面可能发生石墨化,随后需通过机械方法或者化学方法(烧蚀)去除石墨杂质。我们比较了单

晶和多晶金刚石样品的摩擦系数 K 相对于样品沿砂轮滑动速度的关系,如图 3.10 所示。利用精确度达 1mN 的表盘式应变仪测量摩擦力的大小,可确定,多晶金刚石的摩擦系数 K 约为 0.4,并且与滑动速度关系不大。

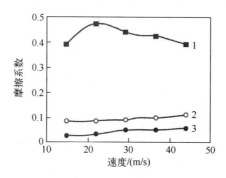

图 3.10 当载荷 $p=0.08$MPa 时,单晶金刚石和多晶金刚石进行抛光处理过程中摩擦因数 K 与相对砂轮滑动速度之间的关系

1—多晶金刚石;2—单晶金刚石,$\alpha=45°$;3—单晶金刚石,$\alpha=0$。

对于单晶金刚石,其 K 值要低 4~8 倍,当沿着硬方向抛光时得到的 K 值最小,最小值 $K\approx0.05$。多晶金刚石和单晶金刚石样品温度和沿砂轮滑动速度 v 以及载荷 p 的关系如图 3.11~图 3.13 所示。在温度测量过程中,金刚石片相对于速度矢量的方向不变。对于单晶金刚石来说,摩擦力以及薄片的温度单调增加(如图 3.11,曲线 2,3),沿着硬方向抛光时的温度一直比沿着软方向要低。这样,当载荷最小 $p=0.08$MPa,滑动速度最大 $v=44$m/s,沿着硬方向抛光时,薄片

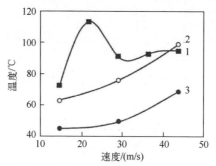

图 3.11 抛光过程中当压强最小 $p=0.08$MPa 时多晶金刚石和单晶金刚石的温度与滑动速度的关系

1—多晶金刚石;2—单晶金刚石,$\alpha=45°$;3—单晶金刚石,$\alpha=0$;α—单晶体晶面(100)的棱边和抛光方向之间的夹角。

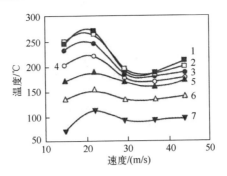

图 3.12 抛光过程中当作用在金刚石样本的压强分别为:(1)0.67MPa,(2)0.578MPa,
(3)0.48MPa,(4)0.38MPa,(5)0.28MPa,(6)0.19MPa,(7)0.08MPa 时多晶金刚石的
温度和滑动速度之间的关系

温度升高到 68℃,而沿着软方向薄片温度达到 100℃。随着滑动速度的增加,多晶金刚石温度的变化不是单调的,但始终比单晶金刚石温度高(图 3.11,曲线 1)。多晶金刚石和单晶金刚石($\alpha=45°$)在滑动速度很高($\geqslant 40$m/s)时温度相吻合,可以证明多晶体中在摩擦区域保留下来的只有取向为硬方向的晶体。当载荷取值范围为 0.09~0.67MPa 时,多晶金刚石温度升高与滑动速度 v 之间的关系如图 3.12 所示。

正如所见,金刚石片的温度随着载荷 p 的增加而升高。当载荷最大且滑动速度为 $v=22$m/s 时温度达到最高,为 272℃。而随着 v 的继续增加,薄片的温度会下降至恒定值。在相应关系中最大值的存在可能与滑动摩擦的条件以及晶体不同的角度取向有关(图 3.8)。例如,取向为软方向并在快速磨损时与砂轮接触的晶体比例会减小。这时,取向为硬方向的晶体显露出来,从而使摩擦产生的局部热源的数量减少(图 3.9)。当对单晶金刚石进行抛光时,温度升高的幅度相对较小;当以速度 $v=40$m/s 进行抛光时,取向为软方向和硬方向的薄片的最高温度分别为 163℃和 130℃。图 3.13 为滑动速度最大 $v=44$m/s 时抛光金刚石样本和载荷(压强)的关系图。可见,随着载荷的增加多晶金刚石的温度单调升高,且温度始终高于单晶金刚石。

众所周知,在摩擦作用的条件下,当金刚石表面的剪切压强达到极限值时,会引起金刚石相转化为石墨相[51],这可能是金刚石失稳的原因之一。可以通过施加外在剪切压强的方式来监测金刚石样品的形变,这个方法在不增加压缩载荷的情况下促进相转化[52]。在金刚石抛光过程中形成的石墨磨损产物可能是

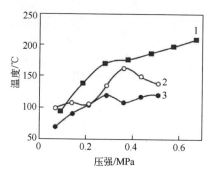

图 3.13 抛光过程中多晶金刚石(1)和单晶金刚石(2,3)的温度与压强的关系: $\alpha = 45°(2)$ 和 $0°(1)$

通过拉曼散射光谱对磨损产物进行的分析,光谱出现 D 峰
(约 $1350 cm^{-1}$)以及 G 峰(约 $1600 cm^{-1}$),说明产物中存在非晶碳
剪切形变和局部高温共同作用的结果。对微波等离子体中沉积的厚度约为 0.5mm 的多晶金刚石膜以及单晶金刚石进行的机械抛光过程的研究表明,金刚石磨损的各向异性导致其不同方向的抛光速度不同,并且单晶金刚石样品在软方向和硬方向时表面抛光形貌的特征也不同。当对多晶体晶粒取向不同的部分进行抛光时,晶粒以不同的速度磨损,会形成纳米沟槽。抛光过程中金刚石样品的温度会超过 250℃。在所选择的抛光方式下,多晶金刚石和研磨砂轮的摩擦系数($K \approx 0.4$)要比单晶金刚石($K < 0.1$)大得多。

3.3 金刚石表面的脉冲激光烧蚀

金刚石的精密加工是目前限制金刚石在光学和电子学领域应用的一个关键要素[53]。金刚石极高的硬度和化学惰性不断推动着激光工艺的研究与发展,这种工艺无论是对晶体的表面加工,还是对晶体的局部改性都有显著的效果。这些研究工作一直集中于充分蒸发烧蚀金刚石表面,快速去除杂质的多脉冲模式[54-57]。

第一次关于天然单晶金刚石表面微观结构的激光辐射实验可以追溯到 1965 年,自那以后科研人员进行了大量的相关研究,得到了很多实验材料及经验。目前,人们认为激光烧蚀金刚石的过程具有热辐射,并且当辐射区域的金刚石表面温度达到约 1200K 时发生石墨化[58]。尽管有关于金刚石非热能光子石墨化可能性的假设[59,60](或者,至少是关于金刚石光栅的非热变化对于使用超短激光脉冲的石墨化过程具有显著影响),但是目前仍没有关于这些假设的实验验证。

激光辐射与金刚石相互作用的结果与激光光束的能量密度密切相关。图3.14中展示了激光作用金刚石表面可能出现的现象。将各类激光与金刚石相互作用结果区分开的主要特征是烧蚀阈值。在能量密度超过该值时(图3.14(a)),可以观察到,金刚石蒸发烧蚀的同时在表面产生了石墨强吸收层[54]。从实际角度来看,这种模式的特点是具有脉冲作用下去除材料的稳定性,所以可以使用该模式来进行精确的表面微结构加工研究。

在接近能量密度阈值时,激光辐射通常不会立即对金刚石产生烧蚀作用:需要一定脉冲量的累积才能在表面形成石墨层[61]。有时在这些条件下,在一个相对长的波长内可能会出现表面或内部的(图3.14(b))材料破坏,并通常伴随着辐射区的石墨化。这种现象主要出现在人造多晶金刚石膜中,主要与块状样本内部晶粒间杂质吸收有关,这个吸收中心可以保证优先加热被加工材料的表面区域。块体材料内局部温度升高(无氧气状态下)致近2000℃时[62],这个位置的表面将开始石墨化。同时,在块体材料内或表面可能会发生材料的爆炸性破坏,这取决于吸收中心与表面的距离远近。我们发现,通过调控特定的辐射条件可以在金刚石中得到石墨的微结构,该结构既不会在晶体内形成临界应力,也不会导致晶体产生大的裂纹(见3.4节)。

当能量密度低于烧蚀阈值时(图3.14(c)),金刚石材料表面出现非石墨化烧蚀,由于材料去除率极低(小于10^{-2} nm/脉冲),因而该现象被称为纳米烧

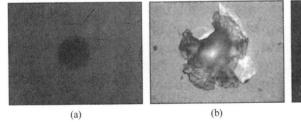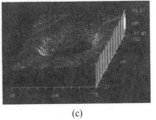

(a) (b) (c)

图3.14 在用强脉冲激光辐射金刚石表面时可能出现的现象((a)(b))。蒸发烧蚀($20J/cm^2$)和由于表面石墨化引起的爆炸性破坏($9J/cm^2$):用Nd-YAP激光($\lambda=1078nm$,$\tau=300ps$)同一脉冲的Nd-YAP激光照射金刚石表面区域后光学显微镜图像。(c)单晶金刚石表面的激光刻蚀(纳米烧蚀)Ⅱ型:借助表面三维轮廓仪观察到的被100000次KrF激光脉冲($248nm,15ns,10J/cm^2$)辐射的表面轮廓图

蚀[63]。当金刚石在空气中被激光辐射时,可能会出现纳米烧蚀现象,这通常被认为是由于碳表面氧化的光激发反应造成的。在3.3.4节中将描述该过程的主要特点。

3.3.1 多脉冲辐射烧蚀金刚石

金刚石蒸发烧蚀的关键过程是石墨化:在激光作用下金刚石晶格被破坏,sp^2杂化的不定形碳及石墨层覆盖在金刚石表层[62]。这一石墨层的生成极大地改变了金刚石表层的光学特性。例如,石墨对可见光的线性吸收是金刚石的10^7倍,因而在石墨层足够厚的时候,它会完全吸收下一次脉冲并防止激光与金刚石直接发生作用。表面层石墨化后在接下来的每一次激光脉冲激光的作用下都会往样品深处移动,这是因为表层物质在温度约4000K下蒸发,并且石墨相和金刚石表层的碳晶体结构同时重新排列[54]。

观察表明,从表面的石墨层形成的一刻起,表面凹槽的深度在多脉冲辐射下随着脉冲数目的增加呈线性增长。因此,根据凹槽深度和脉冲数量关系曲线的斜率可以准确地确定烧蚀的速度。

这种测量方法可以解决在激光作用下,任一材料在烧蚀过程中出现的主要问题之一:如何根据辐射区中能量密度的峰值(或平均值)确定材料的特性,以及波长和脉冲长短等辐射参数对烧蚀过程的影响。

实验证明,烧蚀金刚石所用激光的波长不是一个确定的参数。在形成吸收层后,烧蚀速率几乎不受影响,原因在于烧蚀石墨化的机理。石墨的吸收率由π电子的带间跃迁确定,具有相对平坦的频谱(吸收系数α约为$10^5 cm^{-1}$),从远红外光谱跃迁到可见光谱时吸收系数会有所下降,而在紫外线光谱区又有所升高。

脉冲持续时间对烧蚀速度的影响更为显著,此参数决定了激光脉冲穿透被加工材料的深度,从而决定了材料的烧蚀速度。图3.15给出了脉冲持续时间在100fs~1.5ms之间的不同激光体系的实验烧蚀曲线。

这些实验数据在很大的能量密度区域内接近对数关系。与此同时,飞秒激光脉冲辐射的热穿透深度约为20nm,微秒辐射的热穿透深度约为5.5μm。在第一种情况下,该值显然是由石墨层的光吸收量决定的,在第二种情况下,则是由石墨层的热扩散性质所决定。石墨层在脉冲持续的时间内得到了充分蒸发,即在材料表层释放吸收的激光能量,之后物质蒸发速度非常快,这使得在热传导过

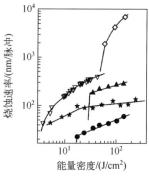

脉冲持续时间(τ)	波长(λ)	激光体系
★ 100fs	800nm	Ti:saphire
● 300ps	539nm	Nd:YAP
▲ 7ns	539nm	Nd:YAP
▽ 15ns	248nm	KrF
◇ 1.5ms	1064nm	Nd:YAG

图 3.15　不同激光体系下金刚石烧蚀速度和能量密度的关系

程中材料深处大部分能量来不及扩散。

因此利用飞秒脉冲进行金刚石表面加工引起了人们的兴趣。在飞秒模式下,烧蚀速度要高于皮秒脉冲(图 3.15)。因为脉冲持续的时长要短于物质加热和蒸发的时长,所以在极短的时间内不会产生等离子体屏蔽。尽管如此,飞秒模式相较于纳秒模式和微秒模式,其烧蚀速度和能量效率要低得多。这是材料高度过热所致,而过热是在向声子传输光能极不均衡的条件下产生的。首先电子得到均衡加热(电子与电子碰撞的频率大约是 10^{14} Hz),然后在电子和离子相互作用期间(1~10fs),能量会被转移到原子晶格。如此一来,在使用长脉冲时(超过 10fs),所有的能量汇聚到材料表面需要花费整个脉冲时长;而在使用飞秒脉冲时,则只需要花费 1~10fs 的时间。在这种快速加热的情况下,已经"蒸发"的原子,即不受材料表面约束的原子,无法瞬间从表层脱离,同时能量的吸收和再分配的过程也会受到影响,导致材料表面的近表层过热。也就是说,与大气压下的蒸发温度相比,快速加热下的蒸发温度会有所升高。

在约 30J/cm² 及以上的能量密度下,飞秒脉冲下的烧蚀速度几乎达到了恒定水平(约 100nm/脉冲),但会导致激光光斑外的区域被烧蚀,这是由于空气中的非线性散射,使得大部分电磁能量在光束之外。

3.3.2 激光诱导石墨层的特性

石墨层相对金刚石表面的深度值是指热渗透深度值和石墨化材料光吸收深度值之间较小的一个值,由于该辐射吸收层决定了多激光脉冲模式下与金刚石相互作用的机制,所以在下述实验中我们重点研究石墨层的性质,包括测量其厚度。

实验在已抛光的多晶金刚石片上进行,该金刚石片通过微波等离子体辅助化学气相沉积法(MPCVD)获得[64]。测量激光烧蚀产生的石墨层厚度所用的方法以石墨的热氧化工艺为基础,这项工艺可以逐渐从样品表面去除非金刚石相,精确度为几纳米[65]。在激光辐射后,样品在600℃的空气中退火。值得注意的是,在这个温度下,未被辐射到的区域和石墨层下的样品内部材料结构几乎不受影响。因此,可以通过比较氧化前后辐射表面的形貌来确定石墨层的厚度。为了确定样品形貌,可以使用垂直分辨率为 0.1nm、水平分辨率为 0.5μm 的 NewView 5000(Zygo)表面三维轮廓仪。

实验中单晶金刚石烧蚀尺寸约为50μm,这与所有激光系统的照射光斑的尺寸一致。因此可以确定,在相同的照射条件下,单晶金刚石晶体内改性层的厚度是相同的;而在多晶金刚石中,改性层厚度的变化就十分明显了(大约是单晶金刚石的2倍),这种变化与金刚石晶粒的初始晶粒取向有关。这种变化主要有两个原因:首先,改性材料光学性质和热物理性质(吸收,密度,导热性)发生了变化,而这两种性质在激光加热时决定着近表层的温度分布。其次,从热力学的角度来看,为了破坏晶体结构,石墨化过程的活化能应超过碳原子与表面的结合能(即碳原子的升华能)[59]。有关金刚石表面的"缓慢"热石墨化的研究指出,碳原子与表面的结合能主要取决于样品表面的晶向[66]。这意味着即使在相同的温度下,对于一个多晶样品的各个晶粒而言,发生石墨化作用的概率也不尽相同,也就是说,石墨化层的厚度在多晶金刚石不同晶粒中会发生变化。

如果石墨化过程具有热激励特性,那么改性层的厚度则由吸收的激光能量分布以及材料中的温度分布决定。在激光加热的情况下,温度分布和改性层厚度的关系与石墨层吸收系数 α_g 以及由导热差异引起的热量重新分布有关。短脉冲辐照下,当脉冲中的热量传递可以忽略不计时石墨层吸收系数将对二者的关系将起决定性的作用。石墨层温度与深度的关系式近似指数关系式(布格尔

定律),并且石墨层的厚度d_g满足以下关系式:

$$d_g = \frac{\ln(T_s/T_g)}{\alpha_g} \approx \frac{0.7}{\alpha_g} \tag{3.1}$$

式中:T_s、T_g分别为石墨蒸发温度和金刚石石墨化温度。

使用纳秒脉冲时,脉冲时间决定了材料的热渗透深度:

$$d_g = \frac{\ln(T_s/T_g)}{\sqrt{\chi_g \tau}} \approx \frac{0.7}{\sqrt{\chi_g \tau}} \tag{3.2}$$

式中:χ_g为改性层的热扩散系数;τ为脉冲持续时间。

图 3.16 展示了脉冲持续时间与石墨层厚度的实验结果和理论估值(根据式 3.1,3.2 得到)。表面改性层的吸收系数及其热导率值,可采用 2000K 的多晶石墨相应值来计算:$\alpha_g \approx 2 \times 10^5 \mathrm{cm}^{-1}$ 和 $\chi_g \approx 0.08 \mathrm{cm}^2/\mathrm{s}$[65]。所得数据与相应估值的关系证明:多脉冲模式中,强激光辐射下的金刚石石墨化的过程具有热激励特性。改性层的厚度取决于热影响区的深度:石墨相的热导率(长脉冲情况下)和辐射吸收深度(短脉冲情况下,最小可至飞秒脉冲)。

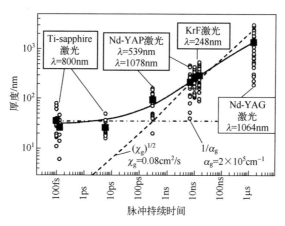

图 3.16 石墨层厚度与激光脉冲持续时间之间的关系。
辐照能量密度:15~150J/cm²

辐射波长对石墨层厚度的影响不明显,石墨层厚度的变化主要是由激光系统的脉冲持续时间差所引起。因为在 250~1100nm 波长范围内,石墨的吸收量实际上是相同的:高定向热解石墨吸收量 $\alpha_g \approx (2 \sim 6) \times 10^5 \mathrm{cm}^{-1}$[66]。

此外,激光的能量密度对石墨层厚度也有影响。正如前面所提到的,如果激光辐照的密度超过一定的阈值 F_s,那么单脉冲辐照就会使得金刚石的初始表面发生烧蚀。辐照后,出现石墨化层,飞秒脉冲激光作用下该层厚度在 10~30nm 之间变化。然而,即使激光辐射的能量密度小于 F_s,金刚石表面的石墨化也会发生,虽然不在初始脉冲之后产生,但是会在 N_g 个脉冲之后产生。这种多脉冲石墨化有其自身的阈值 F_m,F_m 的值可能比 F_s 的值小几倍。在 3.3.4 节中将证明 F_m 的值决定了多脉冲石墨化产生的纳米烧蚀过程。

图 3.17 展示了在能量密度低于 F_s 的情况下第一次脉冲辐照后,由飞秒辐照激发产生的金刚石表面石墨化的发展过程。通常,金刚石的表面改性过程由两个独立的阶段组成。第一阶段 N_g 脉冲持续,在此期间表面的反射率保持不变。辐照表面的光学图像表明,该阶段在直径为 1μm 的吸收区域形成后结束,该吸收区域位于激光点的中心。在第二阶段,由于一开始石墨斑迅速增大到了几微米,并且几乎阻挡了整个光束,所以反射系数急剧下降。

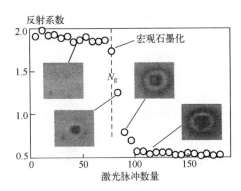

图 3.17　二次谐波为 400nm、飞秒(100fs)Ti:蓝宝石激光器多脉冲辐照下金刚石单晶表面形貌的演变

到目前为止,低能量多脉冲石墨化机制的相关研究还不够深入。关键的问题在于第一阶段的持续时间(例如,用数值 N_g 表示)是否与激光辐照的强度有关。如果无关,那么激光破坏的过程是随机的。否则,在这些条件下,激光辐照会使金刚石晶格产生相对较小但明显的结构累积变化。

但是缺少直接的实验方法以确定累积阶段内石墨化发展速度,金刚石晶格内微小且缓慢的激光诱导变化对表面及激光辐射区域内晶体的光学性质没有明显影响,直到出现宏观石墨化。实验表明,尽管事实上激光辐照的能量密度远低于单脉冲烧蚀阈值,但是在辐照效应影响下,经受长时间激光作用的金刚石晶格的确有逐渐转变成石墨材料的趋势。图 3.18 展示了激光脉冲数量 N_g 与 Ti:蓝宝石飞秒激光器不同谐波的激光能量密度 F 之间的相互关系。数据显示 N_g 和 F 之间有着明显的线性关系;能量密度越强,激光诱导产生表面改性的速度就越快。促使表面改性产生的主要原因是团簇石墨化,光诱导或热诱导晶体中的 sp^3 结构缓慢转化为 sp^2 结构。根据 Davies 和 Evans 的观点[67],这个过程仅局限于晶格受损的地方。

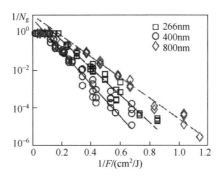

图 3.18　表面石墨化生长所需的激光脉冲数量 N_g 与 Ti:蓝宝石飞秒激光器各种谐波的激光能量密度 F 的关系

因此,激光石墨化的潜在阶段可被描述为石墨化区域从点状晶核结构到亚微米簇的演变。在多次激光辐照的作用下,石墨化区域附近的原子之间发生 sp^3 杂化,从而导致石墨簇生长缓慢。

团簇石墨化的机制尚未十分明确。显而易见的是,在石墨簇生长的不同阶段,光激励转化和热激励转化都会起作用。在没有明显的石墨相的高质量晶体中,初始的石墨化可能主要是由离子晶体键的光激励弱化产生。这个假设说明了在该石墨化过程,金刚石中的非线性吸收或在较小尺寸的石墨团簇(小于 15nm)中的线性吸收不能够显著加热晶格。的确,金刚石中的非线性吸收耗散的能量相对较小(当 $F<F_s$ 时),至于石墨的线性吸收,在石墨簇还没有达到某个临界尺寸时,它不可能是保持热量并保证温度增长的介质,这是因为热量从石墨簇向外扩散比由激光加热的 π 电子能更快地将该能量传递到晶格。因此,激光诱导石墨化的温度与其尺寸 b 密切相关:

$$dT = b^3 \frac{F}{(\chi_d \tau_{e-ph})^{3/2}} \quad (3.3)$$

式中:$\chi_d = 10 \text{cm}^2/\text{s}$ 为金刚石的热扩散系数;$\tau_{e-ph} \approx 1\text{ps}$ 为电子-声子相互作用时间。

如果石墨化区域增长至约 15nm,那么热激励石墨化将会变得更明显。当激光加热发挥作用时,这个石墨化点将进入热石墨化阶段以及石墨簇非线性生长阶段,直至形成宏观石墨化区域。在实际的晶体中,由于晶格中非晶相尺寸相对较大(超过15nm),石墨化的光诱导阶段可能不明显,但热激励阶段可以持续10^6个脉冲的时间。

3.3.3 单脉冲飞秒激光辐照下的金刚石烧蚀

当激光辐照的能量密度较高时($F>F_s$),激光辐照与金刚石相互作用的物理变化就会非常明显,甚至单个脉冲就会使金刚石表面形成明显的石墨化层。尽管单脉冲激光烧蚀机制未必是累积机制($F<F_s$),但它们却有相似之处。在这两种模式下,激光都是直接作用于原始的金刚石晶格。100fs激光脉冲具有与晶格振动周期相同的持续时间。结果是,激光能量向介质的传输发生得比晶格重构快,并且脉冲的尾部与被该脉冲前部改性的材料相互作用时没有产生正反馈。

这种机制与累积机制($F<F_s$)的主要区别是原始晶格的能量吸收机制的不同。在高强度的激光辐照下,晶格通过多光子吸收得到热量加热。例如,$F=10J/cm^2$下的100fs的脉冲(800nm)温度可达10^4K,这个温度足以使辐照区域内产生热激励石墨化过程和金刚石的进一步烧蚀。在二次谐波的情况下,估值如下:$F=12J/cm^2$(双光子吸收系数$\beta_{400}=4\times10^{-11}cm/W$[68])时$T=10^4$K。两个估值与实验大体一致:800nm和400nm辐照下,单脉冲烧蚀阈值为$F_s=10J/cm^2$。

因此,吸收机制决定了石墨层出现后的烧蚀与原始金刚石烧蚀之间的差异。图3.19显示了两种机制的的实验烧蚀速率$r_a(F)$曲线。如上所述,石墨化表面的烧蚀是热激励过程,烧蚀速率与激光能量密度呈对数相关:$r_a=L_a\ln(-F/F_0)$。金刚石晶体的光穿透深度为$L_a=7nm$,主要取决于石墨化材料中光的线性吸收系数。与此同时,单脉冲烧蚀数据显示,相应的相关性$r_a(F)$与对数定律十分近似。通过与多脉冲机制对比,如同预期的一样,原始金刚石的烧蚀深度取决于晶体的光穿透深度,这个值为:$L_a\approx30nm$。显然,它不能通过线性吸收($\alpha=2cm^{-1}$)或通过多光子吸收($\alpha_{eff}\approx\beta_{400}F/\tau\approx10^3cm^{-1}$)来确定。这个现象的原因实质上与多脉冲烧蚀机制下的等离子体镜面反射特性一样,因为密集的等离子体可以强烈地反射激光辐照。

在石墨化表面接受辐照的时候,已经存在由π电子组成的密集的等离子体($10^{23}cm^{-3}$)组成。在最初金刚石不导电的情况下,由光子自身产生电子空穴。

为了使金刚石石墨化,等离子体的浓度必须足够高,与石墨中游离载流子的浓度相当。例如,400nm 的脉冲和 $F=10\mathrm{J/cm^2}$ 产生 $1\mathrm{cm^3}$ (约 $\beta_{400}F/\tau/E_\mathrm{g}=1.8\times10^{22}$)的电子空穴。在这些条件下对于能量低于 5eV 的光子来说,等离子体是完全反射的。在脉冲的作用下,电荷载流子集中在金刚石表面附近,从而限制了光场渗入到金刚石晶体内部。无碰撞等离子体的 Drude-Lorentz 色散模型中消光系数为 $k_{400}=2.5$,趋肤深度为 25nm,这些数值与激光诱导金刚石石墨化层厚度的实验值有很好的相关性(图 3.19)。

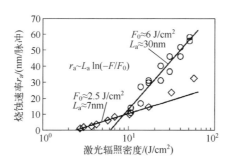

图 3.19 烧蚀速率与多脉冲(石墨化表面,)和单脉冲(原始金刚石,)机制的辐照能量密度(400nm,100fs)之间的关系

3.3.4 金刚石单晶表面的光化学刻蚀

上述的石墨化的潜在过程可能非常缓慢。例如,对于 $F=1\mathrm{J/cm^2}$ 的 800nm 飞秒辐射,实验中潜在相的持续时间可以达到 $N_\mathrm{g}=10^6$ 个脉冲。但是,正如测定的那样,N_g 的值永远不会超过一定的限度。如果激光辐射的能量密度小于多脉冲阈值 F_m(例如,飞秒脉冲 F_m 为 $1\sim2\mathrm{J/cm^2}$,取决于波长的值)则不会发生石墨化。相反,金刚石表面的刻蚀速率非常缓慢,远低于 1nm/脉冲这个机制就是在 3.3.3 节中提到的纳米烧蚀。

在有氧环境中(通常在空气中)可以观察到纳米烧蚀。在激光辐照金刚石的实验中,金刚石在惰性气体(氦气、氩气)中没有被去除,这证明了金刚石纳米烧蚀的氧化性质。结果表明,纳米烧蚀是一个无阈值的过程:记录的最小刻蚀速率约为 $10^{-9}\mathrm{nm}$/脉冲。

尽管在很多著作里[63,69,70]专门讨论了"金刚石的激光激励氧化的机制"问题,但是该问题现在依然未解决。目前认为在该机制中主要发生两个过程:改变金刚石样品表面状态的电离过程,以及随后该表面碳原子的氧化过程。在这假设下,激光作用保证了部分电子(最多约 10^{19}cm^{-3})从价带跃迁到导带,从而使得金刚石晶格中相应原子的键能暂时减少。大气中的氧气"氧化"这些原子,然后挥发性的反应产物(CO,CO_2)离开表面。对于多种激光源,产生纳米烧蚀的速率与辐照区的能量密度的关系已被证实呈指数关系,但是在一般情况下,该速率的大小与电离晶格原子的数量之间也存在着一定的关系。

纳米烧蚀的研究是借助三个激光源来进行的,这些激光源保证了金刚石具有不同的多光子吸收能级($k=1\sim4$)。其中准分子激光器 CL7100(Optosystems)可以在重复频率 $f=50\text{Hz}$ 的 ArF(辐射波长 $\lambda=193\text{nm}$,$k=1$)或 KrF(辐射波长 $\lambda=248\text{nm}$,$k=2$)的条件下获得持续时间为 $\tau=20\text{nm}$ 的脉冲。Yb:YAG 激光器 Varidisk(Dausinger and Giesen,德国)在辐照频率加倍之后,在波长 $\lambda=515\text{nm}$ ($k=3$)的条件下产生持续时间为 $\tau=20\text{ps}$($f=200\text{kHz}$)的脉冲。并且,最后使用 Ti:蓝宝石激光器($\tau=100\text{ps}$,$f=1\text{kHz}$):基波为 800nm($k=4$),二次谐波为 400nm($k=2$,间接转换),三次谐波为 $\lambda=266\text{nm}$ ($k=2$,直接转换)。实验证明,在金刚石电离机理中占主导地位的是光的多光子吸收[68]。在任何情况下,这都与短脉冲的能量密度 $F<10\text{J}/\text{cm}^2$ 有关。电荷载流子的浓度与 F^k 成正比,其中 k 是总能量大于金刚石禁带的量子数。另外,所有辐照源(除了 Ti:saphire 激光的基波之外)的纳米烧蚀速率与能量密度之间的关系也可得到。在 $\lambda=800\text{nm}$ 的辐照实验中,即使在 10^8 个脉冲的作用之后,也没有观察到纳米烧蚀,就是说此时的刻蚀速率不超过 $10^{-8}\text{nm}/$脉冲。

根据上述数据以及金刚石中多光子吸收的数据,得出了纳米烧蚀速率与金刚石的光等离子体密度的关系(图 3.20)。脉冲持续时间超过 1ps 时,二者呈线性关系,验证了上述纳米烧蚀的光氧化机制。然而,在脉冲持续时间小于 1ps 时,二者呈平方关系,这暂时还没有令人满意的解释。

我们也在外部加热的条件下(KrF 激光)[63],使用纳秒脉冲对金刚石表面进行光氧化的实验,并获得了重要的数据。晶体温度升高到 500℃时,纳米烧蚀速率提高了一个数量级。同时还证明了纳米烧蚀速率与温度之间具有阿伦尼乌斯关系(图 3.21),而在这种情况下光反应的相应活化能明显低于热氧化活化能:约为 0.1eV/原子[63],这比热氧化的活化能小 25 倍。因此,实验数据证明,在紫外线辐照的影响下,能垒的高度会急剧下降,需要通过与氧进行化学反应产生单个碳原子以及清除表面形成氧化物来克服能垒。

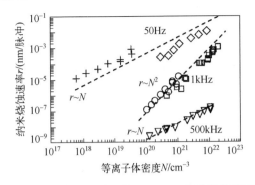

图 3.20　金刚石纳米烧蚀速率与三阶吸收($k=1\sim3$)的激发载流子浓度之间的关系：$\lambda = 193\text{nm}(\ )$，$248\text{nm}(+)$，$266\text{nm}(\square)$，$400\text{nm}(\bigcirc)$ 和 $515\text{nm}(\triangledown)$

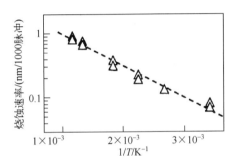

图 3.21　激光纳米烧蚀速率与样品外部加热温度之间的关系

不久前,有人提出用量子力学来描述激光场中金刚石石墨化机制[59],理由是金刚石晶体中键的重组可以是非平衡的光激励过程,并且可以针对单个原子进行。这种方法也可以用于研究纳米烧蚀机制。

从实际角度来看,与传统烧蚀相比,纳米烧蚀具有极低的材料去除率。该速率的最大值由晶格中共价键破坏程度来决定,即在不发生石墨化的情况下,辐照区域内所诱导的等离子体的密度大小。因此,该速率与波长和脉冲持续时间密切相关。例如,20ns、193nm 脉冲的速率是约 10^{-2} nm/脉冲,而 515nm、1ps 脉冲的速率则不超过 $10\sim 7$nm/脉冲[69]。平均每个脉冲依靠极小的速率来去除单个原子,这是高精度加工金刚石表面的必要条件。与此同时,现在已出现具有超高重复频率($1\sim10$MHz)的现代工艺激光器,该过程生产率将得到很大提高。

3.3.5 金刚石表面的激光诱导过程与辐照强度的关系

迄今为止,上述烧蚀过程,石墨化过程和纳米烧蚀过程使用了所有能够进行局部辐照重构金刚石晶格或金刚石刻蚀的仪器。图 3.22 展示了这些过程中被 400 nm 飞秒激光脉冲辐照时典型金刚石晶格的烧蚀速率。纳米烧蚀和蒸发烧蚀的数据是由凹槽深度除以脉冲数直接获得。石墨化潜伏阶段的计算公式为 $r_g = C/N_g$,其中 C 是根据接近石墨化程度 F_s^{th} 的单脉冲阈值 r_g 值选择的常数。

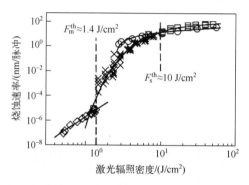

图 3.22 金刚石激光诱导石墨化过程的速率:金刚石原始表面烧蚀(单脉冲模式,□)和石墨化表面的烧蚀(多脉冲模式,○),石墨化潜伏阶段的烧蚀(×)和纳米烧蚀( )

可以看出,根据激光辐照的能量密度,某种过程决定着金刚石晶格的破坏属性。其中有两个关键点:单脉冲石墨化阈值 F_s 以及多脉冲石墨化阈值 F_m。在 $F<F_m$ 的区域,表面的光氧化过程占主导地位,它的速率远远大于热激发或光激发石墨化的速度。并且,表面的团簇化石墨均会最先受到氧的腐蚀和刻蚀,而不是继续吸收激光辐照的能量并生长。

当向更高的能量密度值过渡时,即 $F>F_m$ 时,纳米烧蚀不能完全去除石墨化团簇,它们会生长得更快。当石墨层覆盖辐照区域内的金刚石表面时,所吸收的激光能量使碳蒸发烧蚀。

在能量密度值相对较高的区域,即 $F>F_s$,原始金刚石晶格多光子的直接吸收占主导地位。吸收的能量足以在一个脉冲内使金刚石产生石墨化和烧蚀。与前一种情况一样,后续脉冲的能量被表面石墨层吸收,导致其从表面蒸发的同时使下层的金刚石层石墨化。

3.4 金刚石中的导电微结构

众所周知,金刚石对于可见光和近红外光是透明的,然而,当这一波段的脉冲激光束聚焦在金刚石上,并且在焦点处达到一定的阈值强度时,会发生光学击穿[70]以及局部金刚石的石墨化过程。这种相变伴随着材料宏观性质的变化,包括密度几乎减少一半,光吸收和电导率急剧增加。值得注意的是,如果激光辐照在初级石墨"晶粒"出现之后继续进行,那么即使在激光焦点固定的情况下,也会观察到石墨化区域在激光束作用下的进一步扩大[70,71]。这个过程被定义为激光激发石墨化波,它与光学击穿不同,尤其是在激光强度远低于金刚石击穿阈值的情况下。把金刚石晶体内部的激光焦点朝向光线或与光线成一定角度,在某些条件下,可以创建连续的三维石墨"线"和其他复杂的微结构[72-75]。线的直径不仅取决于聚焦条件和脉冲能量,还取决于焦点运动的速度[74]。经测量,这种石墨微结构的单位电阻率为 $0.02\sim0.06\Omega \cdot m$ [75,76] 或 $1.6\sim3.6\ \Omega \cdot cm$ [72,74]。如果微结构出现在金刚石样品的表面,那么化学刻蚀可以选择性地去除激光改性材料[71]。在过去的几年中,在理解激光改性材料的复杂内部结构[77]以及石墨化波的传播机理[78]方面已经取得了相当大的进展,下面将会对其进行更加详细地描述。

3.4.1 激光改性区域的内部结构

借用拉曼光谱法对金刚石内部激光改性材料进行的诸多研究[70,72,76]证明了纳米晶形式的 sp^2 键的存在。然而我们有理由认为,在光学显微镜下观察到金刚石晶体内部的固体不透明激光改性材料包含大量的亚微米尺寸的类金刚石相较小。对这一点加以印证的是与 sp^2 和 sp^3 碳相关的拉曼峰强度波动,这一点是在对深处的石墨化微结构[72,76]进行详细的光谱法研究时发现的。激光改性材料中存在类金刚石相的假设可以解释以下事实,即迄今为止所有石墨化微结构单位电阻率的测量值[72,74-76]都远高于多晶石墨的标准值($10^{-4}\sim 10^{-3}\ \Omega \cdot cm$)。

激光改性材料中存在类金刚石相的假设可以用块体金刚石被激光脉冲辐照部位的不完全(部分)石墨化来解释,这与已知的金刚石-石墨相变热力学数据完全一致。同时应该考虑到,一定体积的金刚石转变成密度为原来 1/2 并易于膨胀的石墨,会使石墨周围出现作用于石墨和相邻区域金刚石上的压应力。通过简单的估算发现[79,80],压应力可以迅速达到石墨的热力学稳定性的限值(在 $T=20\sim 5000$°C 时,$P_g=2\sim 10$GPa [81]),这阻止了石墨化进程,使被辐照的块体金刚石不可能完全转化成石墨。拉曼散射光谱数据[76,80]证明,作用在改性区域附近的金刚石上的压应力最大值约为 10GPa。

为了获得所提出设想的直接实验证明并明确激光改性材料内部结构的细节,我们利用 140fs 激光脉冲在单晶金刚石内部建立了薄板形式的石墨化微结构(图 3.23(a))[77]。然后通过机械抛光去除部分晶体,使用拉曼散射光谱(图 3.23(b))、扫描电子显微镜(SEM)和扫描扩散电阻显微镜(SSRM)全面地研究所得微结构的横截面。SSRM 测试发现探针尖端和晶体表面覆盖有金属膜的微结构端部之间存在电流。

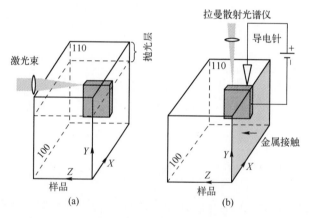

图 3.23 (a) 通过激光绘图在金刚石晶体内部建立石墨化微结构,
(b) 微观结构横截面的综合研究[77]

微结构横截面的拉曼谱图(图 3.24)显示了前期激光穿过金刚石层到达样品内部获得的光谱特征。首先是 G 峰(1590cm^{-1})和 D 峰(1405cm^{-1})的出现,表明存在 sp^2 杂化的碳原子。从这些峰强度的比值,可以估计石墨晶体的平均尺寸约为 2.9nm。金刚石峰面积的扩大和拉曼峰右移(初始水平:1332cm^{-1})是压应力的作用的结果,压应力的最大值约为 9.1GPa。

通过 SEM 和 SPM 纳米级的空间分辨率,我们可以深入激光改性区域进行观察,并得到一些重要的结论。金刚石微结构横截面的 SEM 图像(图 3.25)展

第3章 金刚石的加工方法

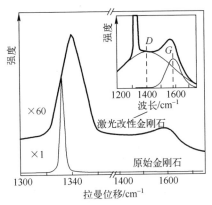

图 3.24 激光改性区域的典型拉曼散射光谱与原始金刚石的光谱比较情况。插图显示了激光改性金刚石拉曼光谱的放大部分,其中包含石墨特有的 D 峰和 G 峰[77]

示了裂纹体系,其中最长的(中央的)裂纹位于石墨化片的表面,而其他较短的一些裂纹或与其垂直(组#1),或与其成约 35°角(组#2)。金刚石的开裂主要发生在面{111}上,这也决定了短裂纹的取向,其特征在于破坏活化能极小[82]。中心裂纹的形成显然取决于金刚石中正在生长的石墨化片正面(轴线)面临的局部最大拉应力。

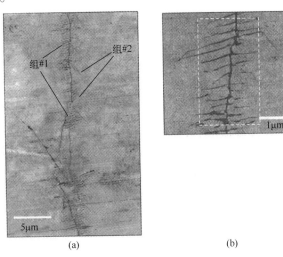

图 3.25 金刚石微结构截面的 SEM 图[77]

借助于 SSRM(图 3.26)获得的局部导电图与横截面表面的裂纹图非常相似。除此之外,通过对同一表面两个图像(图 3.25(b)和图 3.26(b))的仔细比较可以得出,电流的流动几乎全部局限在裂纹内。对这个事实的一个合理的解释是,在激光辐照过程中产生的导电石墨相集中在裂纹内部。因此如图3.26所示,在中心裂纹附近有很多小的明亮(导电)区域。中心裂纹处较暗(电导率低)的原因主要是此处的 sp^2 相在金刚石抛光过程中被去除,形成凹槽,导致探针尖端无法接近。

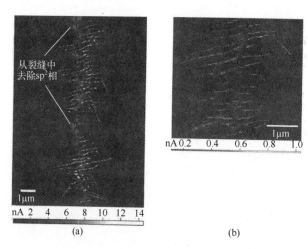

图3.26　金刚石微结构截面的 SSRM 图

因此,从实验数据得出,纳米晶石墨相被局限在所研究的激光改性区域内,呈细纹理状(40~100nm),相互连接并形成统一的可导电网状结构。原始金刚石位于石墨纹理之间,根据纹理厚度和它们的分布密度(图3.25(b)),可以估算被激光诱导改性的金刚石的体积比例约为16%。纹理的空间取向与金刚石{111}面有关,这表明局部石墨化过程与金刚石的裂纹形成有关。比起一些宏观参数,如微结构的几何尺寸以及石墨相和金刚石相之间的比值,三维石墨纳米网的特性(纹理的厚度,它们的相互位置)在确定微结构的整体电导率方面很可能有更加重要的作用。

3.4.2　金刚石的石墨化波

第一批关于在金刚石内部建立激光诱导石墨化微结构的实验[70,83]表明,石墨化前沿的移动速度随着与聚焦面距离的增大而逐渐减小,直至完全停止。因此我们初步推测石墨化前沿的移动速度和局部激光强度之间存在联系。随后更详细的测量[78]表明,速度变化取决于到聚焦面的距离,对这一整体趋势施加影响的是未知性质的强烈不规则波动(图3.27)。使用复杂的算法处理实验数据,可以证明局部能量密度取决于脉冲能量和聚焦条件,从而确定石墨化前沿速度的平均值(图 3.28)。同时测定,在 120fs~5ps 范围内的脉冲持续时间的改变对石墨化速率和能量密度的关系不会产生明显的影响。在实验中,还比较了单晶金刚石中平行于晶轴[110]和[100]的两种激光束取向对石墨化前沿移动速度的影响。从图 3.28 可以看出,石墨化平均速率仅在相对较高的能量密度(大于 0.8J/cm^2)下才对激光取向比较敏感。

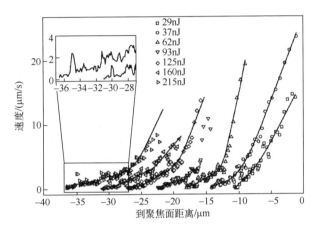

图 3.27　在不同脉冲能量下,石墨化前沿移动速度与到聚焦面距离的典型关系曲线[78]

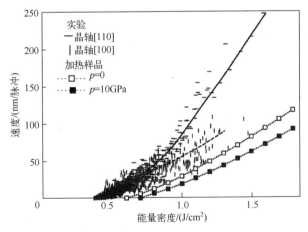

图 3.28　石墨化前沿移动速度与金刚石晶体中两个不同取向的激光束局部能量密度关系曲线(平均速度由实线和虚线表示)。方形符号表示基于下面研究的石墨化热模型的数值模拟结果[78]

因此我们可以得出结论,在激光辐照金刚石中的石墨化区域时,辐照能量可被石墨有效吸收并通过热传导使相邻金刚石层剧烈受热,从而产生热激励的金刚石-石墨相变,这个机制对于准静态(炉中)加热有很好的研究价值[84]。然而,理论上对强烈的飞秒脉冲还可预测出另一种激光石墨化的非热机制。从数值计算得出,电子系统足够强的激发能够完全区分碳的两种主要同素异形体——降低金刚石和石墨的局部最大势能。这种机制能够确保亚稳态金刚石在约100fs(甚至在电子激发的能量转换成热量之前)的时间内快速转变成石墨。

由于石墨化的非热能机制主要取决于金刚石的电离程度,因此我们认为脉冲持续时间对石墨化速率与局部能量密度之间的关系能够产生实质性的影响,与实验结果相同,脉冲持续时间从5ps减少到120fs时,光击穿金刚石的能量密度阈值几乎减半。相反,对于石墨化的热机制而言,脉冲持续时间在指定范围内的变化没有意义,因为它不影响石墨化区域的热耗散和相邻金刚石的加热。因此,实验结果清楚地表明热机制在石墨化的传播中占主导地位。

在准静态加热中,从金刚石晶体表面传播到内部的石墨化波速率可由温度T和外部压力p根据阿伦尼乌斯定律[84]来确定:

$$v_{\text{gr}}(T,p) = A\exp\left(-\frac{E_a + pV_a}{RT}\right) \tag{3.4}$$

式中:A为指前因子。活化能E_a和激活体积V_a随着金刚石晶面的变化而变化。

金刚石{110}面具有最小的活化能值($E_a = (732\pm49)$kJ/mol[15]),该值决定了石墨化速率的最大值。当金刚石{110}面的活化能增加到$E_a = (1060\pm75)$kJ/mol[84]时,石墨化速率显著下降,{100}面的石墨化速率更低,实际上已经不可能准确测量[84]。

在准静态加热过程中发现了金刚石石墨化速率(与晶体面相关)的大范围波动,但是在激光诱导加热下(特别是在低能量密度下)其速率波动几乎没有表现出来(图3.28)。造成这种差异的原因是,晶体内部微体积的激光诱导石墨化同时伴随着周围金刚石的强烈裂化,在相变过程中材料的密度几乎减少一半。这种效应在形成大横截面的微结构或位置紧密的微结构群时尤为明显[74]。我们注意到,在准静态加热时,石墨化波从表面延伸到晶体内部,通过剥离形成的石墨化层使产生的应力有效弛豫,从而不会发生开裂。激光诱导微结构前部产生的裂纹可以作为激活石墨化过程的中心,这个过程就像发生在具有孔洞和缺陷的天然金刚石中一样[87]。裂纹中的石墨化过程仅在一层金刚石薄层内触发,该层与先前的石墨化区域相邻并且受其加热。石墨化波主要沿晶轴[110]在裂纹表面传播,该方向需要最小的石墨化激活能。然而,石墨化波的传播首先受限于先前讨论的压应力的增加,以及光束路径上出现的其他石墨化区域对激光加热辐照的屏蔽作用。这种发展的自然结果是沿着新出现的微裂纹首先出现石墨化,在金刚石辐照区域内形成许多彼此相交的细的石墨纹理。因此,激光诱导石墨化模型可以解释实验发现的石墨化区域的复杂结构。

金刚石的裂纹主要产生在{111}面上,该平面特点是分裂能量最小,新出现的微裂纹系统取决于激光束在晶体中的取向,如图3.29所示。如果光线平行于晶轴[100](图3.29(a)),则所有的裂纹与光束轴线成大约35.5°的角度,这样渐增裂缝的顶点就会逐渐远离光束轴,离开辐照区。如果光线沿晶轴[110]拉长(图3.29(b)),则裂纹可以垂直于光束轴或与之平行。在后一种情况下,可能形成长裂缝,裂缝顶点保留在光束轴上。

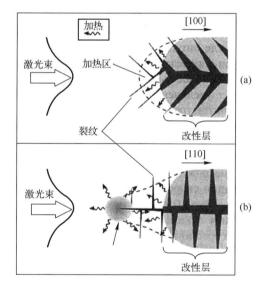

图 3.29　晶体中不同取向激光束对金刚石石墨化波形状等影响:
(a)沿轴[100]和(b)轴[110][78]

图3.29中的灰色区域是指在显微镜下观察时不透明的激光改性区域,其中只有一小部分被石墨填充。改性区域朝向激光束的生长速率取决于由单激光脉

冲加热下的金刚石层的厚度(在该层布满裂纹的情况下)。金刚石加热的通用机制是热量沿石墨吸收纹理的流散,该机制与激光束在晶体中的取向关系不大。然而,在激光束沿着晶轴传播时,在高能量密度下石墨化速率将会迅速加快(图3.28),这显然是由于另一种机制提供了额外的热振荡。据推测,这是因为在裂纹尖端附近的局部强场区域内,金刚石产生了更强烈的电离作用并且激光辐照被直接吸收[88]。实现这种情况的一个重要条件是找到激光束轴线上的裂纹尖端(即强度达到最大值的地方),这只有当激光束在晶体中有明确取向时才有可能实现。裂纹尖端附近释放的额外热量有助于在石墨化前部增加金刚石加热层的厚度(图3.29(b))。无论主要的散热机理如何,加热的金刚石层厚度都是取决于石墨化前沿裂纹的实际形状,形状在推进过程中可随机变化。这可以很自然地解释在实验中观察到的石墨化前沿的速度波动现象。

上述在裂纹中激活的热激励石墨化模型可借助金刚石加热层厚度的数值计算来核准该层中是否存在有效石墨化。假设激光脉冲在金刚石-石墨边界处辐照并被部分吸收,热波从边界传播到金刚石内部。计算中不考虑激光改性层的复杂三维内部结构,只是假设了一维热通量。获得的温度与位置和时间的关系曲线被进一步用于借助式(3.4)来估计距离吸收层不同处的石墨化速率。据推测,石墨化波出现在裂纹表面并沿着晶轴[110]以最大速度传播。为了评估在石墨化过程中产生的压应力的影响,研究了两个外部压力值的影响($p=0$ 和 10GPa)。以这种方式获得的对金刚石层厚度的估计,与图3.28中石墨化速率的实验数据相比,在金刚石层内依靠单个脉冲可形成的石墨层厚度不小于10nm。计算点与实验曲线之间存在一些差异,这可能与简化的几何形状及初始数据不准确有关。

参考文献

[1] *Ральченко В.Г., Конов В.И., Леонтьев И.А.* Свойства и применения поликристаллических алмазных пластин // Сб. трудов 7-й Межд. науч.-техн. конф. «Высокие технологии в промышленности России» (29–30 июня 2001). М.: МГУ, 2001. С. 246–253.
[2] *Ральченко В., Конов В.* CVD-алмазы применение в электронике // Электроника: Наука, технологии, бизнес. 2007. № 4. С. 58.

[3] *Ральченко В.Г., Ашкинази Е.Е.* Условия синтеза, абразивная и лазерная обработка поликристаллического CVD-алмаза // Інструментальний світ. 2005. № 3. С. 14–18.

[4] *Bachmann P.K.* Microwave plasma chemical vapor deposition of diamond // Handbook of Industrial Diamonds and Diamond Films / Ed. by M.A. Prelas, G. Popovici, L.K. Bigelow. N.Y.: Marcel Dekker, 1988. P. 821–850.

[5] *Butler J.E., Windischmann H.* Developments in CVD-diamond synthesis during the past decade // Mater. Res. Soc. Bull. 1998. Vol. 23. P. 22–27.

[6] *Ralchenko V.G., Pleuler E., Lu F.X., Sovyk D.N., Bolshakov A.P., Guo S.B., Tang W.Z., Gontar I.V., Khomich A.A., Zavedeev E.V., Konov V.I.* Fracture strength of optical quality and black polycrystalline CVD diamonds // Diamond Relat. Mater. 2012. Vol. 23. P. 172–177.

[7] *van Enckevort W.J.P., van Halewijn H.J.* Shaping of diamond // Properties and Growth of Diamond / Ed. by G. Davies. London: INSPEC, 1994. P. 293–300.

[8] *Hird J.R.* Polishing and shaping of monocrystalline diamond // Optical Eng. Diamond / Ed. by R. Mildren, J. Rabeau. Wiley, 2013. P. 71–107.

[9] *Chen Y., Zhang L.* Polishing of Diamond Materials: Mechanisms, Modeling and Implementation. London: Springer, 2013.

[10] *Ashkihazi E.E., Zavedeev E.V., Bolshakov A.P., Ralchenko V.G., Ryzhkov S.G., Polsky A.V., Kuznetsov N.I., Sharonov G.V., Tkach V.N., Konov V.I.* Microwave plasma deposition and mechanical treatment of single crystals and polycrystalline diamond films // Inorg. Mater.: Appl. Res. 2014. Vol. 5. P. 29–36.

[11] *Schuelke T., Grotjohn T.A.* Diamond polishing // Diamond Relat. Mater. 2013. Vol. 32. P. 17–26.

[12] *Malshe A.P., Park B.S., Brown W.D., Naseem H.A.* A review of techniques for polishing and planarizing chemically vapor-deposited (CVD) diamond films and substrates // Diamond Relat. Mater. 1999. Vol. 8. P. 1198–1213.

[13] *Ralchenko V.G., Pimenov S.M.* Diamond Processing // Handbook of Industrial Diamonds and Diamond Films / Ed. by M. Prelas, G. Popovici, L. Bigelow. N.Y.: Marcel Dekker, 1998. P. 983–1021.

[14] *Tsai H.Y., Ting C.J., Chou C.P.* Evaluation research of polishing methods for large area diamond films produced by chemical vapor deposition // Diamond Relat. Mater. 2007. Vol. 16. P. 253–261.

[15] *Wang C.Y., Zhang F.L., Kuang T.C., Chen C.L.* Chemical/mechanical polishing of diamond films assisted by molten mixture of $LiNO_3$ and KNO_3 // Thin Solid Films. 2006. Vol. 496. P. 698–702.

[16] *Thomas E.L.H., Nelson G.W., Mandal S., Foord J.S., Williams O.A.* Chemical mechanical polishing of thin film diamond // Carbon. 2014.

Vol. 68. P. 473–479.

[17] *Jin S.J., Graebner J.E., Tiefel T.H., Kammlott G.W., Zydzik G.J.* Polishing of CVD diamond by diffusional reaction with manganese powder // Diamond Relat. Mater. 1992. Vol. 1. P. 949–953.

[18] *Johnson C.E.* Chemical polishing of diamond // Surf. Coat. Tech. 1994. Vol. 68. P. 374–377.

[19] *Zhang F.L., Wang C.Y., Guo Z.N., Chen J.* Effect of electrical spark discharging parameters on the etching of chemical vapor deposition (CVD) diamond film // Mater. Manuf. Processes. 2007. Vol. 22. P. 859–864.

[20] *Guo Z.N., Huang Z.G., Wang C.Y.* Smoothing CVD diamond films by wire EDM with high traveling speed // Key Eng. Mater. 2004. Vol. 257–258. P. 489–494.

[21] *Olsen R.H., Aspinwall D.K., Dewes R.C.* Electrical discharge machining of conductive CVD diamond tool blanks // J. Mater. Process Tech. 2004. Vol. 155. P. 1227–1234.

[22] *Ralchenko V.G., Pimenov S.M.* Laser processing of diamond films // Diamond Films Technol. 1997. Vol. 7. P. 15–40.

[23] *Pimenov S.M., Kononenko V.V., Ralchenko V.G., Konov V.I., Gloor S., Lüthy W., Weber H.P., Khomich A.V.* Laser polishing of diamond plates // Appl. Phys. A. 1999. Vol. 69. P. 81–88.

[24] *Singh R.K., Lee D.G.* Excimer laser-assisted planarization of thick diamond films // J. Electron. Mater. 1996. Vol. 25. P. 137–142.

[25] *Ozkan A.M., Malshe A.P., Brown W.D.* Sequential multiple-laser-assisted polishing of free-standing CVD diamond substrates // Diamond Relat. Mater. 1997. Vol. 6. P. 1789–1798.

[26] *Hirata A., Tokura H., Yoshikawa M.* Smoothing of chemically vapour deposited diamond films by ion beam irradiation // Thin Solid Films. 1992. Vol. 212. P. 43–48.

[27] *Ando Y., Nishibayashi Y., Kobashi K., Hirao T., Oura K.* Smooth and high-rate reactive ion etching of diamond // Diamond Relat. Mater. 2002. Vol. 11. P. 824–827.

[28] *Izak T., Kromka A., Babchenko O., Ledinsky M., Hruska K., Verveniotis E.* Comparative study on dry etching of polycrystalline diamond thin films // Vacuum. 2012. Vol. 86. P. 799–802.

[29] *Hashish M., Bothell D.H.* Polishing of CVD diamond films with abrasive-liquid jets: An exploratory investigation // Proc. SPIE. 1992. Vol. 1759. P. 97–105.

[30] *Malshe A.P., Park B.S., Brown W.D., Naseem H.A.* A review of techniques for polishing and planarizing chemically vapor-deposited (CVD) diamond films and substrates // Diamond Relat. Mater. 1999. Vol. 8. P. 1198–1213.

[31] *Chen Y., Zhang L.C., Arsecularatne J.A.* Polishing of polycrystalline diamond by the technique of dynamic friction. Part 2: Material removal

mechanism // Intl. J. Mach. Tools Manufact. 2007. Vol. 47. P. 1615–1624.
[32] *Huang S.T., Zhou L., Xu L.F., Jiao K.R.* A super-high speed polishing technique for CVD diamond films // Diamond Relat. Mater. 2010. Vol. 19. P. 1131–1340.
[33] *Ralchenko V.G., Pimenov S.M.* Diamond processing // Handbook of Industrial Diamonds and Diamond Films / Ed. by M. Prelas, G. Popovici, L. Bigelow. N.Y.: Marcel Dekker, 1998. P. 983–1021.
[34] *Епифанов В.И., Песина А.Я., Зыков Л.В.* Технология обработки алмазов в бриллианты. М.: Высшая школа, 1982. 351 с.
[35] *Hird J.R., Field J.E.* Diamond polishing // Proc. R. Soc. Lond. A. 2004. Vol. 460. P. 3547–3568.
[36] *Markeev A.M., Chernikova A.G., Chouprik A.A, Zaitsev S.A., Ovchinnikov D.V., Althues H., Dörfler S.* Atomic layer deposition of Al_2O_3 and $Al_xTi_{1-x}O_y$ thin films on N_2O plasma pretreated carbon materials // J. Vac. Sci. Technol. A. 2013. Vol. 31. P. 01A135.
[37] *Angell C.* Formation of glasses from liquids and biopolymers // Science. 1995. Vol. 267. P. 1924–1935.
[38] *Williams J.S.* Materials modification with ion beams // Rep. Prog. Phys. 1986. Vol. 49. P. 491–587.
[39] *Moseler M., Gumbsch P., Casiraghi C., Ferrari A.C., Robertson J.* The ultrasmoothness of diamond-like carbon surfaces // Science. 2005. Vol. 309. P. 1545.
[40] *Persson B.N.J.* Sliding Friction: Physical Principles and Applications. Springer, 2001. 516 p.
[41] *Konicek A.R., Grierson D.S., Gilbert P.U.P.A., Sawyer W.G., Sumant A.V., Carpick R.W.* Origin of ultralow friction and wear in ultrananocrystalline diamond // Phys. Rev. Lett. 2008. Vol. 100. P. 235502.
[42] *van Bouwelen F.M., Bleloch A.L., Field J.E., Brown L.M.* Wear by friction between diamonds studied by electron microscopical techniques // Diamond Relat. Mater. 1996. Vol. 5. P. 654.
[43] *Almaviva S., Marinelli M., Milani E., Prestopino G., Tucciarone A., Verona C., Verona-Rinati G., Angelone M., Lattanzi D., Pillon M., Rosa R.* Fission reactor flux monitors based on single-crystal CVD diamond films // Phys. Status Solidi A. 2007. Vol. 204. P. 2991.
[44] *Couto M. S., van Enckevort W.J.P., Seal M.* Diamond polishing mechanisms: an investigation by scanning tunnelling microscopy // Philos. Mag. 1994. Vol. 69. P. 621.
[45] *Pastewka L., Moser S., Gumbsch P., Moseler M.* Anisotropic mechanical amorphization drives wear in diamond // Nature Mater. 2011. Vol. 10, N 1. P. 34–38.

[46] *Ральченко В.Г., Савельев А.В., Попович А.Ф., Власов И.И., Воронина С.В., Ашкинази Е.Е.* Двухслойные теплоотводящие диэлектрические подложки алмаз-нитрид алюминия // Микроэлектрон. 2006. Т. 35, № 4. С. 243–248.

[47] *Fodchuk I.M., Tkach V.M., Ralchenko V.G., Bolshakov A.P., Ashkinazi E.E., Vlasov I.I., Garabazhiv Y.D., Balovsyak S.V., Tkach S.V., Kutsay O.M.* Distribution in angular mismatch between crystallites in diamond films grown in microwave plasma // Diamond Relat. Mater. 2010. Vol. 19. P. 409–412.

[48] *Большаков А.П., Ральченко В.Г., Польский А.В., Конов В.И., Ашкинази Е.Е., Хомич А.А., Шаронов Г.В., Хмельницкий Р.А., Заведеев Е.В., Хомич А.В., Совык Д.Н.* Синтез монокристаллов алмаза в СВЧ-плазме // Прикл. физика. 2011. № 6. С. 104–110.

[49] *Grillo S.E., Field J.E.* Investigation of the possibility of electrical wear by sparking in diamond polishing // Wear. 1997. Vol. 211, N 1. P. 30–34.

[50] *El-Dasher B.S., Gray J.J., Tringe J.W., Biener J., Hamza A.V., Wild C., Wörner E., Koidl P.* Crystallographic anisotropy of wear on a polycrystalline diamond surface // Appl. Phys. Lett. 2006. Vol. 88. P. 241915.

[51] *Ашкинази Е.Е., Ральченко В.Г., Фролов В.Д., Басов А.А., Конов В.И., Гершман И.С.* Трение пары CVD-алмаз–интерметаллид // Трение и износ. 2008. Т. 29, № 4. С. 369–374.

[52] *Popov M., Kyotani M., Koga Y.* Superhard phase of single wall carbon nanotube: comparison with fullerite C60 and diamond // Proc. 2nd Symp. on Frontier Carbon Technol. Tokyo, Japan, 2002. P. 40–47.

[53] *Aharonovich I., Greentree A.D., Prawer S.* Diamond photonics // Nat. Photon. 2011. Vol. 5. P. 397.

[54] *Rothschild M., Arnone C., Ehrlich D.J.* Excimer-laser etching of diamond and hard carbon films by direct writing and optical projection // J. Vac. Sci. Technol. B. 1986. Vol. 4. P. 310.

[55] *Preuss S., Stuke M.* Subpicosecond ultraviolet laser ablation of diamond: Nonlinear properties at 248 nm and time-resolved characterization of ablation dynamics // Appl. Phys. Lett. 1995. Vol. 67. P. 338.

[56] *Кононенко В.В., Кононенко Т.В., Пименов С.М., Синявский М.Н., Конов В.И., Даусингер Ф.* Влияние длительности импульса на графитизацию алмаза в процессе лазерной абляции // Квантовая электроника. 2005. Т. 35, № 3. С. 252.

[57] *Shinoda M., Gattass R.R., Mazur E.* Femtosecond laser-induced formation of nanometer-width grooves on synthetic single-crystal diamond surfaces // J. Appl. Phys. 2009. Vol. 105. P. 053102.

[58] *Evans T., Sauter D.H.* Etching of diamond surfaces with gases // Philos.

Mag. 1961. Vol. 6. P. 429.

[59] *Strekalov V.N., Konov V.I., Kononenko V.V., Pimenov S.M.* Early stages of laser graphitization of diamond // Appl. Phys. A. 2003. Vol. 76, N 4. P. 603–607.

[60] *Jeschke H.O., Garcia M.E., Bennemann K.H.* Microscopic analysis of the laser-induced femtosecond graphitization of diamond // Phys. Rev. B. 1999. Vol. 60. P. R3701.

[61] *Kononenko T.V., Meier M., Komlenok M.S., Pimenov S.M., Romano V., Pashinin V.P., Konov V.I.* Microstructuring of diamond bulk by IR femtosecond laser pulses // Appl. Phys. A. 2008. Vol. 90. P. 645.

[62] *Evans T., James P.F.* A study of the transformation of diamond to graphite // Proc. Roy. Soc. A: Math. Phys. Eng. Sci. 1964. Vol. 277. P. 260.

[63] *Кононенко В.В., Комленок М.С., Пименов С.М., Конов В.И.* Фотоиндуцированное лазерное травление алмазной поверхности // Квантовая электроника. 2007. Т. 37, № 11. С. 1043.

[64] *Ralchenko V.G., Smolin A.A., Konov V.I., Sergeichev K.F., Sychov I.A., Vlasov I.I, Migulin V.V., Voronina S.V., Khomich A.V.* Large-area diamond deposition by microwave plasma // Diamond Relat. Mater. 1997. Vol. 6. P. 417.

[65] *Khomich A.V., Kononenko V.V., Pimenov S.M., Konov V.I., Gloor S., Luethy W.A., Weber H.P.* Optical properties of laser-modified diamond surface // Lasers in Synthesis, Characterization, and Processing of Diamond. Proc. SPIE. 1998. Vol. 3484. P. 166.

[66] *Bulgakova N.M., Bulgakov A.V.* Pulsed laser ablation of solids: transition from normal vaporization to phase explosion // Appl. Phys. A. 2001. Vol. 73, N 2. P. 199–208.

[67] *Davies G., Evans T.* Graphitization of diamond at zero pressure and at a high pressure // Math. Phys. Eng. Sci. 1972. Vol. 328. P. 413.

[68] *Кононенко В.В., Конов В.И., Гололобов В.М., Заведеев Е.В.* Распространение и поглощение интенсивного фемтосекундного излучения в алмазе // Квантовая электроника. 2014. Т. 44, № 12. С. 1099.

[69] *Комленок М.С., Кононенко В.В., Гололобов В.М., Конов В.И.* О роли многофотонного поглощения света при импульсной лазерной наноабляции алмаза // Квантовая электроника. 2016. Т. 46, № 2. С. 125.

[70] *Kononenko T.V., Meier M., Komlenok M.S., Pimenov S.M., Romano V., Pashinin V.P., Konov V.I.* Microstructuring of diamond bulk by IR femtosecond laser pulses // Appl. Phys. A. 2008. Vol. 90. P. 645–651.

[71] *Konov V.I., Kononenko T.V., Kononenko V.V.* Laser micro- and nanoprocessing of diamond materials // Optical Engineering of Diamond / Ed. by R. Mildren, J. Rabeau. Wiley, 2013. P. 385–444.

[72] *Shimizu M., Shimotsuma Y., Sakakura M., Yuasa T., Homma H., Minowa Y.,*

Tanaka K., Miura K., Hirao K. Periodic metallo-dielectric structure in diamond // Opt. Exp. 2009. Vol. 17. P. 46–54.

[73] *Kononenko T.V., Dyachenko P.N., Konov V.I.* Diamond photonic crystals for the IR spectral range // Opt. Lett. 2014. Vol. 39. P. 6962–6965.

[74] *Kononenko T.V., Konov V.I., Pimenov S.M., Rossukanyi N.M., Rukovishnikov A.I., Romano V.* Three-dimensional laser writing in diamond bulk // Diamond Relat. Mater. 2011. Vol. 20. P. 264–268.

[75] *Sun B., Salter P.S., Booth M.J.* High conductivity micro-wires in diamond following arbitrary paths // Appl. Phys. Lett. 2014. Vol. 105. P. 231105.

[76] *Lagomarsino S., Bellini M., Corsi C., Fanetti S., Gorelli F., Liontos I., Parrini G., Santoro M., Sciortino S.* Electrical and Raman-imaging characterization of laser-made electrodes for 3D diamond detectors // Diamond Relat. Mater. 2014. Vol. 43. P. 23–28.

[77] *Ashikkalieva K.K., Kononenko T.V., Obraztsova E.A., Zavedeev E.V., Khomich A.A., Ashkinazi E.E., Konov V.I.* Direct observation of graphenic nanostructures inside femtosecond-laser modified diamond // Carbon. 2016. Vol. 102. P. 383–389.

[78] *Kononenko T.V., Zavedeev E.V., Kononenko V.V., Ashikkalieva K.K., Konov V.I.* Graphitization wave in diamond bulk induced by ultrashort laser pulses // Appl. Phys. A. 2015. Vol. 119. P. 405–414.

[79] *Kononenko T.V., Khomich A.A., Konov V.I.* Peculiarities of laser-induced material transformation inside diamond bulk // Diamond Relat. Mater. 2013. Vol. 37. P. 50–54.

[80] *Pimenov S.M., Khomich A.A., Vlasov I.I, Zavedeev E.V., Khomich A.V., Neuenschwander B., Jäggi B., Romano V.* Metastable carbon allotropes in picosecond-laser modified diamond // Appl. Phys. A. 2014. Vol. 116, N 2. P. 545–554.

[81] *Bundy F.P., Bassett W.A., Weathers M.S., Hemley R.J., Mao H.U., Goncharov A.F.* The pressure-temperature phase and transformation diagram for carbon; updated through 1994 // Carbon. 1996. Vol. 34. P. 141–153.

[82] *Telling R.H., Pickard C.J., Payne M.C., Field J.E.* Theoretical strength and cleavage of diamond // Phys. Rev. Lett. 2000. Vol. 84, N 22. P. 5160–5163.

[83] *Kononenko T.V., Komlenok M.S., Pashinin V.P., Pimenov S.M., Konov V.I., Neff M., Romano V., Lüthy W.* Femtosecond laser microstructuring in the bulk of diamond // Diamond Relat. Mater. 2009. Vol. 18. P. 196–199.

[84] *Davies G., Evans T.* Graphitization of diamond at zero pressure and at a high pressure // Proc. R. Soc. Lond. A. 1972. Vol. 328. P. 413–427.

[85] *Jeschke H.O., Garcia M.E., Bennemann K.H.* Microscopic analysis of the laser-induced femtosecond graphitization of diamond // Phys. Rev. B. 1999. Vol. 60. P. R3701–R3704.

[86] *Gaudin J., Medvedev N., Chalupský J., Burian T., Dastjani-Farahani S.,*

Hájková V., Harmand M.,. Jeschke H.O, Juha L., Jurek M., Klinger D., Krzywinski J., Loch R.A., Moeller S., Nagasono M., Ozkan C., Saksl K., Sinn H., Sobierajski R., Sovák P., Toleikis S., Tiedtke K., Toufarová M., Tschentscher T., Vorlíček V., Vyšín L., Wabnitz H., Ziaja B. Photon energy dependence of graphitization threshold for diamond irradiated with an intense XUV FEL pulse // Phys. Rev. B. 2013. Vol. 88. P. 060101.

[87] *Howes V.R.* The graphitization of diamond // Proc. Phys. Soc. 1962. Vol. 80. P. 648.

[88] *Bloembergen N.* Role of cracks, pores, and absorbing inclusions on laser induced damage threshold at surfaces of transparent dielectrics // Appl. Opt. 1973. Vol. 12. P. 661–664.

第 4 章　单壁碳纳米管

Е. Д. 奥布拉兹措娃, А. И. 切尔诺夫, А. В. 达乌谢涅夫,
И. Р. 阿鲁秋尼扬, П. В. 费多托夫

4.1　单壁碳纳米管的结构与合成

单壁碳纳米管(SWCNT)[1,2]可视为卷曲成圆管的条形石墨烯(石墨单层)[3]。并且,直径在 5~20Å 的碳纳米管具有稳定结构。

碳纳米管形成示意图如图 4.1 所示。为了获得单壁碳纳米管,可以从假定的石墨烯平面上切下条状物并将其边缘连接起来,使 B 点与 B' 点重合,O 点与 A 点重合。这会形成由卷积矢量 $C_h = 4a_1 + 2a_2$ 所设定的碳纳米管,这里的 a_1 和 a_2 是石墨层晶轴的基矢。在一般情况下,有

$$C_h = na_1 + ma_2 \tag{4.1}$$

式中:n 和 m 为确定组成卷积矢量的基矢数目,为整数。

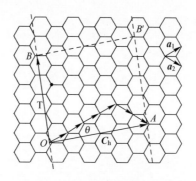

图 4.1　单壁碳纳米管形成示意图

卷积矢量垂直于晶轴,并决定了碳纳米管的周长。因此,碳纳米管的几何形状可以由两个指数 n、m 唯一确定。

第4章 单壁碳纳米管

另外一种判定单壁碳纳米管结构的方法是根据卷积直径和卷积角 θ 判断（卷积矢量 C_h 与基矢 a_1 之间的夹角）。当 $n \geq m$ 时，由于石墨烯结构的对称性，形成的所有碳纳米管的几何形状的卷积角都在 $0° \leq \theta \leq 30°$ 之间。卷积直径和卷积角与指数 n 和 m 的关系可以用以下公式来表示：

$$d = \frac{a_0\sqrt{n^2+nm+m^2}}{\pi} \tag{4.2}$$

$$\cos\theta = \frac{2n+m}{2\sqrt{n^2+nm+m^2}} \tag{4.3}$$

式中：$a_0 = 2.46$Å，为石墨烯晶格周期；d 为碳纳米管的直径；n、m 为碳纳米管的指数。

单壁碳纳米管有两种特定的几何形状：$n=m$ 时（$\theta=30°$），碳纳米管为"扶手椅型"；$m=0$（$\theta=0°$）时，碳纳米管为"锯齿型"（图4.2和图4.3）。这两个名称是根据 $\theta=30°$ 和 $\theta=0°$ 时碳纳米管的边缘特征类型来确定的。其他所有的碳纳米管为手性碳纳米管，因为它们具有螺旋扭曲角度。

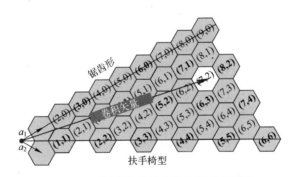

图4.2　不同形状碳纳米管的形成示意图

"谁最先发现和研究了碳纳米管"这个问题至今仍然悬而未决[4]。众所周知，首批提到"规则的纤维形态"结构的著作要追溯到1952年[5]。在该篇著作中，研究了在一个铁触点上一氧化碳热分解过程中形成的烟灰状结构。通过高分辨率透射电子显微镜，可以清楚地观察到该材料的结构。1991年 Iijima[6] 研究了作为富勒烯合成副产物的炭黑[7]，同时发现了由不同数量的同心石墨烯层组成的多壁碳纳米管。总而言之，这篇著作推动了碳纳米管的广泛研究。1996年，Smolly 小组首次利用激光处理含催化剂的石墨靶的方法有针对性地合成了单壁碳纳米管，其中催化剂是 Co-Ni 的混合物[8]。除了激光烧蚀[8-10]，电弧法也是第一批合成单壁碳纳米管的方法之一[11]。

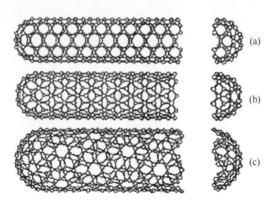

图 4.3 单壁碳纳米管的类型
(a) $\theta=30°$ 扶手椅型碳纳米管;
(b) $\theta=0°$ 锯齿型碳纳米管;(c) 手性碳纳米管。

目前,单壁碳纳米管的主要合成方法包括含碳气体的催化裂解(Chemical Vapor Deposition,CVD)[12-14],CO 的高压分解(HiPco-High Pressure CO Decomposition)[15,36]和气溶胶法[17]。不同的合成方法可以得到不同几何形状和直径的碳纳米管。但是大多数合成方法中都需要使用金属颗粒作为催化剂。催化剂和温度参数能够显著减少合成的单壁碳纳米管的几何形状[18,19],而单壁碳纳米管的导电性取决于其直径和几何形状,因此合成几何形状可控的碳纳米管是十分有必要的。并且,在纳米电子学中,合成纯半导体型的碳纳米管(没有金属杂质)是单壁碳纳米管应用的一个重要课题[20]。

单壁碳纳米管可以通过连接直流电源的电弧放电法合成[11]。该方法最早用于生产富勒烯和多层碳纳米管[21],后经过改进,能够用来制备单壁碳纳米管。

图 4.4 展示了电弧放电法合成碳纳米管装置的示意图和实物图。最外层是带有水冷壁和阴极的真空室,石墨阴极(直径 20mm)被固定,空心阳极(外径 6mm)填充着质量比分别为 1∶1∶2 的 Ni 粉末、Y_2O_3 粉末以及磨碎了的石墨粉末,两个垂直排列的电极(阴极和阳极)之间产生电弧。阳极可以通过步进电机上下移动,当阳极距离阴极 2mm 时,开始产生放电电弧。该合成过程需要以氦气为保护气体,气压为 500~700Torr,电压直接施加到电极上,电弧放电的电流在 45~195A 之间变动[22]。

合成碳纳米管后,我们需要使用一些处理方法使其与混合物分离。通常

根据各种类型碳纳米管的功能化类型进行筛选,对其进一步分离(插页 1,图 4.5)[23,24]:

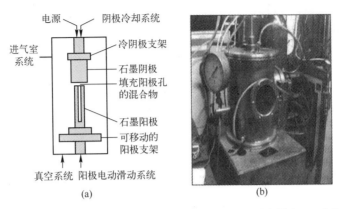

图 4.4 用电弧放电法合成单壁碳纳米管装置的(a)示意图和(b)实物图

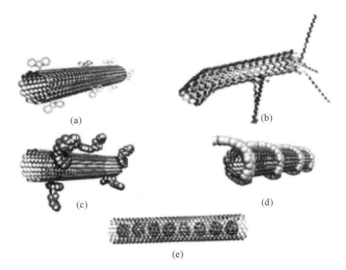

图 4.5 单壁碳纳米管的改性功能化类型

(a) 碳纳米管侧壁的共价功能化;(b) 碳纳米管缺陷处和两端的共价功能化;
(c) 与表面活性剂形成 π 键的非共价功能化;(d) 与聚合物的非共价功能化;
(e) 将分子置于单壁碳纳米管内壁的功能化。[23]

(1) 碳纳米管侧壁的共价功能化;
(2) 碳纳米管缺陷处和两端的共价功能化;
(3) 与表面活性剂形成 π 键的非共价功能化;

(4) 与聚合物的非共价功能化;

(5) 将分子置于单壁碳纳米管内壁的功能化;

4.2 按照直径分离单壁碳纳米管

梯度离心法是一种便捷的分离单壁碳纳米管的方法,可以根据直径和导电类型分离碳纳米管[25,26],也可以将单层碳纳米管与双层碳纳米管分开[27]。该方法最初由 Hersam 教授[26]提出(插页2,图4.6),可以根据浮力密度不同分离单壁碳纳米管。这里所说的碳纳米管的浮力密度是指"单个碳纳米管+围绕它的表面活性剂"系统的浮力密度。向离心管中加入自身能够创建密度梯度的介质进行离心,会形成接近单壁碳纳米管密度的层,然后将涂有表面活性剂的碳纳米管置于离心管中。经过超速离心(离心力>100000g),单壁碳纳米管移动到与溶液密度相符的层。离心后,碳纳米管会形成具有相同浮力密度的层。如果近似认为表面活性剂与离心管中的所有单壁碳纳米管的相互作用是均匀的[28],那么碳纳米管的浮力密度仅取决于其直径。

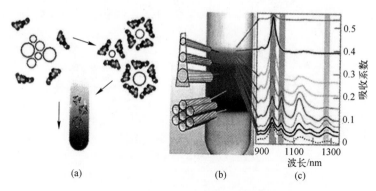

图4.6 (a)用梯度离心法分离单壁碳纳米管的示意图;
(b)离心分离后的离心管,不同颜色的层对应于不同直径的单壁碳纳米管;
(c)各层的光学吸收光谱[26]

文献[28,29]中介绍了离心过程中单壁碳纳米管在密度梯度中运动的流体动力学模型。表面活性剂决定了碳纳米管的分离类型,使用单一的表面活性剂可以按直径分离碳纳米管。

第4章 单壁碳纳米管

通过梯度离心法可以获得尺寸均一的碳纳米管,该方法首先需要制备悬浮液。

悬浮液的制备过程:首先将碳纳米管原始粉末与表面活性剂(DOC-脱氧胆酸钠盐、SC-胆酸钠盐或十二烷基磺酸 SDS-钠盐)及蒸馏水混合,然后用 Hielscher UP200H 仪器(90min,200W)进行超声处理,再置于离心机 Maxima-E (140000g,1h,MLA-80 转子)中超速离心,最后得到的悬浮液可以根据单壁碳纳米管的尺寸差异对其进行分离。

梯度离心法最重要的是形成密度梯度[24],例如,将体积分数为 60% 的碘克沙醇[29](OptiPrep)溶液与水以不同比例混合,形成密度不同的层。将这些层置于同一离心管中,密度从下到上依次递减。通过扩散,在离心管中形成连续的密度梯度。接着,将超声和离心得到的单壁碳纳米管悬浮液置于已形成连续密度梯度的离心管中,此时碳纳米管悬浮液的密度和该位置溶液的密度相符。最后,将离心管置于离心机 Beckman-Coulter Maxima-E(183000g,12h,MLA-80 转子)中进行超速离心。

通过形成密度梯度再超速离心法,在离心管中会形成具有相同直径的单壁碳纳米管层[30]。

使用梯度离心技术可以分离出具有相同直径的单壁碳纳米管(插页 2,图 4.7),并且发现表面活性剂的浓度和类型是决定分离性质的主要参数。实验发现,使用同一种表面活性剂制备的 SWCNT 悬浮液在离心后,根据直径不同碳纳米管会在离心管中重新分布。与此同时,直径大的碳纳米管沉降到离心管下部的高密度层。在光学吸收光谱中可以观察到单壁碳纳米管的吸收带会根据离心管中层的位置而逐渐移动。理论上,分散粒子的分离过程可以用单组分 Lamma 方程来描述:

$$\frac{dc(r,t)}{dt} = \frac{1}{r} \frac{d}{dt}\left[rD\frac{dc(r,t)}{dt} - sw^2r^2c(r,t)\right] \quad (4.4)$$

其中 c 是表面活性剂浓度,r 是碳纳米管到旋转中心的距离,t 是时间,w 是转速,D 是扩散系数,s 是沉积系数。

在各种粒子(这里指各种碳纳米管)中,整体分布轮廓可以通过各种类型碳纳米管的单组分方程的叠加来描述:

$$c(r,t) = \sum \alpha_j c_j(r,t) \quad (4.5)$$

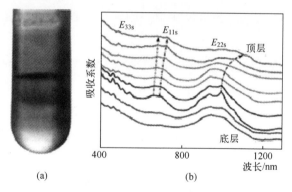

图 4.7 (a)梯度离心后离心管实物图和(b)各层的光学
吸收光谱[31]

其中 j 是不同直径碳纳米管的数量，α 是不同直径碳纳米管的初始浓度。

参数 s、D 和 $c_j(r,t)$ 取决于碳纳米管的长度(在我们的实例中，使用超声处理分离单壁碳纳米管悬浮液，碳纳米管的平均长度大约是 500nm)。分离之后，从试管中取出相同颜色的层，研究每层的光学吸收光谱。图 4.7(b)(插页 2)展示了每层的光学吸收光谱，虚线表示层深度与吸收峰的动态变化关系。根据光学吸收光谱确定每层碳纳米管的平均直径，结果表明，分离得到的单层碳纳米管最大直径为 1.5nm，最小直径为 1.2nm。

4.3　金属型碳纳米管和半导体型碳纳米管

我们可以使用两种密度不同且与单壁碳纳米管作用方式不同的表面活性剂，来分离导电类型不同的碳纳米管[26,28]，所获得的金属型单壁碳纳米管的纯度能够达到 99%。在常见的"水+单壁碳纳米管+两种表面活性剂"的系统中，我们发现表面活性剂能与碳纳米管外表面相互作用，而且还能渗入碳纳米管内部，这可能对整个系统的密度有实质性改变。两种表面活性剂相互作用的机理为两种表面活性剂分别占据单壁碳纳米管的不同位置。在这种情况下，使用两种表面活性剂强化了碳纳米管的浮力密度与直径的关系，还可以获得具有相同几何形状以及纯度更高的碳纳米管。

在用几种表面活性剂制备碳纳米管悬浮液和随后的离心过程中，表面活性剂的相对浓度及其与碳纳米管相互作用特性决定了分离结果。实验表明，在梯度离心中,使用SC(钠盐)和SDS(月桂基磺酸钠盐)作为表面活性剂时,除了可以根据直径分离碳纳米管之外,还可以根据导电类型分离碳纳米管。图4.8(a)和(b)(插页3)是使用两种表面活性剂SC和SDS的组合进行梯度离心后的离心管照片。我们利用光学吸收光谱分析梯度离心液的上层(插页3,图4.8(c)),比较初始悬浮液和上层梯度离心液的谱图得出,后者的吸收峰值显著减少,这表明碳纳米管直径缩小。尽管在上层梯度离心液中碳纳米管的吸收光谱中仍然存在对应于大直径半导体型碳纳米管的吸收峰(1300~1350nm),但大部分吸收峰都位于400~700nm范围内,该吸收峰与金属型单壁碳纳米管相对应。

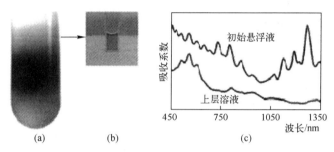

图4.8 (a)梯度离心后离心管实物图和(b)上层分离溶液实物图;(c)初始悬浮液和上层分离溶液的光学吸收光谱

通过已测定的参数,最终证明该方法可得到金属型单壁碳纳米管。图4.9(b)(插页3)是梯度离心后离心管的照片,蓝色层只有金属型单壁碳纳米管。表面活性剂浓度根据以下标准选配:1.5%(质量/体积,即 W/V)SC、1.5%(W/V)SDS、0.5%(W/V)TDOC(牛磺酸脱氧胆酸钠盐)。从离心管中按每450μL依次取去一层,图4.9(c)(插页3)是各层的光学吸收光谱。在上层,E_{22s}和E_{33s}的吸收峰逐渐消失。最上层(图4.9(c)的蓝色部分)中,仅存在与金属型单壁碳纳米管相关的E_{11m}吸收峰。因此,在以上表面活性剂浓度下梯度离心后,从上层分离出的都是金属型单壁碳纳米管。

通过改变梯度离心过程中使用表面活性剂的浓度,可以获得不同直径的金属型碳纳米管。这里使用了两种组合的表面活性剂:(1)0.6%(W/V)SC、2.4%(W/V)SDS;(2)1.25%(W/V)SC、0.9%(W/V)SDS。对梯度离心后的上层液进行分析(插页4,图4.10),使用活性剂组合①得到的层为蓝色,使用活性剂组合②得到的层为绿色。在光学吸收光谱上可以观察到不同颜色层之间存在明显的差异(图4.10(c))。

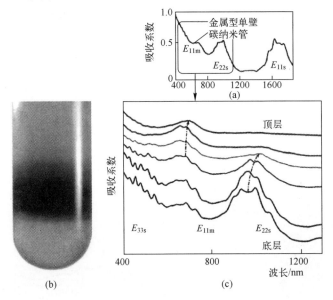

图4.9 (a)在宽光谱范围内电弧碳纳米管的初始光学吸收光谱;
(b)梯度离心过程后的离心管实物图;(c)从离心管中
提取的各层的吸收光谱

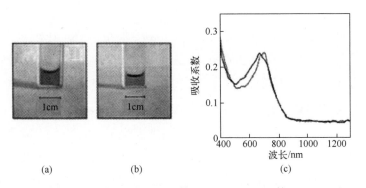

图4.10 (a)0.6%(W/V)的SC、2.4%(W/V)的SDS;
(b)1.25%(W/V)SC、0.9%(W/V)SDS梯度离心后分离的上层液实物图;
(c)二者的吸收光谱图

表面活性物质TDOC保证了单壁碳纳米管悬浮液的稳定性,这种表面活性剂可以通过梯度离心法,将电弧法制备的含有炭黑杂质的碳纳米管分离成纯金属型碳纳米管和半导体型碳纳米管。除 TDOC 外,制备单壁碳纳米管悬浮液还可以使用另外两种表面活性剂的组合:0.6%(W/V) SC 和 2.4%(W/V) SDS,这个组合可以根据导电类型分离碳纳米管,同时不仅可以分离金属型单壁碳纳米管(离心管的上层),还可以分离出半导体型单壁碳纳米管(离心管的下层)。除了吸收带逐渐红移之外,随着悬浮液密度的降低(层高度增加)——即碳纳米管直径的增大,上层中对应半导体型单壁碳纳米管的 E_{22s} 和 E_{33s} 被抑制。与此同时,下层中对应金属型单壁碳纳米管的吸收带 E_{11m} 消失。

下面单独研究了含有半导体型单壁碳纳米管的离心管下层溶液的吸收光谱(插页4,图4.11)。根据金属型和半导体型单壁碳纳米管吸收峰(E_{11m} 和 E_{22s})的强度比,对半导体型单壁碳纳米管的纯度进行了估计。在"吸收系数-能量"坐标中重新绘制吸收光谱,以删掉线性背景(图 4.12)。由于要估计半导体型单壁碳纳米管的数量,因此将光谱中半导体型单壁碳纳米管 E_{22s} 吸收峰的强度归一化。

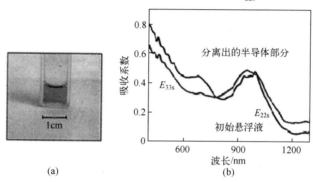

图 4.11　(a) 0.6%(W/V) 的 SC、2.4%(W/V) 的 SDS 以及 0.5%(W/V) 的 TDOC 梯度离心后分离的下层液实物图;(b) 分离层和初始悬浮液的光学吸收光谱[31]

对电弧法制备的碳纳米管进行分离,测定其初始悬浮液和下层梯度离心液的 E_{11m} 峰的峰面值。电弧放电法制备的碳纳米管粉末中含有 33% 的金属型碳纳米管,其余的是半导体型碳纳米管。由于金属型碳纳米管初始悬浮液的峰强比是 33%,因此确定下层梯度离心液的半导体型单壁碳纳米管的质量分数为 95%。

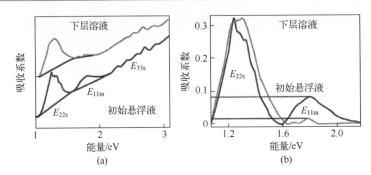

图 4.12 根据光学吸收光谱确定不同导电类型的碳纳米管纯度的方法
(a) 在"吸收系数-能量"坐标下重建的下层梯度离心液和初始悬浮液的光学吸收光谱；
(b) 归一化的 E_{22s} 吸收光谱[31]

4.4 具有较强非线性光学特性的新型单壁碳纳米管复合材料

4.4.1 具有较强非线性光学特性的纳米复合材料的制备方法

目前,基于单壁碳纳米管的非线性光学元件主要有两种类型。其中第一类是单壁碳纳米管悬浮液,在很多情况下需要使用表面活性剂来分散碳纳米管。然而,这对液体非线性光学元件的应用增加了许多限制,因为单壁碳纳米管会团聚或沉淀,而且对温度的限制比较严格。第二类是单壁碳纳米管复合材料,在这种情况下,材料处于固相状态,减轻了以碳纳米管为基础的光学元件的负担。

4.4.2 可均匀分散单壁碳纳米管的聚合物基体

聚合物基体是影响光学元件性能最重要的方面之一,起决定作用的参数包括:基体在工作波段内的透过率、足够的热稳定性、机械强度以及均匀分散碳纳米管的能力等。而且,聚合物基体不应该改变单壁碳纳米管本身的非线性光学性质。我们建议使用水溶性聚合物——羧甲基纤维素(CMC),它符合上述所有要求[30,31]。由于该聚合物本身可以在碳纳米管的水性介质中充当分散剂,因此可以确保碳纳米管在基体中均匀分散。

4.4.3 基于聚合物基体和单壁碳纳米管制备可饱和吸收体

我们主要使用通过电弧放电法合成的单壁碳纳米管(平均直径 1.35nm)[32]。

产物中单壁碳纳米管的含量为20%,是该合成方法的典型值。大部分单壁碳纳米管聚集成厚达数十个碳纳米管的团簇,其他部分包含金属催化剂颗粒(镍纳米颗粒)、石墨颗粒、微晶和无定形碳以及其他纳米碳结构。图4.13是通过高分辨透射电子显微镜观察到的电弧放电法合成的单壁碳纳米管的图像。图中可以看出,各种直径的碳纳米管团聚在一起,相互之间距离很近,这是该合成方法产物的典型状态(参见图4.13(a))。团簇直径约为12nm,其中碳纳米管的直径为1.2~1.5nm。

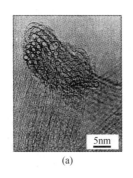 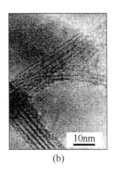

图4.13 通过高分辨透射电子显微镜获得的电弧放电法合成的单壁碳纳米管团簇的图像
(a) 横截面[32];(b) 侧视图

碳纳米管在团簇中紧密相邻使得它们之间产生强烈的相互作用。实际上,团簇是一维晶体(见图4.13(b))。在碳纳米管之间产生能量和电荷转移过程,这会使吸收光谱宽化。团簇中1/3的碳纳米管具有金属型导电性,而2/3是半导体型。存在弛豫激发能量的金属通道使转移过程加快,实际上几乎完全发光猝灭。

为了获得均匀分散的(绝缘)碳纳米管,可以使用表面活性剂制备单壁碳纳米管悬浮液作为表面活性剂[33-36]。将单壁碳纳米管加入到表面活性剂水溶液中,之后进行超声分离。表面活性剂分子包裹碳纳米管,有效防止碳纳米管之间相互作用回到团簇状态。碳纳米管表面分布着表面活性剂分子并伴有团簇(或几个碳纳米管)形成。以十二烷基硫酸钠(SDS)作为表面活性剂为例,SDS与碳纳米管的形貌如图4.14(插页5)所示。

为了分离含有单个碳纳米管的团簇部分,将悬浮液以高离心力(>100 000g)进行离心。"单个碳纳米管+表面活性剂"体系的密度小于金属催化剂颗粒、大碳颗粒或"碳纳米管团簇+表面活性剂"体系的密度。离心后,密度较低的部分位于离心管的上部,所有重粒子(例如碳源杂质和金属纳米粒子)都位于底部,形成沉淀,离心后上层部分直接被取出。

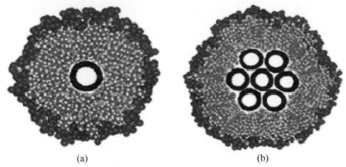

图 4.14 (a)单壁碳纳米管和(b)由表面活性剂分子包围的小直径碳纳米管簇[36,37]

与原始的黑色吸收材料不同的是,离心取出的上层溶液是光学透明的。在这种单壁碳纳米管悬浮液的吸收光谱中,看不到碳纳米管团簇的宽吸收带,但可观察到不同几何形状的单个碳纳米管的电子跃迁的窄峰。

制作分散碳纳米管的聚合物薄膜的过程主要分为两个阶段(碳纳米管可以充当非线性光学元件——可饱和吸收体):

(1) 制备含有单壁碳纳米管的悬浮液;

(2) 添加聚合物并干燥薄膜。

第一阶段的最终产物是单壁碳纳米管的悬浮液,该悬浮液必须具有长期稳定性,即碳纳米管不会互相吸附成为直径很大的团簇。与此同时,可使用表面活性剂制备单壁碳纳米管悬浮液,以防止最终的产物沉淀。CMC 是最有前景的聚合物之一[30,31]。

将浓度为 1mg/mL 的单壁碳纳米管悬浮液加入 1% 的 CMC 水溶液中,最终产物在水溶液中的浓度在 0~2mg/mL 之间。在 200W 的功率下超声处理 1h 后,将均一化的悬浮液倒入 5mL 离心管中,把离心管放在离心机中离心 1h,离心力通常为 150000g。将分离的单壁碳纳米管悬浮液的上层取出(5mL 中占 3mL)用于制备薄膜,不同含量碳纳米管的上层部分照片如图 4.15 所示(插页 5)。

用加热磁力搅拌-均化器在 40℃下搅拌 3h,制备含有 4% CMC 的水溶液。在聚合物粉末完全溶解后,将该溶液与先前获得的上层单壁碳纳米管悬浮液以 3:1 的质量比混合,在 40℃下用磁力搅拌器搅拌 30min。然后将液体冷却至室温并倒入培养皿中干燥100h,培养皿置于保护盖下以防止落入灰尘。最后,分散在水中的单壁碳纳米管和聚合物形成半透明的薄膜,将其从培养皿中取出(图4.16)。

图4.15 含有单壁碳纳米管的悬浮液

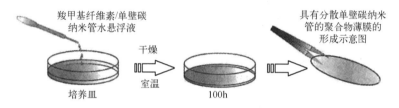

图4.16 单壁碳纳米管聚合物薄膜的形成示意图

这种薄膜非常适用于制作激光器中的非线性光学元件,即作为可饱和吸收体。它们可以单独使用(插页6,图4.17(a)),也可以用在光学元件上,例如固体激光器的反射镜上(插页6,图4.17(b))。使用光纤激光器时,可以很轻易地将薄膜放入谐振器,并夹在光纤连接器的接头之间。

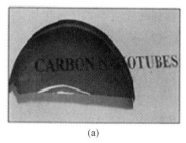
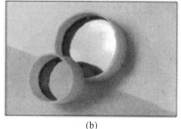

(a) (b)

图4.17 (a)具有均匀分散的单壁碳纳米管的自支撑薄膜;
(b)涂有均匀分散的单壁碳纳米管薄膜的固态激光器的反射镜

4.4.4 单壁碳纳米管悬浮液及其聚合物复合材料的线性光学吸收

光的线性光学吸收光谱是确定单壁碳纳米管相关参数的便捷方法,参数包括样品中碳纳米管的直径和直径分布、浓度、样品光透过率及其主要吸收峰,其中后者取决于单壁碳纳米管元件的工作波段。这个方法还可以用来估算碳纳米管的纯度和成簇性。

单壁碳纳米管的光学吸收光谱是一组尖锐的谱峰,它们与单壁碳纳米管的单电子态密度中分布在费米能级的第一、第二能级各个方向的 Van Hove 奇点之间的跃迁相对应。图 4.18 是它的光学跃迁示意图。

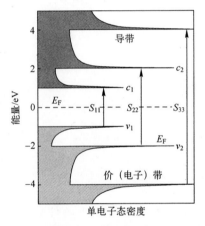

图 4.18 单壁碳纳米管中的光学跃迁示意图
E_F—费米能级,S_{ii}—半导体管的光学跃迁

碳纳米管的几何参数(直径和手性)决定 Van Hove 奇点的能量位置。当样品中含有不同几何形状的碳纳米管时,样品的吸收光谱是样品中所有碳纳米管全部可能的能量跃迁的叠加。一组尖锐谱峰转变成能量跃迁的叠加,在最终得到的光谱中用带宽来表示,对应于第一、第二能级的单电子态密度 Van Hove 奇点之间的跃迁。

图 4.19 展示了通过电弧放电法合成的单壁碳纳米管悬浮液的典型光学吸收光谱,该光谱是扫描 1% 十二烷基苯磺酸钠(SDBS)的单壁碳纳米管重水(D_2O)悬浮液获取的。

图中清晰划分出宽带 E_{11s}、E_{22s} 和 E_{11m},它们分别对应于半导体型碳纳米管第一和第二 Van Hove 奇点及金属型碳纳米管第一 Van Hove 奇点的光学跃迁的叠加。通过电弧放电法合成的单壁碳纳米管的直径在 10~16Å 的范围内,在这样的直径下,有些跃迁没有重叠,分辨率很高：例如,E_{11s} 跃迁位于 1500~1850nm,E_{22s} 位于 830~1060nm,E_{11m} 位于 600~720nm。如果单壁碳纳米管的悬浮液不是在 D_2O 中制备,而是在普通的水(H_2O)中制备,那么在 1400~2000nm 的范围内,可以观察到因吸收水分子导致的强吸收。如果是 D_2O 分子,这条曲线会红移,可以在高达 1850nm 的范围内进行测量。

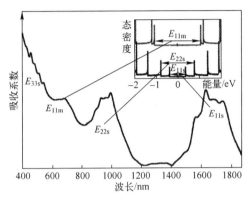

图 4.19　通过电弧放电法合成的单壁碳纳米管悬浮液的光学吸收光谱图
E_{11s} 和 E_{11m} 是分别表示半导体和金属型碳纳米管的光学跃迁

根据碳纳米管的初始浓度、分散时使用的表面活性剂的浓度和类型、超声和离心处理的条件,可以制备含有不同浓度的碳纳米管的复合薄膜,从而获得不同的吸收值。获得所需吸收值的最简单方法就是制备薄膜(非线性光学元件)时,改变添加的碳纳米管悬浮液的体积。此时,吸收值随薄膜厚度呈比例变化,即随单壁碳纳米管悬浮液的初始体积呈比例变化。

图 4.20 展示了复合薄膜的光学透过光谱。复合薄膜的制备过程如下：将单壁碳纳米管初始含量为 1mg/mL 的单壁碳纳米管上层悬浮液与 4% CMC 水溶液以 1:3 的比例混合,得到碳纳米管/1%CMC 的水悬浮液；然后在直径 4cm 的培养皿中分别干燥 2.8、3 和 3.5mL 的单壁碳纳米管/CMC 水悬浮液获得复合薄膜。

半导体型第一能级跃迁的光学损耗是单壁碳纳米管薄膜的一个重要参数。作为可饱和吸收体的非线性光学元件,为了使碳纳米管能更有效地发挥作用,应该在第一能级跃迁的吸收光谱范围内选择激光器的工作波长。

图 4.21 是通过改变单壁碳纳米管的浓度和羧甲基纤维素的初始浓度(在用

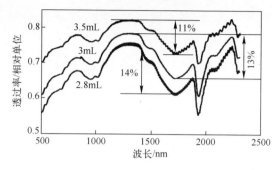

图 4.20 从不同体积单壁碳纳米管悬浮液(2.8mL、3mL 和 3.5mL)
获得的薄膜的光学透过光谱图

超声和离心处理之前)获得的四个样品的透过光谱。其中 A 是在单壁碳纳米管浓度为 K_{SWCNTs} = 1mg/mL 和羧甲基纤维素浓度为 K_{CMC} = 1%时获得,B 是在单壁碳纳米管浓度为 K_{SWCNTs} = 1mg/mL 和羧甲基纤维素浓度为 K_{CMC} = 1.5% 时获得,C 是在单壁碳纳米管浓度为 K_{SWCNTs} = 1.5mg/mL 和羧甲基纤维素浓度为 K_{CMC} = 1.5% 时获得,D 是在单壁碳纳米管浓度为 K_{SWCNTs} = 1.5mg/mL 和羧甲基纤维素浓度为 K_{CMC} = 1% 时获得。从图 4.21 可以看出,四种样品在第一能级跃迁时的光学损耗量为 11%至 14%。并且,虽然样品 A 和 D 薄膜中单壁碳纳米管的含量是相同的,但由于薄膜的光散射和样品碳杂质的吸收使得 A 薄膜的光学损耗是最小的。因此,制备样品 A 时所用的单壁碳纳米管的浓度和羧甲基纤维素的浓度配比最佳。选择非线性光学元件作为可饱和吸收体时必须考虑激光器的工作范围,这些薄膜最适合用于近红外范围内的长波振荡激光器。激光波长必须在第一能级半导体跃迁的吸收范围内(即材料中半导体型碳纳米管的第一能级单电子态密度 Van Hove 奇点之间的跃迁)。

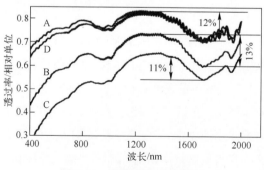

图 4.21 薄膜的透过光谱图

4.4.5 基于单壁碳纳米管的可饱和吸收材料的非线性光学特性研究

以单壁碳纳米管为基础的可饱和吸收体介质的非线性光学特性有两种研究方法:泵浦-探针光谱(pump-probe spectroscopy)[37]和Z扫描测量法(z-scan)[38]。

在使用泵浦-探针光谱法进行研究时,用两个脉冲对样品进行辐照:分别称为泵浦和信号。在恒定泵浦时脉冲之间的延迟变化,通过信号脉冲的吸收和反射可以测定其衰减的动态,并估计可饱和吸收体的吸收速度。单壁碳纳米管有两个典型衰减时段:≈100~300fs 和 ≈1~10ps[39],它决定了不同弛豫机制的时间[37]。根据研究得出,我们制备的样品的弛豫时间分别为280fs和10ps[39]。

Z扫描法可用来测定材料的非线性光学吸收系数。在实验中,具有高斯横向轮廓的聚焦激光束落在样品上。当样品沿光轴移动时,透过样品的光强度 I_0 也随之发生变化,焦点处透过样品的光强度达到最大值,即

$$I_0 = \frac{E_{pps}}{\pi R_0^2 \tau} \tag{4.6}$$

式中:I_0 是高斯光束的束腰半径,E_{pps} 是脉冲能量,τ 是脉冲持续时间。

根据入射辐射的强度测量样品的透过值:当强度增大时,可以观察到非线性光学效应;当强度降低时,可以观察到非线性吸收效应。基于单壁碳纳米管的介质观察到非线性光学效应,透过率可能会增加20%。

图4.22是Z扫描法示意图。在测量中,辐射源是飞秒光纤 Er^{3+} 激光器(A-vesta-Project, EFO-150, 脉冲持续时间100fs, 重复频率70MHz, 平均功率10MW)。用焦距为20mm的透镜聚焦辐射光束,通过样品后用焦距为30mm的透镜将聚焦光束再次变成平行光束,并用宽孔径锗光电二极管显示。

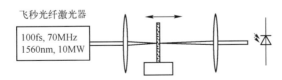

图4.22 通过Z扫描法测量可饱和吸收度的装置示意图

可饱和吸收的研究是在单壁碳纳米管可吸收的波长范围内进行的,波长范围可以通过光学吸收光谱进行确定。根据悬浮液中单壁碳纳米管吸收峰的位

置,可以确定碳纳米管电子跃迁的能量值。将所研究的样品放在激光束的束腰,同时,样品表面与激光束传播方向(Z 轴)方向垂直(图 4.23)。样品沿 Z 轴移动时,透过样品的光束功率密度随之发生变化。测量结果如图 4.23 所示。在低强度激光束下,透过率为 78%;在最大强度下,透过率为 80.7%。因此,在束腰处依靠饱和吸收效应,光学透过率增加了 2.7%。图 4.23 中的虚线表示不考虑菲涅耳反射损失的理论值曲线(约 10%)。

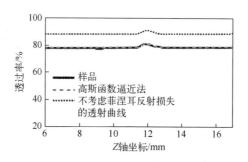

图 4.23　透过率与激光束腰部位移值的关系图

4.5　单壁碳纳米管光学复合材料的表征方法

4.5.1　拉曼散射法、光致发光和光学吸收光谱法

常用的单壁碳纳米管的纳米光学复合材料表征方法有:拉曼散射光谱,宽光谱范围内的光学吸收光谱、光致发光光谱、泵浦-探针光谱和 Z 扫描测量技术。通过这些表征方法,我们可以知道样品中是否含有单壁碳纳米管、碳纳米管的导电类型、碳纳米管直径、介质中碳纳米管之间的相互作用以及碳纳米管与介质之间的作用,还可以精确地测定样品中碳纳米管的几何形状以及特定几何形状碳纳米管的相对浓度。虽然需要高分辨透射电子显微镜才能够观察到碳纳米管,但是对于含有大量碳纳米管的复合材料而言,利用光学研究法分析碳纳米管更为方便。拉曼散射光谱可以在短时间内确定材料中是否存在碳纳米管,而无需以特殊方式制备、测试样品。光学吸收光谱和荧光光谱可以估计碳纳米管直径的分布,并获得材料的电子结构信息。

拉曼散射光谱法[40]是鉴定不同结构碳的最有效的方法之一,以单晶、多晶

第4章 单壁碳纳米管

薄膜和粉末形式存在的金刚石、石墨、石墨烯、富勒烯具有独特的拉曼散射峰。拉曼散射是非弹性散射过程,根据量子理论,入射光子与物质分子碰撞产生非弹性散射,在该过程中二者发生能量交换,散射后的光子频率发生改变。因此拉曼散射过程包括:吸收能量 $\hbar\omega_i$ 的入射光子和放射能量 $\hbar\omega_s$ 光子,其中 $\omega_s = \omega_i \pm \omega_0$,$\omega_0$ 是声子的频率。图 4.24 展示了分子中拉曼过程的能量图。如果分子处于未激发的振动态基态,那么在能量 $\hbar\omega_i$ 的作用下,分子吸收光子部分能量之后,它会转变为振动能量 $\hbar\omega_0$ 的状态,放出能量 $\hbar\omega_i - \hbar\omega_0$ 的光子。这个过程导致散射光中出现具有 $\omega_s^c = \omega_i - \omega_0$ 频率的斯托克斯线(见图 4.24)。如果处于激发振动能级的系统吸收光子能量,那么在散射之后系统可以转回基态,在这种情况下,释放光子的能量超过吸收光子的能量,这个过程导致出现具有 $\omega_s^{ac} = \omega_i + \omega_0$ 频率的反斯托克斯线。

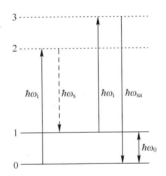

图 4.24 分子拉曼散射中的斯托克斯和反斯托克斯过程示意图

0—分子的主要电子能级,1—激发振动能级,2、3—中间虚拟电子能级,$\hbar\omega_i$—入射光的光子能量;

$\hbar\omega_s$—能量减少的散射辐射光子的能量(斯托克斯光子);

$\hbar\omega_{sa}$—能量增加的散射辐射光子的能量(反斯托克斯光子)。

当激发辐射的频率接近晶体的自然吸收频率时,拉曼散射的强度急剧增加。在这种情况下,共振拉曼散射得以实现。

正如前面提到的,拉曼散射光谱是一种研究碳纳米管非常有效的方法,它可以快速地确定样品中是否存在碳纳米管,估计其直径并确定其导电类型,并且还可以从单个碳纳米管中获得信号。在团聚的碳纳米管中,当入射波长与能使碳纳米管发生光学跃迁的波长一致时,该波长可以使单个碳纳米管处于共振激发状态。由于碳纳米管只是折叠成圆柱体的石墨烯层,因此单壁碳纳米管的拉曼散射光谱与高定向热解石墨的光谱相似,其主要区别在于 1582cm^{-1} 处石墨光谱的切向伸缩振动模式分裂(G 带)[42],以及在低频区域的拉曼光谱中出现的呼吸振动模式(图 4.25,165cm^{-1})。

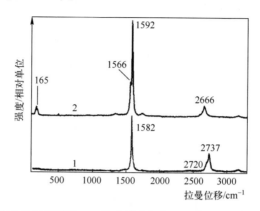

图 4.25 (1)高定向热解石墨和(2)单壁碳纳米管的拉曼光谱。激发波长为 507.1nm

切向振动模式的分裂可以用区域折叠效应[43]解释。由于施加在波矢 k 上的周期性条件,导致石墨烯片的声子结构出现变形。在这种情况下,G 带分成多个峰,这些峰的频率和形状取决于碳纳米管的几何参数及其导电类型[44,45]。

在一组包含不同类型碳纳米管的样品中,典型拉曼光谱中切向模式的分裂分量通常被称为 G$^-$和 G$^+$,分别对应低频和高频分量。在半导体型碳纳米管中,G$^-$分量被归为 TO(横向光学声子),G$^+$分量被归为 LO(纵向光学声子)[46]。

切向模式的宽化和向较低频率区域的位移是金属型碳纳米管的特点。下列公式描述了近似 Breigt-Wigner-Fano 轮廓的峰的形状:

$$I(\omega) = I_0 = \frac{[1+(\omega-\omega_{BWF})/q\Gamma]^2}{[1+(\omega-\omega_{BWF})/\Gamma]^2} \tag{4.7}$$

其中 $1/q$ 是表征声子与电子态连续体相互作用的参数,ω_{BWF} 是最大强度 I 的 Breigt-Wigner-Fano 共振频率,Γ 是谱宽参数,I_0 是峰值强度。

这种谱峰出现的原因是电子-声子相互作用,该作用的产生是因为金属型碳纳米管中存在自由电子[47-49]。

当用拉曼光谱研究碳纳米管时,为了获取信号,必须用碳纳米管的特定跃迁能级对应的光子能量辐射来激发样品。为了确定样品中所有可能存在的几何形状,需要在宽范围内改变激发波长。通常,样品的光学吸收光谱可以根据直径来更加有效地估计单壁碳纳米管的分布。

从价带到导带的跃迁中,随着能量 E_{11}、E_{22} 光量子的吸收,可以发生与费米能级对应的 Van Hove 奇点之间的电子跃迁。图 4.18 简单地展示了碳纳米管吸收光的过程。如果样品中的碳纳米管只有一种几何形状,那么光学吸收光谱是一组窄谱(宽度约 30meV),与跃迁能量 E_{11}、E_{22} 相对应的波长处的谱线强度达到最大值。

通常,当样品中存在一定直径范围的碳纳米管时,光学吸收光谱由一组光谱线组成,每条光谱线与具有一定几何形状的单壁碳纳米管相对应(图 4.26)。最终,各个碳纳米管的谱线形成 E_{11}、E_{22} 等吸收带。根据这些吸收带的位置,可以估计样品中的单壁碳纳米管的直径。<u>文献[50,51]研究了单壁碳纳米管的光学跃迁的能量值和与其几何形状的关系</u>。参照文献中的数据,我们可以比较碳纳米管的吸收峰和直径。光学吸收光谱法可以对半导体型和金属型碳纳米管进行有效测量。

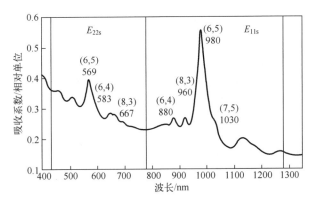

图 4.26 不同直径单壁碳纳米管悬浮液的光学吸收光谱(通过 CoMoCat 方法合成)。样品大多数都是具有几何形状(6,5)的碳纳米管,垂线表示 E_{11}、E_{22} 吸收带的边界

利用光学吸收法对单壁碳纳米管样品进行测试之前,需要对碳纳米管进行处理,包括清洗碳纳米管,除去碳纳米管初始材料中存在的杂质,例如催化剂颗粒、炭黑、微晶石墨和其他碳纳米结构。然后可以光学吸收光谱法分析样品中碳纳米管的几何形状、线性过射和吸收率,并且可以估计碳纳米材料的纯度。另外,在光学复合材料形成过程中,光谱法还可以检测残留的水杂质。

荧光光谱法不仅可以精确地确定样品中半导体型碳纳米管的几何形状,还可以研究它们的电子结构、碳纳米管簇中碳纳米管之间的相互作用[52,53]以及碳纳米管与周围介质之间的相互作用[54,55]。激发作用可以在能量 E_{22} 和 E_{33} 产生,而荧光辐射只能在 E_{11} 跃迁处被检测到。典型的荧光光谱如图 4.27 所示。

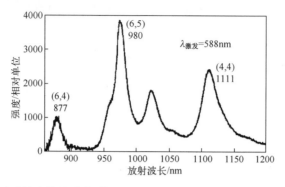

图 4.27　单壁碳纳米管悬浮液(使用 Co-Mo 催化剂, CoMoCat 合成)的荧光光谱图

利用不同波长的辐射连续激发样品,构建三维图,并在相同波长范围内记录荧光光谱(插页 6,图 4.28)。这样可以精确地确定跃迁能量,从而判断样品中碳纳米管的几何形状。

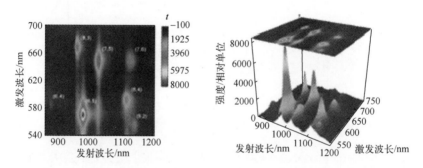

图 4.28　通过 CoMoCat 方法合成的单壁碳纳米管悬浮液的
荧光光谱图和三维荧光图(激发波长以 5nm 的步长从 540~700nm 变化,
发射波长则在 858~1200nm 的范围之内)

在荧光光谱测量中,单壁碳纳米管的光学跃迁由它们的激发态决定[56]。除了主要跃迁外,我们还可以在光谱上辨别出不太明显的跃迁。可以用声子参与的激子吸收和复合来解释,在高于 E_{11} 主要跃迁的 200 meV 处的荧光光谱中发现了光谱分量[57-59]。

本小节主要介绍了碳纳米管的表征方法,包括拉曼光谱、光学吸收光谱、荧光光谱法。利用这些方法,我们表征了聚合物复合薄膜的特性,发现单壁碳纳米

第4章 单壁碳纳米管

管具有高辐射稳定性和优质的非线性光学特性,可以在 1.0~2.5μm 的光谱范围内工作。

4.5.2 光致发光和高分辨透射电子显微镜表征

单壁碳纳米管的透射电子显微照片是研究其结构最直观的方法之一。根据研究的结果,可以估计碳纳米管的直径和它们的排列,还可以根据合成参数和形成可饱和吸收体的情况准确地评估碳纳米管团簇的形成趋势。此外,由于以催化剂颗粒形式存在的杂质很容易被识别,该方法可以用来评估复合材料的纯度。然而,这种研究方法非常耗时,为了获得可靠的统计结果(例如,通过直径确定碳纳米管的分布时)必须进行大量的检测分析。

通过高分辨率的透射电子显微镜观察的单壁碳纳米管簇(用电弧放电法合成)催化剂颗粒典型形貌,如图 4.29 所示。可以估计出该方法合成的单壁碳纳米管的平均直径为 1.4±0.2nm。

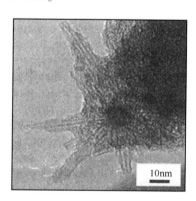

图 4.29　高分辨透射电子显微镜获得的单壁碳纳米管簇
(用电弧放电法合成)催化剂颗粒的生长图像

在合成之后立即对初始单壁碳纳米管研究研究。图 4.30 展示了通过电弧放电法合成后未经化学纯化的单壁碳纳米管显微图像。图中的黑色团簇是原始催化剂粒子,显微照片中存在其他衍生物,其原因是合成时使用了不同的金属作为催化剂。电弧合成装置的示意图和实物图如图 4.4 所示。

在制备的碳纳米管中总是残留催化剂颗粒。例如,电弧放电法合成的初始单壁碳纳米管中含有镍和钇的混合颗粒[32]。CO 的催化热解法合成的样品中含有钴和钼颗粒。由于单壁碳纳米管的可饱和吸收体的非线性光学特性会因为残留的催化剂金属纳米颗粒而变差,因此有必要对其进行净化。在我们的研究中,通过离心的方法净化残留颗粒,制备高质量的单壁碳纳米管悬浮液。单壁碳纳米管纯化后的典型图像如图4.31所示。通过比较图4.30和4.31可以看出,在纯化之后,样品中不再含有催化剂颗粒。

图4.30 合成后未经处理的单壁碳纳米管透射电子显微镜图像(电弧放电法合成)

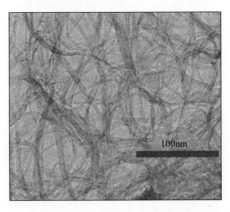

图4.31 纯化后的单壁碳纳米管透射电子显微镜图像(电弧放电法合成)

含有单壁碳纳米管的悬浮液不仅可以用来去除材料在合成期间产生的杂质,还可以用于荧光光谱法研究样品。根据获得的荧光二维图(轮廓图像),可以精确确定悬浮液中存在的半导体型单壁碳纳米管的几何形状(插页7,图4.32)。该方法还可以通过荧光信号的强度来估计样品中碳纳米管的相对分布。例如,记录并确定利用HiPco法合成碳纳米管制备的悬浮液中碳纳米管的几何形状。在这种情况下,具有几何形状(9,4)的碳纳米管的荧光最为明亮。

通过CoMoCat方法合成的碳纳米管包含的几何形状比电弧放电法合成的碳纳米管更少,主要几何形状为(6,5)。研究发现,合成方法不同会导致碳纳米管的几何形状有很大变化。这一状况在很大程度上影响了可饱和吸收体的光学特性,并决定了材料的光谱工作范围。

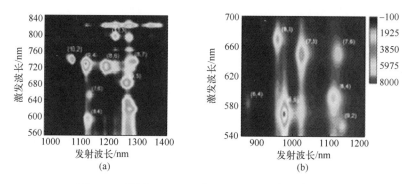

图4.32 通过(a)HiPco和(b)CoMoCat方法合成的
单壁碳纳米管悬浮液的荧光光谱图

之后,利用荧光光谱法研究分散的单壁碳纳米管在悬浮液中成簇的过程。碳纳米管悬浮液的初始荧光轮廓图如图4.33a(插页7)所示,重复记录该悬浮液的荧光轮廓图像1个月(插页7,图4.33b),大部分荧光峰明显加宽到了红色区域,单壁碳纳米管中所有荧光峰的强度降低,可以用悬浮液中形成了碳纳米管团簇解释这些实验结果。

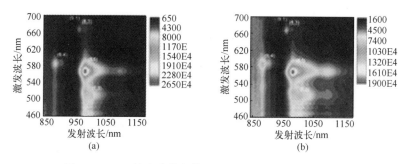

图4.33 (a)单壁碳纳米管悬浮液刚形成后和(b)1个月
后的荧光光谱图

金属型单壁碳纳米管形也参与了成簇过程,该过程是非辐射弛豫的过程,从而导致荧光减弱。荧光峰变宽并且出现红移现象是由于激子的相互作用,能量从禁带宽度较大的碳纳米管簇传输到禁带宽度较小的碳纳米管,即能量从直径较小的碳纳米管传输到了直径较大的碳纳米管簇。在图 4.33(b)(插页 7)中,观察到最大的峰宽(0.02eV)对应于具有(6,5)的碳纳米管,这是因为样品中该几何形状的碳纳米管数量最多。同时,几何形状(7,3)的碳纳米管的荧光峰也加宽了 0.017eV。激光二次处理含有碳纳米管簇的液体悬浮液后,其荧光信号和初始悬浮液(不含碳纳米管簇)的信号趋于一致,见图 4.33(a)(插页 7),证明了能量在碳纳米管簇中的碳纳米管之间传输。

4.5.3 不同参数下合成碳纳米管的结构及其线性和非线性光学性质的变化

在激光物理中,不仅需要使用含有单壁碳纳米管的水性悬浮液,还要使用由其他介质分散的碳纳米管悬浊液。本小结主要研究 CMC 作为聚合物基体得到的单壁碳纳米管悬浮液与聚合物薄膜的光学性能差异,聚合物薄膜形成过程中碳纳米管的成簇现象以及碳纳米管之间的相互作用。首先,如图 4.34a 所示,通过比较分散的单壁碳纳米管液体悬浮液的光谱和基于单个单壁碳纳米管形成的聚合物薄膜的光谱可以看出,聚合物薄膜不会改变吸收峰的宽度,但波峰的位置会略微移动到长波长区域。这表明,在形成聚合物薄膜(通过 HiPco 方法合成)的过程中碳纳米管彼此之间仍然保持部分分散,并且在成膜之后不会立即成簇。否则,在薄膜的吸收光谱上,不能识别出与单个碳纳米管相对应的具有良好分辨率的吸收峰。

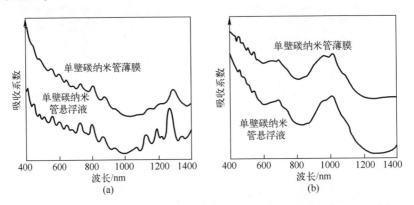

图 4.34 通过(a)HiPco 方法和(b)电弧放电方法合成的单壁碳纳米管悬浮液的光学吸收光谱和单壁碳纳米管聚合物薄膜的光学吸收光谱

其次,利用荧光光谱法表征以 CMC 为聚合物基体制备的碳纳米管悬浮液与碳纳米管聚合物薄膜[30,60]。CoMoCat 方法制备的碳纳米管悬浮液和聚合物薄膜的等高荧光光谱图如4.35(a)和(b)(插页8)所示。选择这种类型的碳纳米管是因为在合成的初始碳纳米管中半导体型单壁碳纳米管占大多数。通过对比图4.35(a)和(b)(插页8)可以看到,薄膜中碳纳米管的荧光强度远低于碳纳米管初始悬浮液的荧光强度。但由图4.35(b)可知,薄膜中几个主要几何形状的单壁碳纳米管对应的荧光相比仍然很强。

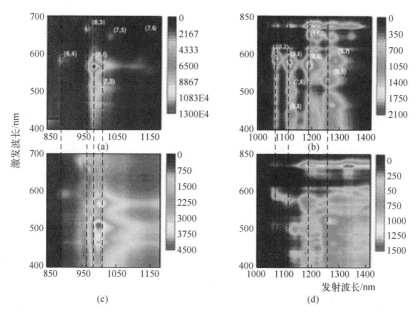

图 4.35　(a,c)单壁碳纳米管初始悬浮液和(b,d)单壁碳纳米管复合薄膜的荧光光谱图。(a,b)是使用 CoMoCat 方法合成的碳纳米管(c,d)是使用 HiPco 方法合成的碳纳米管

并且,荧光峰的宽度从 14～36meV(悬浮液)增加到 32～40meV(薄膜)。这表明,虽然碳纳米管形成了团簇并且在碳纳米管之间有能量转移通道,但是碳纳米管之间仍然保持部分分散。同时,与初始悬浮液相比,并不能观察到聚合物薄膜中所有几何形状的碳纳米管的荧光带红移。例如,几何形状(8,3)和(7,3)的碳纳米管荧光带分别向高能量区移动到了 5meV 和 3meV,其余的碳纳米管则向较低能量区移动 20～30meV。我们可以认为,碳纳米管在聚合物膜中是不均匀

分布的,并被表面活性剂包围,因此它们会以不同的方式与聚合物相互作用,并且不同几何形状的单个碳纳米管之间会产生选择性分散。

为了证实实验结果,我们还研究了 HiPco 法合成的碳纳米管悬浮液和薄膜的荧光光谱。研究材料中包含的碳纳米管(半导体型和金属型)具有各种几何形状。样品中金属型单壁碳纳米管是电子激发弛豫的额外通道,与 CoMoCat 方法(见图 4.35(a)(b),插页 8)合成的碳纳米管悬浮液和薄膜相比,荧光信号的强度降低(见图 4.35(c)(d),插页 8)。这是因为碳纳米管的几何形状很多,所以每个碳纳米管的荧光峰有所重叠。和 CoMoCat 合成的碳纳米管一样,嵌有单壁碳纳米管的薄膜的荧光信号与液体悬浮液相比强度较低。大多数荧光峰会发生红移,但是有些荧光峰不会移动,相反地,还有一些荧光峰会发生蓝移,例如具有几何形状(8,6)的碳纳米管的荧光峰。也就是说,碳纳米管之间的相互作用形式是多种的。

我们还利用拉曼光谱法对单壁碳纳米管的原始粉末、悬浮液和薄膜进行研究,证实了从悬浮液到薄膜的过渡期间形成了部分团簇。图 4.36 显示了用 HiPco 法合成单壁碳纳米管的原始粉末、分散的悬浮液和薄膜的拉曼光谱。可以发现从单壁碳纳米管的原始粉末向单壁碳纳米管悬浮液过渡时,在 $1592cm^{-1}$ 处切向模式 G 峰发生了变化。对应 G^- 和 G^+ 模式的峰变窄,而金属型单壁碳纳米管的加宽特征峰消失。因此,对于悬浮液中分散的单壁碳纳米管而言,所选择的拉曼光谱的激发波长应为共振半导体型碳纳米管的波长。由于原始粉末中的单壁碳纳米管和制备的悬浮液中的碳纳米管直径是相同的,所以光谱的这种变化可以通过以下事实来解释:在原始的单壁碳纳米管粉末中,碳纳米管是成簇的,其中存在能够在给定波长下共振激发金属型单壁碳纳米管的能量转移通道。在由液体悬浮液形成的薄膜中,再次出现特征峰加宽的现象,这是金属型单壁碳纳米管的特征,这表明在薄膜形成期间,一部分碳纳米管再次成簇,彼此之间可以转移能量。

在研究由单壁碳纳米管悬浮液与聚合物基体结合而形成的可饱和吸收体时,发现无论合成参数如何,都可以形成均匀有序结构的吸收体。

关于具有均匀结构的可饱和吸收体的制备方法我们已在 4.4.2 节中进行了详细阐述(见图 4.16)。

对饱和吸收的研究应在与吸收峰位置一致的波长下进行,波长值先前要通

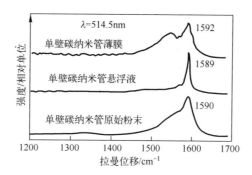

图 4.36　基于 HiPco 法合成的纳米管在各种介质中的拉曼散射光谱

过光学吸收光谱确定。根据单壁碳纳米管悬浮液吸收峰的位置,可以确定碳纳米管的电子跃迁能量值。并且 Z 扫描测量法可以估算因为吸收饱和所引起的能量损耗(见第 4.4.5 节,图 4.22)。

4.5.4　提高单壁碳纳米管复合材料非线性光学性质的有效途径

单壁碳纳米管可饱和吸收体具有较宽工作激光光谱范围($1\sim3\mu m$)并且光谱范围会随着碳纳米管直径的变化而变化,所以它们常被应用于各种固态激光器之中。纳米管大约有 $150\sim200\mathrm{fs}$ 的电子激发的特征弛豫时间[37],这是借助碳纳米管获得飞秒脉冲的保证。为了保持高性能,非线性光学元件必须能够在激光作用下抵抗热破坏,同时在高达 $10^9 W/cm^2$ 的功率密度下保持稳定。我们已经研制了一种含有单壁碳纳米管的聚合物复合材料,该材料具有高的抗辐射性和优化的非线性光学特性,在光通信、激光手术、大气层污染物诊断等领域具有广阔的应用前景。

目前,我们已经掌握了各种提高单壁碳纳米管复合材料非线性光学性质的方法,例如:梯度离心过程可以根据管径和导电类型(半导体型或金属型)分离碳纳米管,通过该过程可以改善获得的非线性光学元件的光谱质量和量子产率。另外,通过选择不同的聚合物基体,可以改变光谱工作范围的中心,从而使光学元件精确调节激光器的工作波长。非线性光学元件宽范的线性透过值使得这种元件具有更高的应用价值。Z 扫描测量法可以测量复合材料中因吸收饱和引起的损耗的减少数值,通过改变光学损耗值,可以选择性的提高非线性光学元件的效率。

提高非线性光学性能的有效途径除了后处理分散碳纳米管外,还可以通过控制合成参数,保证特定几何形状的碳纳米管的生长。这样就可以通过减少碳纳米管几何形状的种类,来提高量子效率。

我们可以通过改变宏观和微观水平(选择催化剂化合物和结构)上规定的来生长参数(生长温度,惰性气体压力,气体流量,碳源等)来优化碳纳米管的合成机制以获得特定几何形状的单壁碳纳米管。通过改变气相碳沉积的参数,可以实现对单壁碳纳米管几何形状的控制。

文献[19]中给出一个几何形状(6,5)的碳纳米管的合成方法。碳源是CO气体,催化剂是嵌入到MgO多孔衬底的FeCu复合纳米颗粒。这里我们会详细介绍生长温度(600℃,750℃,800℃)对合成碳纳米管光学性能的影响,其典型吸收光谱和光致发光光谱分别如图4.37(插页9)和图4.38(插页10)所示。

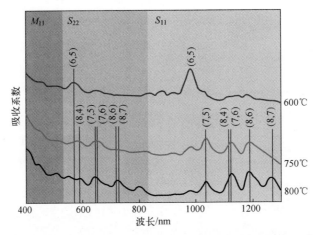

图4.37 不同生长温度下,在FeCu催化剂上合成的单壁碳纳米管悬浮液的吸收光谱[19]:S_{jj}、M_{ii}分别是半导体碳纳米管(S)和金属碳纳米管(M)的Van Hove ii-和jj-奇点之间的光学跃迁。括号中的数字对应于公认的碳纳米管几何形状的名称(参见4.1节)

通过光谱分析可知,使用Fe-Cu复合催化剂可以合成碳纳米管。并且,随着合成温度的增加,主要跃迁峰的数量也在增加,不断有新的峰出现,并且不同几何形状的单壁碳纳米管相应峰的宽度有所增大。同时,随着温度升高,放射强度也有所增大,合成产物的总产率也逐渐增加(形成更多的单壁碳纳米管)。

图4.39(插页11)展示了不同合成温度下,通过分析光致发光光谱获得的不同几何形状的单壁碳纳米管分布估计值。基于上述估计,可以得出一个结论,即在600℃的合成温度下,几何形状的碳纳米管(6,5)会优先合成。在750℃的生

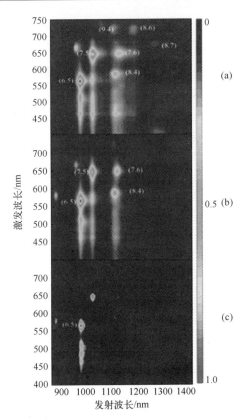

图 4.38 在不同生长温度下合成的单壁碳纳米管悬浮液的光致发光等高线图
(a) 800℃;(b) 750℃;(c) 600℃[19]。

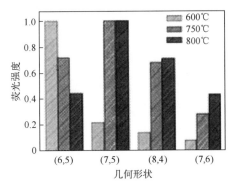

图 4.39 根据光致发光相对强度的测量结果估计半导体
单壁碳纳米管在不同生长温度下的几何形状的分布

长温度下,几何形状(7,5)的碳纳米管占主导地位,但其他几何形状的碳纳米管的含量也非常高。并且,随着合成温度升高,具有较小直径的碳纳米管(6,5)的相对数量减少,而具有较大直径的碳纳米管(7,6)的相对数量有所增加。

从文献[19]我们可以得出结论,选择合适的催化剂,改变碳纳米管生长温度可以控制不同几何形状的碳纳米管的优先生长,并可以提高碳纳米管的产率。例如,在文献[19]中,几何形状为(6,5)的单壁碳纳米管的最佳合成温度为600℃,即在该温度条件下(6,5)单壁碳纳米管优先生长。除了控制碳纳米管生长工艺,我们还可以结合碳纳米管后处理技术来更加精确的分离所需几何形状的单壁碳纳米管,从而提高单壁碳纳米管的非线性光学特性。

4.5.5 基于单壁碳纳米管复合材料工作范围的变化

含有单壁碳纳米管的悬浮液和薄膜的光学特性主要取决于碳纳米管的合成方法。由于每种合成方法得到的碳纳米管管径有特定的分布,因此合成方法也决定了材料吸收带的位置。在使用基于单壁碳纳米管的介质作为可饱和吸收体时,必须对原始材料加以选择,使碳纳米管吸收峰的位置与激光的工作波长一致。选择恰当的单壁碳纳米管合成方法可以挑选出在一定工作光谱范围内应用所需的材料。我们对用三种不同方法合成的单壁碳纳米管的光学特性进行了一系列的比较分析:HiPco法,电弧放电法和气溶胶法。图4.40(插页11)显示了不同方法制备的单壁碳纳米管薄膜的光学吸收光谱。从图中可以看出,每种碳纳米管都能够在特定的光谱范围内工作,即波峰位置:HiPco碳纳米管为1190nm,电弧碳纳米管为1750nm,气溶胶碳纳米管为2130nm。根据这些数据[51],我们估算了三种碳纳米管的平均直径:HiPco碳纳米管为1.0nm,电弧碳纳米管为1.4nm,气溶胶碳纳米管为1.8 nm。电弧单壁碳纳米管直径与用透射电子显微镜获得的值一致(4.5.2节)。吸收光谱波带的位置由碳纳米管的平均直径决定,并且它们的半高宽确定了该材料中碳纳米管管径的分布。同时可以看出,电弧和气溶胶碳纳米管具有相当窄的管径分布,而HiPco碳纳米管具有更宽的管径分布。

根据上述研究结果,我们可以根据吸收带的位置,选择在所需波长下工作的碳纳米管类型,以用作特定激光器中的可饱和吸收体。例如,对于掺铒光纤激光器(1.56μm)和掺铥光纤激光器(1.93μm)而言,电弧碳纳米管是合适的材料;而

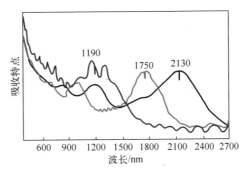

图 4.40　包含各种类型的单壁碳纳米管（HiPco，电弧和气溶胶）膜的光学吸收光谱。数字表示 E_{11} 吸收带的最大值的光谱位置。HiPco 碳纳米管为 1190nm，电弧碳纳米管为 1750nm，气溶胶碳纳米管为 2130nm

对于掺钬光纤激光器（2.1μm）而言，工作光谱范围达 2.6μm 的气溶胶碳纳米管最适用。

我们研究了不同方法合成的碳纳米管薄膜的非线性光学元件的拉曼光谱（图 4.41，插页 12）。首先，不同方法合成的样品中都具有 1592cm^{-1} 拉曼峰，证实了样品中含有单壁碳纳米管。其次，可以根据呼吸振动的位置（300cm^{-1} 以下的低频区）来估计碳纳米管直径。HiPco 碳纳米管直径范围为 0.9～1.33nm，电弧碳纳米管直径范围为 1.3～1.65nm，气溶胶碳纳米管直径范围为 1.4～1.85nm。所获得的值与光学吸收光谱数据非常一致，但是需要注意的是，并非样品中的所有单壁碳纳米管在这几个激发波长下都被共振激发。

因此，当选择含有碳纳米管的聚合物薄膜的工作光谱范围时，起决定性作用的是单壁碳纳米管的合成方法，但表面活性剂、聚合物基体也会对其光谱范围产生影响。聚合物类型的选择可以影响吸收峰的位置。图 4.42（插页 13）展示了由表面活性剂和羧甲基纤维素制备的 HiPco 碳纳米管的光学吸收光谱。二者光谱曲线形状类似，但主要吸收峰的位置相差了约 15nm。经确定，发生该位移的原因不仅是聚合物与碳纳米管的选择性相互作用，而且因为作用在碳纳米管上的各种机械应力，这些应力是在不同的聚合物基体形成薄膜时产生的。从光谱中（见图 4.42，插图 13）可知，羧甲基纤维素聚合物基体具有较小的光学损耗，可以降低相同质量的光谱调幅的光吸收。当应用基于单壁碳纳米管的聚合物薄膜作为激光器的可饱和吸收体时，最佳聚合物基体应具有最小的基底吸收值，并且在激光器波长的工作区域中不包含自身的吸收峰。此外，羧甲基纤维素本身是一种非常有效的表面活性物质,可以保证复合材料中仅包含两种组分:碳纳米管和羧甲基纤维素(不含额外的表面活性剂)。

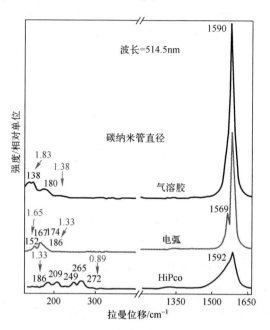

图4.41 不同方法(HiPco,电弧和气溶胶)合成的单壁碳纳米管薄膜的拉曼光谱。

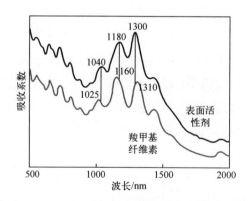

图4.42 分散在各种聚合物基质(表面活性剂和羧甲基纤维素)中的HiPco碳纳米管薄膜的光学吸收光谱

经过多年研究,科研人员发现纤维素及其衍生物是形成光学质量膜的最佳聚合物基体。以纤维素及其衍生物制备的碳纳米管复合薄膜,可以制成柔韧的并且比其他聚合物薄得多的均质薄膜(厚度为4μm)。

具有分散的碳纳米管聚合物介质的光学损耗值是影响其工作范围的另一个重要参数。当使用单壁碳纳米管悬浮液和含有单壁碳纳米管的薄膜作为固态激光器的谐振器时,改变光学损耗水平是维持振荡模式的必要条件。例如,对于Nd:GdVO$_4$激光器(工作波长为1.34μm)而言,当有单壁碳纳米管嵌入的薄膜透过率为40%~60%时会产生振荡,而对于F$_2^-$:LiF激光器(波长为1.17μm)而言,碳纳米管悬浮液的透过率不应低于95%~96%。为了能够控制嵌入单壁碳纳米管薄膜透过率的变化,引入的碳纳米管的浓度通过定量稀释单壁碳纳米管的初始悬浮液来改变,与此同时,形成薄膜的厚度应保持恒定。所获得的薄膜的光吸收系数甚至在视觉上也有明显变化(图4.43)。

图4.43 沉积在石英衬底上的具有不同光吸收系数的单壁碳纳米管薄膜

图4.44展示了不同分散浓度单壁碳纳米管薄膜的透过光谱,根据光谱可以确定薄膜的透过率,其变化范围为30%~90%[31]。

经测定,即使具有最小光学损耗(小于5%)的薄膜也显示出了与单壁碳纳米管相符的具有分裂峰的吸收光谱。

除了用荧光光谱和拉曼光谱研究碳纳米管在各种介质中的相互作用之外,还使用泵浦-探针光谱法对介质的光激发动力学进行了研究。我们还研究了嵌入聚合物基体中的并沉积在石英衬底上的碳纳米管以及碳纳米管簇电子激发的典型弛豫时间,确定了基于单壁碳纳米管的光学元件能否快速作用的弛豫时间。

图4.45(插页13)展示了样品的光学透过率与泵浦脉冲和信号脉冲之间的延迟关系[61]。泵浦脉冲的波长在450~750nm范围内(为了与E$_{33}$单壁碳纳米管

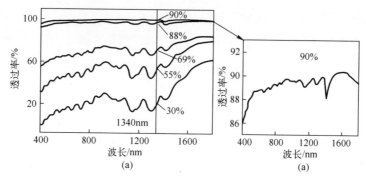

图4.44 (a)不同分散浓度单壁碳纳米管薄膜的光学透过光谱。(b)透过率为90%的单壁碳纳米管聚合物薄膜的光谱。此时,对应的单壁碳纳米管吸收峰明显不同

吸收带区域的最大值一致),信号脉冲的波长在850~1050nm范围内(为了与E_{22s}吸收带区域(电弧单壁碳纳米管)和E_{11s}吸收带区域(HiPco-单壁碳纳米管)的最大值一致)。可以看出,对于所有类型的样品,都有两个典型的衰减时间:~100fs和~900fs,这分别对应两种不同的弛豫机制。短的衰减时间对应光激发电子的带内跃迁,而长的衰减时间对应电子的带间跃迁。

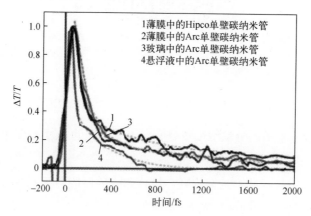

图4.45 基于单壁碳纳米管的各种
介质的信号与时间的关系[61]

我们观察到,随着碳纳米管之间相互作用的增强,典型弛豫时间则会减短。而悬浮液中的碳纳米管簇有最短的弛豫时间。研究表明,成簇时在碳纳米管之间存在能量转移通道可以增强光学元件的快速作用。

在本章中,我们展示了单壁碳纳米管的制备和光学表征研究,以及介绍了基

于单壁碳纳米管形成具有可变特性的线性和非线性光学元件的研究成果，并描述了用不同方法合成的碳纳米管制作这些元件的应用效果。

参考文献

[1] *Iijima S., Ichinashi T.* Single-shell carbon nanotubes of 1-nm diameter // Nature. 1993. Vol. 363. P. 603–605.

[2] *Bethune D.S., Kiang C.-H., de Vries M.S., Gorman G., Savoy R., Vazquez J., Beyers R.* Cobalt catalysed growth of carbon nanotubes with single-atomic-layer walls // Nature. 1993. Vol. 363. P. 605–607.

[3] *Novoselov K.S., Geim A.K., Morozov S.V., Jiang D., Zhang Y., Dubonos S.V., Grigorieva I.V., Firsov A.A.* Electric field effect in atomically thin carbon films // Science. 2004. Vol. 306. P. 666–669.

[4] *Monthioux M., Kuznetsov V.L.* Who should be given the credit for the discovery of carbon nanotubes // Carbon. 2006. Vol. 44. P. 1621–1623.

[5] *Радушкевич Л.В., Лукъянович В.М.* О структуре углерода, образующегося при термическом разложении окиси углерода на железном контакте // Журн. физ. хим. 1952. Т. 26. С. 88–95.

[6] *Iijima S.* Helical microtubules of graphitic carbon // Nature. 1991. Vol. 359. P. 56–58.

[7] *Kroto H., Heath J., O'Brien S.C., Curl R.F., Smalley R.E.* C60: Buckminsterfullerene // Nature. 1985. Vol. 318. P. 162–163.

[8] *Guo T., Nikolaev P., Thess A., Colbert D.T., Smalley R.E.* Catalytic growth of single-walled nanotubes by laser vaporization // Chem. Phys. Lett. 1995. Vol. 243. P. 49–54.

[9] *Thess A., Lee R., Nikolaev P., Dai H., Petit P., Robert J., Xu C., Lee Y.H., Kim S.G., Rinzler A.G., Colbert D.T., Scuseria G.E., Tomanek D., Ficher J.E., Smalley R.E.* Crystalline ropes of metallic carbon nanotubes // Science. 1996. Vol. 273. P. 483–487.

[10] *Yudasaka M., Tomatsu T., Ichihashi T., Iijima S.* Single-wall carbon nanotube formation by laser ablation using double-targets of carbon and metal // Chem. Phys. Lett. 1997. Vol. 278. P. 102–106.

[11] *Journet C., Maser W.K., Bernier P., Loiseau A., Lamy de la Chapelle M., Lefrant S., Deniard P., Lee R., Fisher J.E.* Large-scale production of single-walled carbon nanotubes by the electric arc technique // Nature. 1997. Vol. 388. P. 756–758.

[12] *Ivanov V., Nagy J.B., Lambin Ph., Lucas A.A., Zhang X.B., Zhang X.F., Bernaerts D., van Tendeloo G., Amelinckx S., van Landuyt J.* The study of carbon nanotubules produced by catalytic method // Chem. Phys. Lett. 1994. Vol. 223. P. 329–332.

[13] *Hsu W.K., Zhu Y.Q., Trasobares S., Terrones H., Terrones M., Grobert N., Takikawa H., Hare J.P., Kroto H.W., Walton D.R.M.* Solid-phase production of carbon nanotubes // Appl. Phys. A. 1999. Vol. 68. P. 493–495.

[14] *Hafner J.H., Bronikowski M.J., Azamian B.R., Nikolaev P., Rinzler A.G., Colbert D.T., Smith K.A., Smalley R.E.* Catalytic growth of single-wall carbon nanotubes from metal particles // Chem. Phys. Lett. 1998. Vol. 296. P. 195–202.

[15] *Nikolaev P., Bronikowski M.J., Bradley R.K., Rohmund F., Colbert D.T., Smith K.A., Smalley R.E.* Gas-phase catalytic growth of single-walled carbon nanotubes from carbon monoxide // Chem. Phys. Lett. 1999. Vol. 313. P. 91–97.

[16] *Bronikowski M.J., Willis P.A., Colbert D.T., Smith K.A., Smalley R.E.* Gas-phase production of carbon single-walled nanotubes from carbon monoxide via the HiPco process: A parametric study // J. Vac. Sci. Technol. A. 2001. Vol. 19. P. 1800–1805.

[17] *Nasibulin A.G., Moisala A., Brown D., Jiang H., Kauppinen E.I.* A Novel aerosol method for single-walled nanotube synthesis // Chem. Phys. Lett. 2005. Vol. 402. P. 227–232.

[18] *Bachilo S.M., Balzano L., Herrera J.E., Pompeo F., Resasco D.E., Weisman R.B.* Narrow (n, m)-distribution of single-walled carbon nanotubes grown using a solid supported catalyst // J. Am. Chem. Soc. 2003. Vol. 125, N 37. P. 11186–11187.

[19] *He M., Chernov A.I., Fedotov P.V., Obraztsova E.D., Sainio J., Rikkinen E., Jiang H., Zhu Z., Tian Y., Kauppinen E.I., Niemel M., Krause A.O.I.* Predominant (6,5) single-walled carbon nanotube growth on a copper-promoted iron catalyst // J. Am. Chem. Soc. 2010. Vol. 132, N 40. P. 13994–13996.

[20] *Ding L., Tselev A., Wang J., Yuan D., Chu H., McNicholas T.P., Li Y., Liu J.* Selective growth of well-aligned semiconducting single-walled carbon nanotubes // Nano Lett. 2009. Vol. 9. P. 800–805.

[21] *Krätschmer W., Lamb L.D., Kostiropoulos K., Huffman D.R.* Solid C_{60}: A new form of carbon // Nature. 1990. Vol. 347. P. 354–357.

[22] *Hirsch A.* Functionalization of single-walled carbon nanotubes // Angew. Chem. Int. Ed. 2002. Vol. 41. P. 1853–1859.

[23] *Hirch A., Vostrowsky O.* Functionalization of carbon nanotubes // Functional Molecular Nanostructures / Topics in Current Chemistry / Ed. by A.D. Schlüter. Springer, 2005. Vol. 245. P. 193–237.

[24] *Arnold M.S., Green A.A., Hulvat J.F., Stupp S.I., Hersam M.* Sorting carbon nanotubes by electronic structure using density differentiation // Nature Nanotech. 2006. Vol. 1. P. 60–65.

[25] *Tanaka T., Urabe Y., Nishide D., Kataura H.* Continuous separation of metallic and semiconducting carbon nanotubes using agarose gel // Appl. Phys. Exp. 2009. Vol. 2. P. 125002–125005.

[26] *Green A.A., Hersam M.C.* Processing and properties of highly enriched double-wall carbon nanotubes // Nature Nanotech. 2009. Vol. 4. P. 64–70.

[27] *Green A.A., Hersam M.C.* Colored semitransparent conductive coatings consisting of monodisperse metallic single-walled carbon nanotubes // Nano Lett. 2008. Vol. 8. P. 1417–1422.

[28] *Carvalho E.J.F., dos Santos M.C.* Role of surfactants in carbon nanotubes density gradient separation // ACS Nano. 2010. Vol. 4. P. 765–770.

[29] *Ford T., Graham J., Rickwood D.* Iodixanol-a nonionic isosmotic centrifugation medium for the formation of self-generated gradients // Anal. Biochem. 1994. Vol. 220. P. 360–366.

[30] *Chernov A.I., Obraztsova E.D., Lobach A.S.* Optical properties of polymer films with embedded single-wall nanotubes // Phys. Status Solidi B. 2007. Vol. 244, N 11. P. 4231–4235.

[31] *Garnov S.V., Solokhin S.A., Obraztsova E.D., Lobach A.S., Obraztsov P.A., Chernov A.I., Bukin V.V., Sirotkin A.A., Zagumennyi Y.D., Zavartsev Y.D., Kutovoi S.A., Shcherbakov I.A.* Passive mode-locking with carbon nanotube saturable absorber in Nd:GdVO$_4$ and Nd:Y$_{0.9}$Gd$_{0.1}$VO$_4$ lasers operating at 1.34 μm // Laser Phys. Lett. 2007. Vol. 4, N 9. P. 648–651.

[32] *Obraztsova E.D., Bonard J.-M., Kuznetsov V.L., Zaikovskii V.I., Pimenov S.M., Pozharov A.S., Terekhov S.V., Konov V.I., Obraztsov A.N., Volkov A.P.* Structural measurements for single-wall carbon nanotubes by Raman scattering technique // Nanostruct. Mater. 1999. Vol. 12. P. 567–572.

[33] *O'Connell M.J., Bachilo S.M., Huffman C.B., Moore V.C., Strano M.S., Haroz E.H., Rialon K.L., Boul P.J., Noon W.H., Kittrell C., Ma J., Hauge R.H., Weisman R.B., Smalley R.E.* Band gap fluorescence from individual single-walled carbon nanotubes // Science. 2002. Vol. 297. P. 593–596.

[34] *Bachilo S.M., Strano M.S., Kittrell C., Hauge R.H., Smalley R.E., Weisman R.B.* Structure-assigned optical spectra of single-walled carbon nanotubes // Science. 2002. Vol. 298. P. 2361–2366.

[35] *Obraztsova E.D., Fujii M., Hayashi S., Lobach A.S., Vlasov I.I., Khomich A.V., Timoshenko V.Yu., Wenseleers W., Goovaerts E.* Synthesis and optical spectroscopy of single-wall carbon nanotubes // Nanoengineered Nanofibrous Materials / NATO Science Series II: Mathematics, Physics and Chemistry / Ed. by S. Guceri, Yu. Gogotsi, V. Kuznetsov. Dordrecht: Kluwer Acad. Publ., 2004. Vol. 169. P. 389–398.

[36] *Wenseleers W., Vlasov I.I., Goovaerts E., Obraztsova E.D., Lobach A.S.,*

Bouwen A. Efficient isolation and solubilization of pristine single-walled nanotubes in bile salt micelles // Adv. Funct. Mater. 2004. Vol. 14. P. 1105–1112.

[37] *Malic E., Knorr A.* Graphene and Carbon Nanotubes: Ultrafast Optics and Relaxation Dynamics. Weinheim: Wiley-VCH, 2013.

[38] *Таусенев А.В., Образцова Е.Д., Лобач А.С., Конов В.И., Крюков П.Г., Дианов Е.М.* Эрбиевый волоконный лазер ультракоротких импульсов с использованием насыщающегося поглотителя на основе дуговых одностенных углеродных нанотрубок // Квантовая электроника. 2007. Т. 37, № 9. P. 847–852.

[39] *Obraztsov P.A., Sirotkin A.A., Obraztsova E.D., Svirko Y.P., Garnov S.V.* Carbon-nanotube-based saturable absorbers for near infrared solid state lasers // Opt. Rev. 2010. Vol. 17, N 3. P. 290–293.

[40] Рассеяние в твердых телах / Под ред. М. Кардоны. М.: Мир, 1979. 392 с.

[41] *Ager III J.W., Veirs D.K., Rosenblatt G.M.* Spatially resolved Raman studies of diamond films grown by chemical vapor deposition // Phys. Rev. B. 1991. Vol. 43. P. 6491–6500.

[42] *Tuinstra F., Koenig J.L.* Raman spectrum of graphite // J. Chem. Phys. 1970. Vol. 53, N 3. P. 1126–1130.

[43] *Dresselhaus M.S., Dresselhaus G., Eklund P.C.* Science of Fullerenes and Carbon Nanotubes. Academic Press, 1996. 965 p.

[44] *Mintmire J.W., White C.T.* Universal density of states for carbon nanotubes // Phys. Rev. Lett. 1998. Vol. 81. P. 2506–2509.

[45] *Jorio A., Pimenta M.A., Souza Filho A.G., Saito R., Dresselhaus G., Dresselhaus M.S.* Characterizing carbon nanotube samples with resonance Raman scattering // New J. Phys. 2003. Vol. 5. P. 139.

[46] *Jorio A., Fantini C., Dantas M.S.S., Pimenta M.A., Souza Filho A.G., Samsonidze G.G., Brar V.W., Dresselhaus G., Dresselhaus M.S., Swan A.K., Ünlü M.S., Goldberg B.B., Saito R.* Linewidth of the Raman features of individual single-wall carbon nanotubes // Phys. Rev. B. 2002. Vol. 66. P. 115411–115419.

[47] *Pimenta M.A., Marucci M.A., Empedocles S.A., Bawendi M.G., Hanlon E.B., Rao A.M., Eklund P.C., Smalley R.E., Dresselhaus G., Dresselhaus M.S.* Raman modes of metallic carbon nanotubes // Phys. Rev. B. 1998. Vol. 58. P. 16016.

[48] *Brown S.D.M., Corio P., Marucci A., Dresselhaus M.S., Pimenta M.A., Kneipp K.* Anti-Stokes Raman spectra of single-walled carbon nanotubes // Phys. Rev. B. 2000. Vol. 61. P. 5137–5140.

[49] *Fouquet M., Telg H., Maultzsch J., Wu Y., Chandra B., Hone J., Heinz T.F., Thomsen C.* Longitudinal optical phonons in metallic and semi-

conducting carbon nanotubes // Phys. Rev. Lett. 2009. Vol. 102. P. 075501–075505.

[50] *Strano M.S.* Probing chiral selective reactions using a revised Kataura plot for the interpretation of single-walled carbon nanotube spectroscopy // J. Am. Chem. Soc. 2003. Vol. 125. P. 16148–16153.

[51] *Weisman R.B., Bachilo S.M.* Dependence of optical transition energies on structure for single-walled carbon nanotubes in aqueous suspension: An empirical Kataura plot // Nano Lett. 2003. Vol. 9. P. 1235–1238.

[52] *Tan P.H., Rozhin A.G., Hasan T., Hu P., Scardaci V., Milne W.I., Ferrari A.C.* Photoluminescence spectroscopy of carbon nanotube bundles: Evidence for exciton energy transfer // Phys. Rev. Lett. 2007. Vol. 99. P. 137402–137406.

[53] *Wei L., Li L., Chan-Park M.B., Yang Y., Chen Y.* Aggregation-dependent photoluminescence sidebands in single-walled carbon nanotube // J. Phys. Chem. C. 2010. Vol. 114. P. 6704–6711.

[54] *Ohno Y., Iwasaki S., Murakami Y., Kishimoto S., Maruyama S., Mizutani T.* Excitonic transition energies in single-walled carbon nanotubes: Dependence on environmental dielectric constant // Phys. Status Solidi B. 2007. Vol. 244. P. 4002–4005.

[55] *Barone P.W., Yoon H., Ortiz-Garcia R., Zhang J., Ahn J., Kim J., Strano M.S.* Modulation of single-walled carbon nanotube photoluminescence by hydrogel swelling // ACS Nano. 2009. Vol. 3, N 12. P. 3869–3877.

[56] *Maultzsch J., Pomraenke R., Reich S., Chang E., Prezzi D., Ruini A., Molinari E., Strano M.S., Thomsen C., Lienau C.* Exciton binding energies in carbon nanotubes from two-photon photoluminescence // Phys. Rev. B. 2005. Vol. 72. P. 241402–241406.

[57] *Miyauchi Y., Maruyama S.* Identification of an excitonic phonon sideband by photoluminescence spectroscopy of single-walled carbon-13 nanotubes // Phys. Rev. B. 2006. Vol. 74. P. 035415–035422.

[58] *Torrens O.N., Zheng M., Kikkawa J.M.* Energy of K-momentum dark excitons in carbon nanotubes by optical spectroscopy // Phys. Rev. Lett. 2008. Vol. 101. P. 157401–157405.

[59] *Perebeinos V., Tersoff J., Avouris P.* Effect of exciton-phonon coupling in the calculated optical absorption of carbon nanotubes // Phys. Rev. Lett. 2005. Vol. 94. P. 027402–027406.

[60] *Chernov A.I., Obraztsova E.D.* Photoluminescence of single-wall carbon nanotube films // Phys. Status Solidi B. 2010. Vol. 247. P. 2805–2809.

[61] *Obraztsova E.A., Lüer L., Obraztsova E.D., Chernov A.I., Brida D., Polli D., Lanzani G.* Effect of environment on ultrafast photoexcitation kinetics in single-wall carbon nanotubes // Phys. Status Solidi B. 2010. Vol. 247. P. 2831–2834.

第 5 章　石墨烯的光学性质

Е. Д. 奥布拉兹措娃, М. Г. 雷宾, П. А. 奥布拉兹措夫

5.1　石墨烯的制备方法

石墨烯的理论研究要早于其实验制备研究:20 世纪 30 年代至 40 年代有计算表明,二维单层片状结构具有热力学不稳定性。因此,单层的二维材料只能在块体材料表面获取。20 世纪 60 年代至 70 年代,科研工作者初次尝试在胶体溶液中还原氧化石墨[1,2],或使用化学气相沉积法在金属[3]或碳化物[4]衬底表面沉积单层原子。结果表明,对碳化硅进行高温处理将硅蒸发后会形成碳膜,即实现了碳单原子层的外延生长[5,6]。然而,通过上述方法,获得的碳膜至少 20~30 层,本质上并不是石墨烯。在文献[7]中详细介绍了早期制备石墨烯的方法。值得注意的是,不同的合成方法对制备的石墨烯性质有很大的影响。

2004 年,单层和双层石墨烯的制得使石墨烯的相关研究进入新的阶段[8],当时科学家们借助胶带反复粘贴将单层石墨烯从片状石墨中分离出来,并将其转移到带有氧化物的硅衬底上。之后,人们在理论与实验上对石墨烯开展了深入研究,并提出了各种石墨烯的制备方法,包括:

(1) 片状热解石墨的机械剥离法[8-10];

(2) 以胶状石墨烯化合物分散液为前驱体的化学剥离方法[11,12];

(3) 以单晶金属为衬底的外延生长法[13]及热解 SiC 法[14-17];

(4) 以金属为衬底(镍[18-29]、铜[30-34])的化学气相沉积法。

上面提到的第一种方法是借助胶带将取向良好,厚度为几百层的片状热解石墨剥离,通过多次重复该过程,使单层石墨烯保留在胶带上。随后将该碳膜转移到具有固定厚度(300nm)的氧化硅衬底表面。因为范德华力的作用,石墨烯

第5章 石墨烯的光学性质

得以保留在衬底上(图5.1)。但是,除了单层石墨烯之外,衬底上还留有大量的横向尺寸小于100μm的多层石墨烯(多达100)。因此,在尺寸不超过2cm的衬底上找出单层石墨烯十分费力。目前,该技术突出的优点在于可以获得质量较高的单层石墨烯。这种方法制备石墨烯主要应用于实验中,用以研究石墨烯的电子特性,测量其导电性,或制作石墨烯器件,如量子晶体管[8-10]。该方法最大的缺点是(需要依靠于手工操作),因此不可能利用该方法来大规模生产石墨烯。

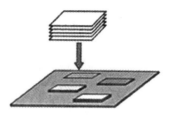

图5.1 通过对良好取向的热解石墨进行机械剥离获得石墨烯样品的示意图

获得石墨烯的第二种常用的方法是化学剥离方法,其中之一是通过还原氧化石墨来获取石墨烯[35-38]。该方法中氧化剂的使用是分离石墨层的关键(图5.2)。首先使用强氧化剂(氧和卤素)使石墨内层氧化,晶体内部层间的距离增加,导致石墨层之间的相互作用力降低,促进液相中石墨层的分离,得到横向尺寸为几百微米的氧化石墨烯;然后借助还原反应从氧化物中还原石墨烯。例如,用肼来还原在氧气气氛下氧化石墨所得到的氧化石墨烯片。20世纪初人们就了解到,块状石墨氧化的过程中,晶体内层间距离不断增加,这个过程中形成的氧化物的氧化程度和化学成分取决于工艺条件、原料类型和试剂的种类。研究表明,石墨氧化层的表面通常含有羟基和环氧基团,而片材的边缘则是羧基和羰基。水分子的存在对氧化石墨结构有显著影响,因此晶体的层间距离可以从标准值0.34nm增加到1.2nm。氧化石墨层具有较好的亲水性,因此通过长时

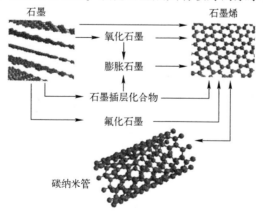

图5.2 不同前驱体分离制备石墨烯的方法

间搅拌或超声作用后氧化石墨可以稳定地分散在水溶液中。分散的氧化石墨层在水中具有较强的负电性,有利于石墨层的分离以及保持分散液的稳定性。

另一种获得石墨烯的化学方法是石墨的液相剥离法[39-41]。将石墨分层成单层的石墨烯片的最简单方法是使用具有表面活性的有机溶液。石墨的层状结构有利于各种性质的原子和分子能够渗透到石墨层之间,增大石墨层之间的距离,再通过向石墨层间施加机械应力将其分离。这种方法已经成功应用于解决碳纳米管的纠缠团聚体分离问题[42-44],而且对石墨烯材料的制备也具有较好的效果。在表面活性剂作用下,通过连续超声和离心处理使石墨分散成含有单层石墨烯以及由若干石墨层组成的多层石墨的悬浮液。从热力学角度讲,形成石墨烯悬浮液是由于表面活性剂与石墨烯片表面的相互作用能高于石墨中相邻石墨层间的相互作用能。以这种方式制备的悬浮液通常不仅含有单层石墨烯,还包含横向尺寸为几微米的弯曲石墨烯和双层或多层石墨烯。通过化学剥离方法获得的石墨烯和含石墨烯的分散液,主要用于化工领域,用来制造各种复合材料[13,45]。该方法还通常用于制备应用于光学[41]和动力学[45]中纯度不高的石墨烯。

利用单晶金属(诸如钌[46,47](图 5.3)、铱[48,49]、铂[50-52]、钯[53,54]等)表面外延生长石墨烯的方法与化学剥离方法在同一时间被提出。该方法基于碳在过渡金属中的溶解度随温度增加而增大的特性。在超过1000℃的温度下,通入碳源(通常是乙醇蒸汽或烃类气体),这些气体吸附在金属表面直至饱和。随后在10^{-10}mbar(1bar=0.1MPa)的高真空或超高真空条件下,随着衬底温度的降低,碳在金属中的溶解度显著降低,并伴随晶体晶格的热收缩,碳在金属表面析出,形成大面积的石墨烯晶畴。

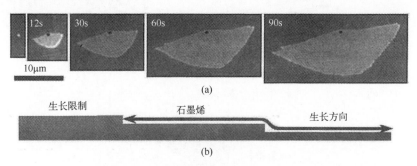

图 5.3 (a)用扫描电子显微镜观察到850℃时生长在钌衬底(0001)上石墨烯在的实时图像。(b)石墨烯生长方向示意图[46]

上述任意一种金属都存在合成单层石墨烯的特定条件,但合成机理以及用该方法制备石墨烯的优缺点对于所有衬底而言是相同的。其优点是可以形成极薄且相对大尺寸的石墨烯(可获得达 200μm 的一层或两层的高取向丛簇)。此外,该方法还可借助扫描隧道显微镜研究石墨烯的晶格。但该方法的缺点是在不损坏金属消耗材料的前提下,不能将形成在金属衬底表面上的石墨烯转移到其他衬底上。因此,使用这种石墨烯合成方法,不能实现石墨烯的大规模和商业化生产无法在某些器件当中应用,所以该方法在相关领域尚未高度普及。但研究单晶金属衬底上外延生长石墨烯对基础物理的发展是有必要的,例如通过该方法的研究,我们可以分析出金属与石墨烯之间的相互作用关系。

另一种基于石墨烯外延生长的合成方法是热分解碳化硅法[14-17]。在真空或 10~900mbar 的氩气氛,将 6H-SiC(0001)衬底以 2~3℃/s 的速率加热至 1500~2000℃,然后以相同的速度冷却几分钟。该方法简单有效,但如文献[16,17]所示,合成样品的质量很大程度上取决于原始晶体结构的完整程度。首先,这种方法的优点是制得的石墨烯具有良好晶体质量并且合成样品的尺寸与晶体本身的尺寸相当。其次,石墨烯的电学特性的研究必须在绝缘衬底上进行,因此,基于 SiC 的特性,不需要将石墨烯转移到其他衬底上进行研究。但是,由于该方法制备的石墨烯难以转移到最终衬底上,所以该方法所合成的石墨烯不能用来制造以石墨烯为基础的器件。

此外,还有一些其他的化学方法可以获得石墨烯,如用膨胀单壁碳纳米管形成石墨烯带或使用热膨胀石墨法获得石墨烯。这些方法的介绍可以在文献[55-62]中找到。接下来我们将介绍在镍[18-29,63-65]或铜[30-34]的催化衬底上的化学气相沉积法制备石墨烯。

在 2008 年和 2009 年介绍镍衬底上化学气相合成石墨烯方法的论文[20-22]陆续发表,之后对这种方法的研究逐渐开展。2009 年,在铜衬底上化学气相沉积制备石墨烯的方法首次发布[31]。尽管在铜衬底和镍衬底上制备石墨烯的机制明显不同,但因为两者使用相同的设备,所以一般将这两种方法归为一类。

1976 年,人们首次在镍上合成石墨[63]。研究表明,温度为 900℃时,在金属衬底上可以形成厚度为 400Å 的石墨膜。碳原子在金属镍中溶解系数随温度的变化关系如图 5.4(b)所示[64],随后又研究了碳与镍的相容关系随外部因素的变化情况[65]。从图 5.4(a),石墨烯薄膜的形成机制可以看出,在不同压强(从几毫托到大气压强)下,把含碳气体、氢气和氩气的混合物加热到 400℃时,混合物中会分解出碳。在高于650℃的温度下,碳原子会沉积在镍衬底上,温度高于800℃时,它们开始扩散到镍中。在温度达950~1000℃时停止加热冷却至室温,金属晶格由于热收缩将碳原子挤到表面上,由于镍的晶格常数与石墨晶格常数非常接近,在金属表面会形成石墨结构。通过选择一定的合成参数,如镍薄膜的厚度、最大合成温度、合成时间或样品的冷却速度,可以获得很薄的石墨烯膜(几十层甚至单层)。经证明,该合成方法是获得用于光学研究的石墨烯最有效的方法[66-68],并且(从长远来看)该方法获得的石墨烯也可用于制备电子器件[69]。

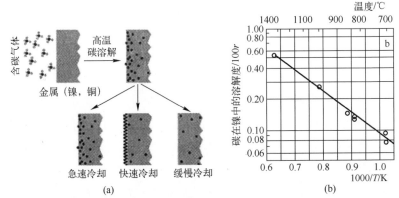

图5.4　(a)石墨烯薄膜在多晶镍表面的形成机理[64]
(b)镍中碳的溶解系数与温度的关系

与镍衬底相比,在多晶铜衬底制备石墨烯薄膜的工艺有所不同[31]。由于碳在铜中的溶解度比在镍中小约1000倍,因此在含碳气体分解以及碳在铜表面上沉积之后,碳在铜中不会发生扩散。随着铜衬底温度的升高,形成石墨烯薄膜的可能性增加,并且其覆盖面积也会有所增加(图5.5)。在这种情况下,由于铜是碳沉积过程中的催化剂,因此不能形成多层石墨烯片[57]。当用单层石墨烯涂覆铜表面时,后续石墨烯层的形成概率也变得非常低。这种方法非常适合于大规模生产石墨烯,Samsung公司正是使用了该方法将石墨烯用于生产透明导电衬底,以便制造出柔性的感应屏。

5.2　石墨烯的线性光谱

5.2.1　光在石墨烯中的共振拉曼散射

众所周知,石墨烯的独特性质是由其层状结构决定的。由于其光学特性,石墨烯可以通过光学吸收光谱(图5.5)和拉曼散射光谱(图5.6)来识别。由于布里渊区点 K 和 K' 附近的电子能量的线性色散关系,光的拉曼散射效应在任何光学激发能量下[70-77]都具有共振特性,这对于分析石墨烯非常有效。

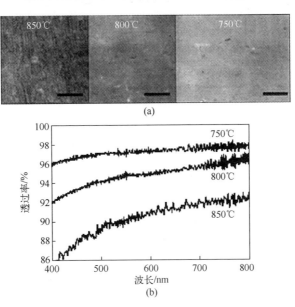

图5.5 (a)在光学显微镜中获得的图像,以及(b)在铜箔上生长的石墨烯膜的相应光学透过光谱(刻度标签对应100μm)。可以看出,衬底温度的升高导致了沉积膜厚度的增加[41]

图5.6显示了利用波长为514.5nm的激光激发的石墨烯和石墨的拉曼散射光谱。石墨烯和石墨的拉曼散射光谱具有两个明显的特征峰:在约1582cm^{-1}处的特征峰G和在2729cm^{-1}处的特征峰2D。G峰的出现是由在布里渊区中心观察到的双重简并"切向"模式的散射造成的。2D峰指的是双声子拉曼散射,其中不仅仅有布里渊区中心的声子。由于布里渊区边界处的声子(具有大波矢量 k)不满足拉曼散射的基本选择规则,因此它们不会出现在理想(无缺陷)石墨的一阶拉曼散射光谱中。这种声子的特征峰为在1350cm^{-1}处的D峰。通过图5.6可以看出,石墨与石墨烯具有不同的2D峰强度和形状。石墨中的2D峰由两部分组成,其强度分别约为G峰强度的1/4和1/2。石墨烯中2D尖峰的强度大约是G峰的4倍。

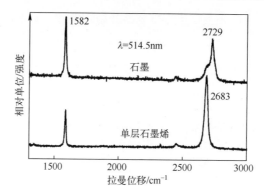

图 5.6　石墨和石墨烯的拉曼散射光谱

图 5.7 展示了在两种不同激发波长下石墨,单层石和双层墨烯拉曼散射光谱的对比图。从光谱可以看出,相对于单层石墨烯,双层石墨烯的 2D 峰具有更

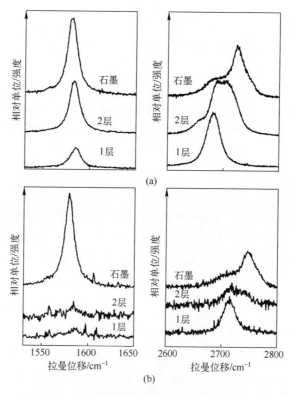

图 5.7　单层和双层石墨烯及石墨的拉曼散射光谱中的 G 峰和 2D 峰波长为(a)514.5nm 及(b)457 nm[77]

宽的半高宽,峰位发生蓝移,且与石墨峰拉曼峰明显不同。因此利用 2D 峰可以确定石墨烯的层数(最多 5 层)[71,75,77]。但对于层数超过 5 层的石墨烯来说,其拉曼散射光谱实际上与块状石墨的拉曼光谱没有差异。这一点可以通过原子力显微镜(AFM)对层数进行测量的方法进行证实(图 5.8)[77]。

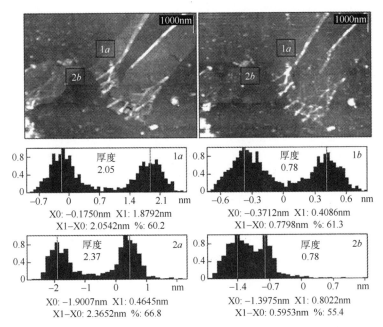

图 5.8 石墨烯的 AFM 图像,(1)借助拉曼散射光谱法表征的单层石墨烯以及在提高探针与样品的相互作用力之后的图像(2)。观察到片层的平均厚度为(1)(2.1±0.3)nm 和(2)(0.7±0.2)nm[77]

拉曼散射光谱法可以识别一层到五层的石墨烯层。但五层以上的石墨烯的拉曼光谱与普通石墨的拉曼散射光谱几乎没有差别。有趣的是,快速分层的石墨在拉曼散射光谱中只有唯一的一个 2D 峰。然而,它的半高宽(50cm^{-1})比石墨烯 2D 峰宽近 2 倍,并出现 20cm^{-1} 的峰位移。因此,拉曼散射光谱是研究石墨烯最合适的光谱方法。拉曼散射光谱既可确认石墨烯的存在,也可对层数少的石墨烯中的层数进行估计(最多 5 层)。

5.2.2 石墨烯宽光谱吸收

本小结将对石墨烯的光吸收的研究进行介绍。应该指出,基于光吸收效应的光谱测量不是用来研究石墨烯的性质,而是用来评价和简单判断石墨烯的结构特征(对石墨烯薄膜厚度进行间接估计)[78-82]。用肉眼观察单层石墨烯厚度是不可能的,但是可以通过,将石墨烯转移到有一定厚度的 SiO_2/Si、$ZnSe/Si$ 或 ZrO_2/Si 衬底上[78,79],或是通过瑞利散射光谱对石墨烯厚度进行测量[80]。

石墨烯的光学性质由其能带结构决定。由于石墨烯没有禁带,而电子能量与波矢 k 呈线性相关,因此石墨烯可以吸收任何能量的光。由于石墨烯中的电子传播速度很快,它们与光的相互作用可以用通用的吸收系数 $\alpha = e^2/\hbar c \approx 1/137$ 表示,并且与其他材料参数无关。文献[81]从理论和实验上证实,单层石墨烯的吸收系数是 $\alpha \approx 2.3\%$。随着石墨烯层数的增加,光吸收量也增加,即每层吸收了2.3%的入射强度。因此,通过吸收光谱的透过率可以计算石墨烯中原子层的数量。图5.9(a)、(b)展示了单层和双层石墨烯的光学透过吸收光谱[81]。

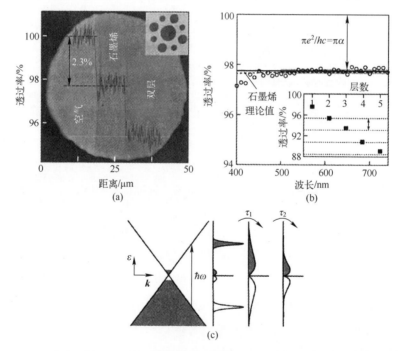

图5.9 (a)含有一层和两层的石墨烯分散液图像。(b)石墨烯透过光谱,理论计算和实验数据。(c)电子弛豫过程示意图:τ_1是带内弛豫,τ_2是带间弛豫[81]

5.3 石墨烯的非线性光学光谱

5.3.1 石墨烯的光饱和吸收

石墨烯具有线性和非线性光学性质。非线性光学性质出现的原因是该材料具有很高的非线性极化率。其与电场强度 E 的关系可以写为：

$$P = P_\text{л} + P_\text{нл} = \varepsilon_0(\chi^{(1)}E + \chi^{(2)}EE + \chi^{(3)}EEE + \chi^{(4)}EEEE + \cdots) \tag{5.1}$$

在石墨烯中观察到的饱和吸收效应[68,83]、谐波振荡效应[84-86]和光频率混合效应[85,87-89]是由高阶非线性($\chi^{(3)}, \cdots, \chi^{(n)}$)引起的。饱和吸收效应是指随着材料上入射光的功率密度增加，光学吸收也发生变化。在大多数材料中，只有在接近材料破坏阈值的强度下才能观察到这种效应。这种光强度一般利用超短激光脉冲才能达到。在足够高的入射光强度下，从基态到高能态的载流子激发过程比逆弛豫过程更快(在半导体中电子从价带移动到导带)。结果是导带被填充，导致吸收饱和或材料透过率增加。石墨烯的非线性吸收与受激载流子的浓度直接相关。考虑到两级系统，非线性饱和吸收

$$\alpha(N) = \frac{\alpha_\text{饱和}}{1 + N/N_\text{饱和}} + \alpha_0 \tag{5.2}$$

式中：$\alpha(N)$ 为吸收系数；N 为诱导载流子(电子和空穴)的浓度；$N_\text{饱和}$ 为载流子饱和浓度(吸收值减少50%所对应饱和阈值 $I_\text{饱和}$ 的浓度)。

为简单起见，载流子浓度可以用公式 $N = \alpha I \tau_{1,2}/(\hbar\omega)$ 表示，其中 ω 是辐射频率，τ 是弛豫时间，τ_1 是带内弛豫，τ_2 是带间弛豫[90]。由于线性色散定律和石墨烯中不存在禁带的原因，因此石墨烯可以吸收任何能量的量子。在吸收频率为 ω 的短激光脉冲时，在导带和价带中分别产生了非平衡分布的电子和空穴(图5.9(c))，分别以 $E = \pm\hbar\omega/2$ 的能量分布于能量中心的两侧。根据泡利不相容原理，两个或更多电子不能同时处于一种能量状态，因此石墨烯的吸收值会在电子弛豫时间内降低。

5.3.2 宽光谱范围内的泵浦-探针光谱

飞秒激光泵浦-探针(探测)光谱是研究饱和吸收效应很有效的方法。该方

法不仅可以测量饱和阈值的大小,而且可以揭示非线性吸收的机制。借助泵浦-探针光谱调整和激发辐射的各个参数,可以实时观察在飞秒脉冲激发之后的快速流动的载流子弛豫的动态过程。该方法的飞秒时间分辨率可以监测到激发电子(空穴)的瞬时分布,并记录下因电子-电子和电子-声子相互作用而在电子体系中产生的能量传递过程。因此,可以利用泵浦-探针光谱法获得石墨烯基材料与激光辐射相互作用时超快速吸收变化过程的完整图像。

文献[91]就利用泵浦-探针光谱法对石墨烯饱和吸收效应进行了研究,并将其用于激光器超短脉冲的自锁模机制的研究中[92,93]。

5.3.3 石墨烯中的光激发载流子动力学

目前,研究石墨烯光激发载流子的动力学是一项迫切的任务。尽管近年来人们越来越关注石墨烯和石墨薄膜中载流子动力学的实验研究及理论研究,然而决定石墨烯超快速光学非线性动力学的物理机制尚不清楚。在所有的石墨烯研究中,均出现两个具有不同特征时间的动力学阶段。在几百飞秒内,飞秒脉冲诱导的光学增亮过程,被慢弛豫过程所取代。通常认为,弛豫过程的第一阶段是由带内激发载流子相互作用引起,而该过程的第二阶段则是电子-声子相互作用。然而,这仅仅是对弛豫过程的概括性描述,没有考虑各种弛豫通道所起的作用。在之前研究石墨烯光激发载流子动力学的论文[90,94,96]中,电子和光学声子及电子和声学声子相互作用的弛豫通道被重点研究,而导带内的电子库仑散射过程却没有进行分析。在这些通道中有俄歇复合和碰撞电离效应,会对在石墨烯的载流子动力学中起重要作用(特别是在高强度光学泵浦下)。

我们通过泵浦-探针光谱法研究了不同厚度的石墨烯的光吸收变化(ΔA)。该研究由两部分组成:分别是石墨烯的泵浦光子能量小于探针光子能量,($\lambda_{pump} > \lambda_{probe}$),以及泵浦光子能量大于探针光子能量($\lambda_{pump} < \lambda_{probe}$)。实验所需石墨烯样品共四个,其中两个是利用化学气相沉积法制备的CVD样品,另外两个是由直流等离子体增强化学气相沉积法制备的PECVD样品。

在飞秒激光激发下,石墨烯的吸光度发生了很大变化。重要的是,无论探针光子能量相对于泵浦光子能量高还是低,在蓝移和红移探针上都观察到了石墨烯吸光度的光诱导变化。图5.10展示了层数分别为5和层15层的石墨烯利用泵浦和探针激发获得的ΔA。图中展示了ΔA与泵浦和探针脉冲之间的延迟时

第 5 章 石墨烯的光学性质

间以及探针波长的关系。为了提供最佳信号,图 5.10 中泵浦光束的强度和波长在样品之间略有不同。由图中数据可知,光激发引起负吸光度变化,也就是说,所有样品的石墨烯透明度都迅速增加。值得注意的是,我们没有观察到 ΔA 随泵浦和探针脉冲之间的时间延迟而增加的现象。这种行为表明,石墨烯样品的掺杂在载流子动力学中不发挥重要作用[96-98]。

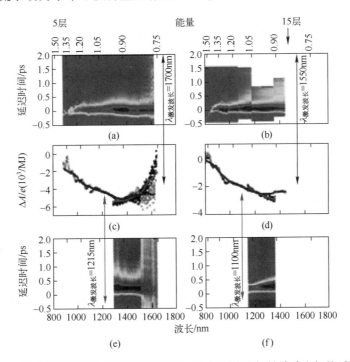

图 5.10 两个不同厚度的多层石墨烯样品,ΔA 与泵浦和探针脉冲之间的延迟时间以及探针波长的关系[91]。可以看出,吸收变化值与石墨烯层的数量成比例。
(a)(b)(f)指出了吸收值与波长,以及泵浦和探针脉冲的函数关系。所获得的
(a)(b)(f)的数据分别用于比较探测更长波长和更短波长的泵浦。
(c)(d)展示了在零延迟时,探针辐射相对于泵浦的吸收变化的关系

图 5.10(b)显示了在泵浦脉冲和探针脉冲之间零延迟时所得到的吸收诱导变化的光谱[91]。可以看出,样品所记录的 ΔA 值在(1300±100)nm 区域内所得到的最小值与激发波长无关。这些光谱特征表明,导带(价带)中激发电子(空穴)的最大准平衡能量为 1eV。而且正如 5.10(a),(b)所展示的一样,分布最大值的位置在 1ps 内保持不变。没有载流子的带内能量重新分布,

可以假设，在亚皮秒时间范围内，电子-空穴复合是激发态的主要弛豫通道。

在图 5.11 显示了在泵浦波长为 1100nm（$\lambda_{pump}<\lambda_{probe}$）和 1700nm（$\lambda_{pump}>\lambda_{probe}$）泵浦，探针波长为 1300 nm 处获得的 5 层和 39 层的石墨烯样品的 ΔA 值与泵浦能量密度的关系。两者都表现为线性关系，并且 ΔA 在 $\lambda_{pump}>\lambda_{probe}$，$\lambda_{pump}<\lambda_{probe}$ 时近似相等，与激发载流子 n_0 的能量密度成比例。有趣的是，所获得能量密度斜率与所研究石墨烯的层数成正比[94]。因此，这些关系可以作为确定石墨烯样品厚度的补充方法，同时可以用来验证石墨烯样品的均匀性。

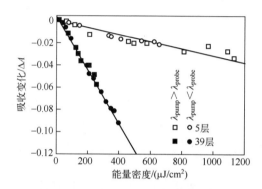

图 5.11 在 $\lambda_{pump}<\lambda_{probe}$（■，●）和 $\lambda_{pump}>\lambda_{probe}$（□，○）时，在探针波长 1300nm 处获得的 5 层（□，■）和 39 层（○，●）石墨烯样品的 ΔA 值与泵浦能量密度之间的关系

不同厚度的石墨烯样品的 ΔA 的时间曲线如图 5.12 所示。为了比较在不同实验条件下获得的特征衰减时间，我们对归一化数据进行了双指数拟合，并且用近似公式表示：$\Delta A = A_1 e^{-x/\tau_1} + A_2 e^{-x/\tau_2}$，其中 τ_1 和 τ_2 是特征衰减时间。以这种方式确定的所有样品的诱导吸收变化的特征衰减时间是 $\tau_1 = (250\pm30)$ fs，$\tau_2 = (2400\pm400)$ fs。与此同时，在实验中没有发现特征衰减时间与泵浦波长或样品厚度有明显的关系。

5.3.4 泵浦-探针光谱法 $\lambda_{pump}<\lambda_{probe}$ 时的动力学机制

利用石墨烯的能带结构特点可以很好的解释在 $\lambda_{pump}<\lambda_{probe}$ 情况下，石墨烯光吸收变化。由于石墨烯的带隙为零或非常窄，整个吸收的光子能量 $\hbar\omega_{pump}$ 转换为光激发载流子的动能，这就是石墨烯在探针光子能量较高时，泵浦诱导的吸光度变化原因。吸收的泵浦光子可以产生具有最大可能动能的电子空穴对。即

第 5 章 石墨烯的光学性质

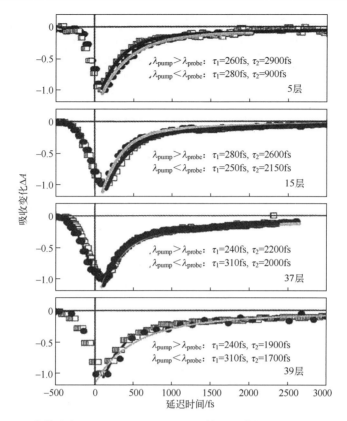

图 5.12 四个样品在 ($\lambda_{pump}<\lambda_{probe}$, $\lambda_{pump}>\lambda_{probe}$) 情况下获得的延迟时间与 ΔA 关系

在单光子吸收的情况下,每个被吸收的光子在导带中会产生能量为 $1/2\hbar\omega_{pump}$ 的电子,在价带中产生能量为 $-1/2\hbar\omega_{pump}$ 的空穴。由于光激发载流子的弹性相互作用产生能量传递,导带的能级被填充多于或少于 $1/2\hbar\omega_{pump}$ 的能量。同时,电子(空穴)可以接收的最大能量由泵浦光子能量决定,最大不能超过 $\hbar\omega_{pump}$。由于电子散射的概率与被传递的脉冲值成反比,因此在能量达到 $\hbar\omega_{pump}$ 后,受激电子的浓度单调递减。因为石墨烯的特殊能带结构,所以石墨烯表现为实验中观察到的探针光子的吸收"阻塞"(直到波长达到 $\lambda/2(2\hbar\omega_{pump})$)。同时,变化的幅度随着波长的减小而减小。载流子的带内热化过程可以用以下公式来表示:

$$n_0 = \int_0^\infty D(\varepsilon)f(\varepsilon)\mathrm{d}\varepsilon \qquad (5.3)$$

式中:n_0 为石墨烯中光激发载流子的浓度;$f(\varepsilon)=\{1+\exp[(\varepsilon-\mu)k_B T]\}^{-1}$、$D(\varepsilon)=2\varepsilon/\pi\hbar v_F^2$ 分别为电子占据概率和能量为 ε 的态密度;μ 为化学势;T 为温

度;v_F 为石墨烯内的费米速度。

式(5.3)是由温度和化学势决定的光激载流子浓度的函数,载流子决定着吸收变化值 ΔA 的大小。在探测光子能量为 $\hbar\omega_{pump}$ 的条件下,泵浦诱导的吸光度变化 ΔA 可以用以下公式表示[83]:

$$\Delta A = \pi\alpha\left[f\left(-\frac{\hbar\omega_{probe}}{2}\right) - f\left(-\frac{\hbar\omega_{probe}}{2}-1\right)\right] \quad (5.4)$$

式中:$\alpha = \pi e^2/(\hbar c)$ 为精细结构常数。

由于载流子的化学势和温度与探测光子波长无关,因此从式(5.4)可以得出结论,ΔA 是探测光子能量($\hbar\omega_{probe}$)的单调函数。然而,实验获得的 ΔA 与探测辐射波长的关系表明,在 1300nm 区域存在变化的最大值。这些光谱特征意味着不仅有带内的电子-电子散射参与了载流子能级浓度分布,在带间也存在类似的过程。

在这些能够影响载流子浓度分布的带间过程中,非常重要的是由光激发载流子的库仑相互作用引起的俄歇过程。其中,俄歇复合和碰撞电离都能够影响导带中产生的载流子浓度。在俄歇复合过程中,导带中两个相互作用的电子被转换成价带中的电子和导带的高能级电子。因此,俄歇复合过程导致导带中受激发("热")载流子浓度的降低,并使其能量分布变宽。在碰撞电离的逆过程中,位于导带高能级的电子转移到较低的能级,与此同时将能量转移到从价带到导带的另一个受激发电子。碰撞电离导致导带的受激发载流子浓度增加。

理论研究表明[97,98],石墨烯的俄歇复合和碰撞电离的效果主要取决于受激发载流子的浓度(光泵浦功率)。当载流子浓度超过 $10^{-12}\mathrm{cm}^{-3}$ 时,在泵浦脉冲到达后的数十飞秒内俄歇过程主要是碰撞电离。然而,如果延迟时间更长,那么更可能是俄歇复合过程,并由此产生导带的高能级填充。

由于上述泵浦-探针光谱法所做的实验中时间分辨率受到 Ti:sapphire 激光器脉冲持续时间的限制,并且在延迟时间小于 150fs 的情况下监测不到光激发载流子。在较短的延迟时间内,主要发生碰撞电离过程。然而,根据文献[96],在实验中延迟时间较长时,俄歇复合过程对载流子动力学的影响更大。因此,在 $\lambda_{pump} > \lambda_{probe}$ 下得到的 ΔA 光谱(图 5.12),反映了电子密度 n 在较高能级上的瞬时分布($E > \frac{1}{2}\hbar\omega_{pump}$)。与此同时,$n(t)$ 的值由俄歇复合过程所引起的浓度增长速度 $(dn/dt)_{Ar} = \gamma_1 n_{02}$ 和碰撞电离及电子-声子相互作用后浓度降低 $(dn/dt)_{ii} +$

$(dn/dt)_{ph}=\gamma_2 n_0 n+\gamma_3 n$ 的比值所决定。这里 γ_1 是俄歇复合过程的比率，γ_2 是碰撞电离过程的比率，而 γ_3 是其他可以使浓度降低的过程的比率(包括电子-声子相互作用)。因此，对应更短的探测波长的光吸收变化可以用以下形式表示：

$$A \propto \frac{\gamma_1 n_0}{\gamma_2 n_0 + \gamma_3} \tag{5.5}$$

由于在载流子能量接近 $\hbar\omega_{pump}$ 的过程中，γ_1 和 γ_2 减小，所以根据式(5.5)，在 $\omega_{probe}=2\omega_{pump}$ 时，吸收变化值 ΔA 趋于 0。同时，在探测波长远大于泵浦波长时，吸收变化随之变小。因此，可以预测，在一定的能量密度下，吸收的变化具有最大值，其位置可以用式(5.5)确定。从式(5.5)可以得出，当 $\gamma_2 n_0 > \gamma_3$ 时，吸收变化与激发能量密度呈线性相关。

上述机制与实验获得的所有四个测试样品的数据一致，因此证实了俄歇过程对石墨烯诱导吸收超快速减少的光谱特征和时间特征都有显著影响。对所述实验及其结果的分析证实了石墨烯在激光领域的应用前景，并且还提供了控制石墨烯中光激载发流子动力学的可能性(例如，通过抑制俄歇复合过程来控制)。

结语

（1）利用具有飞秒时间分辨率的泵浦-探针光谱法研究了泵浦波长1100~1800nm 范围和探测波长 900~1700nm 范围内的不同厚度的石墨烯的非线性光学性质。

（2）研究了不同厚度(5层、15层、37层、39层)石墨烯样品的光吸收变化光谱。

（3）对比了在同一探测波长下，不同泵浦波长诱导光吸收变化。

（4）确定了在研究的光谱范围内及在不同的激发波长下，ΔA 的变化特征时间。已经确定，无论所研究的样品如何，特征衰减时间都是 $\tau_1 = 200\sim300\text{fs}$ 和 $\tau_2 = 2000\sim3000\text{fs}$，与泵浦波长没有明显的关系。

（5）光吸收变化的幅度与泵浦脉冲的能量密度和样品厚度成比例。

（6）研究表明，由受激发载流子的库仑相互作用所引起的俄歇过程对载流子的动力学以及飞秒激光辐射激发石墨烯时产生的吸收变化的光谱特征具有显著影响。

（7）用泵浦-探针光谱法所研究的石墨烯的性质，特别是饱和吸收效应，已经可以用于自锁模激光器件的研究中。

参考文献

[1] *Boehm H.P., Clauss A., Fischer G., Hofmann U.* Surface properties of extremely thin graphite lamellae // Proc. Fifth Conf. on Carbon. London: Pergamon Press, 1962. P. 73.

[2] *Boehm H.P., Clauss A., Fischer G.O., Hofmann U.* Dunnste kohlenstofffolien // Z. Naturforsch. B. 1962. Vol. 17. P. 150.

[3] *Eizenberg M., Blakely J.M.* Carbon monolayer phase condensation on Ni(111) // Surf. Sci. 1979. Vol. 82, N 1. P. 228–236.

[4] *Aizawa T., Souda R., Otani S., Ishizawa Y., Oshima C.* Anomalous bond of monolayer graphite on transition-metal carbide surfaces // Phys. Rev. Lett. 1990. Vol. 64. P. 768–771.

[5] *van Bommel A.J., Crombeen J.E., van Tooren A.* LEED and Auger electron observations of the SiC(0001) surface // Surf. Sci. 1975. Vol. 48, N 2. P. 463–472.

[6] *Forbeaux I., Themlin J.-M., Debever J.-M.* Heteroepitaxial graphite on 6H-SiC(0001): Interface formation through conduction-band electronic structure // Phys. Rev. B. 1998. Vol. 58. P. 16396–16406.

[7] *Jang B.Z., Zhamu A.* Processing of nanographene platelets (NGPs) and NGP nanocomposites: A review // J. Mater. Sci. 2008. Vol. 43. P. 5092–5101.

[8] *Novoselov K.S., Geim A.K., Morozov S.V., Jiang D., Zhang Y., Dubonos S.V., Grigorieva I.V., Firsov A.A.* Electric field effect in atomically thin carbon films // Science. 2004. Vol. 306. P. 666–669.

[9] *Novoselov K.S., Jiang D., Schedin F., Booth T.J., Khotkevich V.V., Morozov S.V., Geim A.K.* Two-dimensional atomic crystals // Proc. Natl. Acad. Sci. USA. 2005. Vol. 102, N 30. P. 10451–10453.

[10] *Meyer J.C., Geim A.K., Katsnelson M.I., Novoselov K.S., Booth T.J., Roth S.* The structure of suspended graphene sheets // Nature. 2007. Vol. 446. P. 60–63.

[11] *Loh K.P., Bao Q., Ang P.K., Yang J.* The chemistry of graphene // J. Mater. Chem. 2010. Vol. 20. P. 2277–2289.

[12] *Compton O.C., Nguyen S.T.* Graphene oxide, highly reduced graphene oxide, and graphene: Versatile building blocks for carbon-based materials // Small. 2010. Vol. 6, Iss. 6. P. 711–723.

[13] *Marchini S., Gunther S., Wintterlin J.* Scanning tunneling microscopy of graphene on Ru(0001) // Phys. Rev. B. 2007. Vol. 76. P. 075429(1-9).

[14] *Rollings E., Gweon G., Zhou S., Mun B., Mcchesney J., Hussain B., Fedorov A., First P., Deheer W., Lanzara A.* Synthesis and characterization of atomically thin graphite films on a silicon carbide substrate // J. Phys. Chem. Solids. 2006. Vol. 67, N 9-10. P. 2172–2177.

[15] *Biedermann L.B., Bolen M.L., Capano M.A., Zemlyanov D., Reifenberger R.G.* Insights into few-layer epitaxial graphene growth on 4H-SiC(0001) substrates from STM studies // Phys. Rev. B. 2009. Vol. 79. P. 125411.

[16] *Berger C., Song Z., Li X., Wu X., Brown N., Naud C., Mayou D., Li T., Hass J., Marchenkov A.N., Conrad E.H., First P.N., de Heer W.A.* Electronic confinement and coherence in patterned epitaxial graphene // Science. 2006. Vol. 312, Iss. 5777. P. 1191–1196.

[17] *Emtsev K.V., Bostwick A., Horn K., Jobst J., Kellogg G.L., Ley L., McChesney J.L., Ohta T., Reshanov S.A., Rohrl J., Rotenberg E., Schmid A.K., Waldmann D., Weber H.B., Seyller T.* Towards wafer-size graphene layers by atmospheric pressure graphitization of silicon carbide // Nat. Mater. 2009. Vol. 8. P. 203–207.

[18] *Johansson A.-S., Lu J., Carlsson J.-O.* TEM investigation of CVD graphite on nickel // Thin Solid Films. 1994. Vol. 252, N 1. P. 19–25.

[19] *Obraztsov A.N., Obraztsova E.A., Tyurnina A.V., Zolotukhin A.A.* Chemical vapor deposition of thin graphite films of nanometer thickness // Carbon. 2007. Vol. 45, N 10. P. 2017–2021.

[20] *Yu Q., Lian J., Siriponglert S., Li H., Chen Y.P., Pei S.-S.* Graphene segregated on Ni surfaces and transferred to insulators //Appl. Phys. Lett. 2008. Vol. 93. P. 113103(1-3).

[21] *Reina A., Jia X., Ho J., Nezich D., Son H., Bulovic V., Dresselhaus M.S., Kong J.* Large area, few-layer graphene films on arbitrary substrates by chemical vapor deposition // Nano Lett. 2009. Vol. 9, N 1. P. 30–35.

[22] *Kim K.S., Zhao Y., Jang H., Lee S.Y., Kim J.M., Kim K.S., Ahn J.-H., Kim P., Choi J.-Y., Hong B.H.* Large-scale pattern growth of graphene films for stretchable transparent electrodes // Nature. 2009. Vol. 457. P. 706–710.

[23] *Cao H., Yu Q., Colby R., Pandey D., Park C.S., Lian J., Zemlyanov D., Childres I., Drachev V., Stach E.A., Hussain M., Li H., Pei S.S., Chen Y.P.* Large-scale graphitic thin films synthesized on Ni and transferred to insulators: Structural and electronic properties // J. Appl. Phys. 2010. Vol. 107. P. 044310(1-7).

[24] *Усачёв Д.Ю., Добротворский А.М., Шикин А.М., Адамчук В.К., Варыхалов А.Ю., Rader O., Gudat W.* Морфология графена на поверхностях монокристалла Ni. Экспериментальное и теоретическое исследование // Изв. РАН. Сер. физ. 2009. Т. 73, № 5. С. 719–722.

[25] *Usachov D., Dobrotvorskii A.M., Varykhalov A., Rader O., Gudat W.,*

Shikin A.M., Adamchuk V.K. Experimental and theoretical study of the morphology of commensurate and incommensurate graphene layers on Ni single-crystal surfaces // Phys. Rev. B. 2008. Vol. 78. P. 085403(1-9).

[26] *Dedkov Yu.S., Fonin M., Rudiger U., Laubschat C.* Graphene-protected iron layer on Ni(111) // Appl. Phys. Lett. 2008. Vol. 93. P. 022509.

[27] *Rybin M.G., Pozharov A.S., Obraztsova E.D.* Control of number of graphene layers grown by chemical vapor deposition // Phys. Status Solidi C. 2010. Vol. 7. P. 2785–2788.

[28] *Rybin M., Garrigues M., Pozharov A., Obraztsova E., Seassal C., Viktorovitch P.* Photonic crystal enhanced absorbance of CVD graphene // Carbon Nanostructures / Ed. by L. Ottaviano, V. Morandi. Springer, 2012. P. 195–202.

[29] *Rybin M.G., Pozharov A.S., Chevalier C., Garrigues M., Seassal C., Peretti R., Jamois C., Viktorovitch P., Obraztsova E.* Enhanced optical absorbance of CVD-graphene monolayer by combination with photonic crystal slab // Phys. Status Solidi B. 2012. Vol. 249. P. 2530–2533.

[30] *Bae S., Kim H., Lee Y., Xu X., Park J.-S., Zheng Y., Balakrishnan J., Lei T., Kim H.R., Song Y.I., Kim Y.-J., Kim K.S., Ozyilmaz B., Ahn J.-H., Hong B.H., Iijima S.* Roll-to-roll production of 30-inch graphene films for transparent electrodes // Nat. Nanotech. 2010. Vol. 5. P. 574–578.

[31] *Li X., Cai W., An J., Kim S., Nah J., Yang D., Piner R., Velamakanni A., Jung I., Tutuc E., Banerjee S.K., Colombo L., Ruoff R.S.* Large-area synthesis of high-quality and uniform graphene films on copper foils // Science. 2009. Vol. 324. P. 1312–1314.

[32] *Li X., Zhu Y., Cai W., Borysiak M., Han B., Chen D., Piner R.D., Colombo L., Ruoff R.S.* Transfer of large-area graphene films for high-performance transparent conductive electrodes // Nano Lett. 2009. Vol. 9, N 12. P. 4359–4363.

[33] *Mattevi C., Kim H., Chhowalla M.* A review of chemical vapour deposition of graphene on copper // J. Mater. Chem. 2011. Vol. 21. P. 3324–3334.

[34] *Rusakov P.S., Kondrashov I.I., Rybin M.G., Pozharov A.S., Obraztsova E.D.* Chemical vapor deposition of graphene on copper foils // J. Nanoelectron. Optoelectron. 2013. Vol. 8. P. 78–81.

[35] *Stankovich S., Piner R.D., Nguyen S.T., Ruoff R.S.* Synthesis and exfoliation of isocyanate-treated graphene oxide nanoplatelets // Carbon. 2006. Vol. 44. P. 3342–3347.

[36] *Dikin D.A., Stankovich S., Zimney E.J., Piner R.D., Dommett G.H.B., Evmenenko G., Nguyen S.T., Ruoff R.S.* Preparation and characterization of graphene oxide paper // Nature. 2007. Vol. 448. P. 457–460.

[37] *Gilje S., Han S., Wang M., Wang K.L., Kaner R.B.* A chemical route

to graphene for device applications // Nano Lett. 2007. Vol. 7, N 11. P. 3394–3398.

[38] *Грайфер Е.Д., Макотченко В.Г., Назаров А.С., Ким С.-Дж., Федоров В.Е.* Графен: химические подходы к синтезу и модификации // Усп. хим. 2011. Т. 80, № 8. С. 784–804.

[39] *Hernandez Y., Nicolosi V., Lotya M., Blighe F.M., Sun Z., De S., McGovern I.T., Holland B., Byrne M., Gun'ko Y.K., Boland J.J., Niraj P., Duesberg G., Krishnamurthy S., Goodhue R., Hutchison J., Scardaci V., Ferrari A.C., Coleman J.N.* High-yield production of graphene by liquid-phase exfoliation of graphite // Nat. Nanotech. 2008. Vol. 3. P. 563–568.

[40] *Hamilton C.E., Lomeda J.R., Sun Z., Tour J.M., Barron A.R.* High-yield organic dispersions of unfunctionalized graphene // Nano Lett. 2009. Vol. 9, N 10. P. 3460–3462.

[41] *Wang J., Hernandez Y., Lotya M., Coleman J.N., Blau W.J.* Broadband nonlinear optical response of graphene dispersions // Adv. Mater. 2009. Vol. 21, N 23. P. 2430–2435.

[42] *Furtado C.A., Kim U.J., Gutierrez H.R., Pan L., Dickey E.C., Eklund P.C.* Debundling and dissolution of single-walled carbon nanotubes in amide solvents // J. Am. Chem. Soc. 2004. Vol. 126, N 19. P. 6095–6105.

[43] *Bachilo S.M., Strano M.S., Kittrell C., Hauge R.H., Smalley R.E., Weisman R.B.* Structure-assigned optical spectra of single-walled carbon nanotubes // Science. 2002. Vol. 298. P. 2361–2366.

[44] *Landi B.J., Ruf H.J., Worman J.J., Raffaelle R.P.* Effects of alkyl amide solvents on the dispersion of single-wall carbon nanotubes // J. Phys. Chem. B. 2004. Vol. 108, N 44. P. 17089–17095.

[45] *van Gastel R., N'Diaye A.T., Wall D., Coraux J., Busse C., Buckanie N.M., Meyer zu Heringdorf F.-J., Horn von Hoegen M., Michely T., Poelsema B.* Selecting a single orientation for millimeter sized graphene sheets // Appl. Phys. Lett. 2009. Vol. 95. P. 121901(1-3).

[46] *Sutter P.W., Flege J.-I., Sutter E.A.* Epitaxial graphene on ruthenium // Nature Mater. 2008. Vol. 7. P. 406–411.

[47] *Pan Y., Zhang H., Shi D., Sun J., Du S., Liu F., Gao H.-J.* Highly ordered, millimeter-scale, continuous, single-crystalline graphene monolayer formed on Ru (0001) // Adv. Mater. 2009. Vol. 21. P. 2777–2780.

[48] *Coraux J., N'Diaye A.T., Busse C., Michely T.* Structural coherency of graphene on Ir(111) // Nano Lett. 2008. Vol. 8, N 2. P. 565–570.

[49] *N'Diaye A.T., Coraux J., Plasa T.N., Busse C., Michely T.* Structure of epitaxial graphene on Ir(111) // New J. Phys. 2008. Vol. 10. P. 043033.

[50] *Land T.A., Michely T., Behm R.J., Hemminger J.C., Comsa G.* STM investigation of single layer graphite structures produced on Pt(111) by hydro-

carbon decomposition // Surf. Sci. 1992. Vol. 264, N 3. P. 261–270.

[51] *Sutter P., Sadowski J.T., Sutter E.* Graphene on Pt(111): Growth and substrate interaction // Phys. Rev. B. 2009. Vol. 80. P. 245411(1-10).

[52] *Gao M., Pan Y., Huang L., Hu H., Zhang L.Z., Guo H.M., Du S.X., Gao H.-J.* Epitaxial growth and structural property of graphene on Pt(111) // Appl. Phys. Lett. 2011. Vol. 98. P. 033101(1-3).

[53] *Kwon S.-Y., Kodambaka S., Ciobanu C.V., Petrova V., Bareño J., Petrov I., Shenoy V.B., Gambin V.* Growth of semiconducting graphene on palladium // Nano Lett. 2009. Vol. 9, N 12. P. 3985–3990.

[54] *Murata Y., Starodub E., Kappes B.B., Ciobanu C.V., Bartelt N.C., McCarty K.F., Kodambaka S.* Orientation-dependent work function of graphene on Pd(111) // Appl. Phys. Lett. 2010. Vol. 97. P. 143114(1-3).

[55] *Stankovich S., Dikin D.A., Dommett G.H.B., Kohlhaas K.M., Zimney E.J., Stach E.A., Piner R.D., Nguyen S.T., Ruoff R.S.* Graphene-based composite materials // Nature. 2006. Vol. 442. P. 282–286.

[56] *Ramanathan T., Abdala A.A., Stankovich S., Dikin D.A., Herrera-Alonso M., Piner R.D., Adamson D.H., Schniepp H.C., Chen X., Ruoff R.S., Nguyen S.T., Aksay I.A., Prud'Homme R.K., Brinson L.C.* Functionalized graphene sheets for polymer nanocomposites // Nat. Nanotech. 2008. Vol. 3. P. 327–331.

[57] *Wang X., Zhi L., Mullen K.* Transparent, conductive graphene electrodes for dye-sensitized solar cells // Nano Lett. 2008. Vol. 8, N 1. P. 323–327.

[58] *Kosynkin D.V., Higginbotham A.L., Sinitskii A., Lomeda J.R., Dimiev A., Price B.K., Tour J.M.* Longitudinal unzipping of carbon nanotubes to form graphene nanoribbons // Nature. 2009. Vol. 458. P. 872–876.

[59] *Jiao L., Zhang L., Wang X., Diankov G., Dai H.* Narrow graphene nanoribbons from carbon nanotubes // Nature. 2009. Vol. 458. P. 877–880.

[60] *Worsley K.A., Ramesh P., Mandal S.K., Niyogi S., Itkis M.E., Haddon R.C.* Soluble graphene derived from graphite fluoride // Chem. Phys. Lett. 2007. Vol. 445, N 1-3. P. 51–56.

[61] *Choucair M., Thordarson P., Stride J.A.* Gram-scale production of graphene based on solvothermal synthesis and sonication // Nat. Nanotech. 2009. Vol. 4. P. 30–33.

[62] *Елецкий А.В., Искандаров И.М., Книжник А.А., Красиков Д.Н.* Графен: методы получения и теплофизические свойства // УФН. 2011. Т. 181, № 3. С. 233–268.

[63] *Bernardo C., Lobo L.S.* Evidence that carbon formation from acetylene on nickel involves bulk diffusion // Carbon. 1976. Vol. 14, N 5. P. 287–288.

[64] *Lander J.J., Kern H.E., Beach A.L.* Solubility and diffusion coefficient of

carbon in nickel: reaction rates of nickel-carbon alloys with barium oxide // J. Appl. Phys. 1952. Vol. 23. P. 1305.

[65] *Singleton M., Nash P.* The C–Ni (carbon–nickel) system // J. Phase Equilib. 1989. Vol. 10, N 2. P. 121–126.

[66] *Bao B.Q., Zhang H., Wang Y., Ni Z., Yan Y., Shen Z.X., Loh K.P., Tang D.Y.* Atomic layer graphene as saturable absorber for ultrafast pulsed lasers // Adv. Func. Mater. 2009. Vol. 19. P. 3077–3083.

[67] *Sun Z., Hasan T., Torrisi F., Popa D., Privitera G., Wang F., Bonaccorso F., Basko D.M., Ferrari A.C.* Graphene mode-locked ultrafast laser // ACS Nano. 2010. Vol. 4. P. 803–810.

[68] *Сороченко В.Р., Образцова Е.Д., Русаков П.С., Рыбин М.Г.* Нелинейное пропускание графеном излучения CO_2-лазера // Квантовая электроника. 2012. Т. 42, № 10. С. 907–912.

[69] *Kleshch V.I., Bandurin D.A., Orekhov A.S., Purcell S.T., Obraztsov A.N.* Edge field emission of large-area single layer grapheme // Appl. Surf. Sci. B. 2015. Vol. 357. P. 1967–1974.

[70] *Gupta A., Chen G., Joshi P., Tadigadapa S., Eklund P.C.* Raman scattering from high-frequency phonons in supported n-graphene layer films // Nano Lett. 2006. Vol. 6, N 12. P. 2667–2673.

[71] *Ferrari A.C., Meyer J.C., Scardaci V., Casiraghi C., Lazzeri M., Mauri F., Piscanec S., Jiang D., Novoselov K.S., Roth S., Geim A.K.* Raman spectrum of graphene and graphene layers // Phys. Rev. Lett. 2006. Vol. 97. P. 187401(1-4).

[72] *Das A., Chakraborty B., Sood A.K.* Raman spectroscopy of graphene on different substrates and influence of defects // Bull. Mater. Sci. 2008. Vol. 31, N 3. P. 579–584.

[73] *Casiraghi C., Pisana S., Novoselov K.S., Geim A.K., Ferrari A.C.* Raman fingerprint of charged impurities in graphene // Appl. Phys. Lett. 2007. Vol. 91. P. 233108.

[74] *Ni Z., Wang Y., Yu T., Shen Z.* Raman spectroscopy and imaging of graphene // Nano Res. 2008. Vol. 1, Iss. 4. P. 273–291.

[75] *Graf D., Molitor F., Ensslin K., Stampfer C., Jungen A., Hierold C., Wirtz L.* Spatially resolved Raman spectroscopy of single- and few-layer graphene // Nano Lett. 2007. Vol. 7, N 2. P. 238–242.

[76] *Malard L.M., Nilsson J., Elias D.C., Brant J.C., Plentz F., Alves E.S., Castro Neto A.H., Pimenta M.A.* Probing the electronic structure of bilayer graphene by Raman scattering // Phys. Rev. B. 2007. Vol. 76. P. 201401.

[77] *Obraztsova E.A., Osadchy A.V., Obraztsova E.D., Lefrant S., Yaminsky I.V.* Statistical analysis of atomic force microscopy and Raman spectroscopy data for estimation of graphene layer numbers // Phys. Status Solidi B. 2008. Vol. 245, N 10. P. 2055–2059.

[78] *Ni Z.H., Wang H.M., Kasim J., Fan H.M., Yu T., Wu Y.H., Feng Y.P., Shen Z.X.* Graphene thickness determination using reflection and contrast spectroscopy // Nano Lett. 2007. Vol. 7. P. 2758–2763.

[79] *Rybin M.G., Kolmychek P.K., Obraztsova E.D., Ezhov A.A., Svirko O.A.* Formation and identification of graphene // J. Nanoelectron. Optoelectron. 2009. Vol. 4. P. 239–242.

[80] *Casiraghi C., Hartschuh A., Lidorikis E., Qian H., Gokus T., Novoselov K.S., Ferrari A.C.* Rayleigh imaging of graphene and graphene layers // Nano Lett. 2007. Vol. 7. P. 2711–2717.

[81] *Nair R.R., Blake P., Grigorenko A.N., Novoselov K.S., Booth T.J., Strauber T., Oeres N.M.R., Geim A.K.* Fine structure constant defines visual transparency of graphene // Science. 2008. Vol. 320, Iss. 5881. P. 1308.

[82] *Mak K.F., Sfeir M.Y., Wu Y., Lui C.H., Misewich J.A., Heinz T.F.* Measurement of the optical conductivity of graphene // Phys. Rev. Lett. 2008. Vol. 101. P. 196405(1-4).

[83] *Xing G., Guo H., Zhang X., Sum T.C., Huan C.H.A.* The physics of ultrafast saturable absorption in graphene // Opt. Exp. 2010. Vol. 18. P. 4564–4573.

[84] *Dean J.J., van Driel H.M.* Second harmonic generation from graphene and graphitic films // Appl. Phys. Lett. 2009. Vol. 95. P. 261910–261913.

[85] *Bykov A.Y., Murzina T.V., Rybin M.G., Obraztsova E.D.* Second harmonic generation in multilayer graphene induced by direct electric current // Phys. Rev. B. 2012. Vol. 85. P. 121413(R).

[86] *Bykov A.Y., Rusakov P.S., Obraztsova E.D., Murzina T.V.* Probing structural inhomogeneity of graphene layers via nonlinear optical scattering // Opt. Lett. 2013. Vol. 38. P. 4589–4592.

[87] *Mikhailov S.A.* Non-linear electromagnetic response of graphene // Europhys. Lett. 2007. Vol. 79. P. 27002.

[88] *Garmie E.* Resonant optical nonlinearities in semiconductors // IEEE J. Sel. Top. Quant. 2000. Vol. 6. P. 1094–1110.

[89] *Sun D., Wu Z.K., Divin C., Li X., Berger C., de Heer W., First P.N., Norris T.B.* Ultrafast relaxation of excited Dirac fermions in epitaxial graphene using optical differential transmission spectroscopy // Phys. Rev. Lett. 2008. Vol. 101. P. 157402–157406.

[90] *Malic E., Knorr A.* Graphene and Carbon Nanotubes: Ultrafast Optics and Relaxation Dynamics. Weinheim: Wiley, 2013.

[91] *Obraztsov P.A., Rybin M.G., Tyurnina A.V., Garnov S.V., Obraztsova E.D., Obraztsov A.D., Svirko Yu.P.* Broadband light-induced absorbance change in multilayer graphene // Nano Lett. 2011. Vol. 11, N 4. P. 1540–1545.

[92] *Okhrimchuk A.G., Obraztsov P.A.* 11-GHz waveguide Nd:YAG laser CW mode-locked with single-layer grapheme // Sci. Rep. 2015. Vol. 5. P. 11172(1-7).

[93] *Obraztsov P.A., Okhrimchuk A.G., Rybin M.G., Obraztsova E.D., Garnov S.V.* Multi-gigahertz repetition rate ultrafast waveguide lasers mode-locked with graphene saturable absorbers // Laser Phys. 2016. Vol. 26. P. 084008(1-7).

[94] *Newson R.W., Dean J., Schmidt B., van Driel H.M.* Ultrafast carrier kinetics in exfoliated graphene and thin graphite films // Opt. Exp. 2009. Vol. 17. P. 2326–2333.

[95] *Strait P.A., Dawlaty J., Shivaraman S., Chandrashekhar M., Rana F., Spencer M.G.* Ultrafast optical-pump terahertz-probe spectroscopy of the carrier relaxation recombination dynamics in epitaxial graphene // Nano Lett. 2008. Vol. 8. P. 4248–4251.

[96] *Huang L., Hartland G.V., Chu L.Q., Luxmi, Feenstra R.M., Lian C., Tahy K., Xing H.* Ultrafast transient absorption microscopy studies of carrier dynamics in epitaxial graphene // Nano Lett. 2010. Vol. 10. P. 1308–1313.

[97] *Winzer T., Knorr A., Malic E.* Carrier multiplication in graphene // Nano Lett. 2010. Vol. 10. P. 4839–4843.

[98] *Rana F.* Electron-hole generation and recombination rates for Coulomb scattering in graphene // Phys. Rev. B. 2007. Vol. 76. P. 155431.

第6章 碳光子学的新元件和新装置

Т.В. 科诺年科,В.В. 科诺年科,Е.Д. 奥布拉兹措娃

6.1 用于 X 射线辐射的复合金刚石透镜

金刚石具有低 X 射线吸收率、高折射率、超高导热和抗辐射等特性,可用于强 X 射线束的准直和聚焦,因而成为折射光学应用领域备受关注的材料[1]。1996 年,X 射线复合折射透镜结构于 1996 年首次被 Snigirev 等人报道,其在铝板上加工出若干圆孔,通过增加圆孔的数量可使透镜焦距成比例减小,解决了材料在 X 射线光谱范围内折射率低的问题[2]。21 世纪初,人们首次尝试利用金刚石制备复合折射透镜。例如,采用异质沉积的方法将金刚石薄膜沉积到与透镜结构互补的硅衬底上[2-4]。除此之外,还可采用电子束光刻与等离子体化学刻蚀相结合的方法制备金刚石透镜[5]。受限于金刚石薄膜生长技术,金刚石 X 射线复合折射透镜性能仍低于预期水平。采用异质沉积的方法制备的金刚石透镜最大厚度低于 30μm,远小于现有的 X 射线束流孔径。此外,采用异质沉积的方法制备的金刚石透镜薄膜由纳米晶(约 50nm)或小尺寸微晶(1~2μm)组成,这会使 X 射线产生明显散射,还会降低材料的导热性(金刚石一般为 18~20W/(cm·K))[6,7]。相信随着异质沉积工艺的改进,金刚石透镜特性也会明显提升。

精密激光切割技术为金刚石透镜的制备提供了另一种技术方案,即用激光切割单晶金刚石和多晶金刚石片制备复合折射透镜,这样的透镜厚度可达几毫米。利用 300μm 厚的单晶金刚石[8]做的第一批实验发现,激光切割的问题主要是难以获得光滑且竖直的切割孔壁,且金刚石越厚,切割难度越大。金刚石在激光烧蚀作用下不断碳化形成石墨,石墨会吸收激光能量,切割过程中,有效能量密度随切割深度不断下降,辐射量也随之下降,此时激光烧蚀界面会形成倾斜的

第6章 碳光子学的新元件和新装置

切割壁。为了提升切割质量,可使用有低烧蚀阈值的超短(飞秒和皮秒)激光脉冲。经验表明[9],使用高频率重复脉冲(几百千赫)的激光系统是有效的解决方案,该系统可以在几小时内加工出高质量的金刚石透镜。

文献[9]详细介绍了使用精密激光切割设备加工金刚石复合折射透镜的步骤,并对其性质进行研究。文献中采用晶粒尺寸为 80-100μm 的光学多晶金刚石薄膜作为透镜材料,该薄膜是利用甲烷-氢气混合气体($2\%CH_4$)为前驱体,在微波等离子体化学气相沉积系统(ARDIS-100, Opto-Systems Ltd.)中生长的。生长结束后,把直径 57mm 的薄膜与硅衬底分离并切割成片,再通过机械抛光将金刚石片双面的粗糙度降低到 R_a<10nm。并且利用拉曼光谱表征确定薄膜中不含无定形碳。

在 8.5mm×5mm×0.6mm 的金刚石薄片中制备了三组复合折射透镜(图 6.1 所示)。最上面一组透镜(复合折射透镜 1)由三个单元透镜组成,三个单元透镜由抛物线形状的通孔组成(抛物线顶点的曲率半径 R 为 50μm),图中虚线矩形标记出了第一个单元透镜。另外两组透镜(复合折射透镜 2 和复合折射透镜 3)分别由 6 个抛物线形状的单元透镜(抛物线顶点的曲率半径 R 为 200μm)和 14 个抛物线形状的单元透镜(抛物线顶点的曲率半径 R 为 200μm)组成。为了保证透镜的的机械强度,复合折射透镜 1 抛物线顶点之间选择~100 μm 的距离,而另外两个复合折射透镜抛物线顶点之间选择~75μm 的距离。

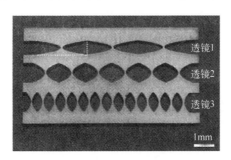

图 6.1 用于 X 射线的具有三组复合折射透镜的多晶金刚石片
(光学显微图像)。虚线表示透镜的单个单元[9]

利用激光切割获得抛物线形状的通孔,步骤如下:首先将金刚石片固定在装有电机的三维移动台上,将激光束通过非球面透镜(F=25mm)聚焦在金刚石片的前侧;然后,控制器 XPS-Q4(Newport)允许激光点以恒定速度(0.1mm/s)沿着设计轨迹在金刚石表面上精确移动。在运动轨迹的设计中考虑了激光切割的宽度(约50μm),以确保在金刚石片上得到图中展示的抛物线形状和尺寸。光斑沿着预定路径经历5次切割循环后,孔便会打通,为了改善孔壁的垂直度,设定光斑再切割循环15次。在加工结束后,用少量丙酮轻轻擦拭金刚石片表面,以去除由于激光烧蚀碳化形成的石墨。没有采用在氧气气氛中退火(600℃)去除石墨的化学蚀刻工艺。

采用光学显微镜和扫描电子显微镜(SEM)研究激光切割表面的形状和形貌变化,用光学表面轮廓仪(ZYGO NewView 5000)测量粗糙度,用共聚焦拉曼光谱仪(LabRam H840, Horiba, 473nm 激光)研究切割表面的拉曼光谱,激光光斑大小为 1μm。复合折射透镜 1 的聚焦特性利用光斑尺寸为 $20\times80\mu m^2$ 的液态金属射流 X 射线源进行测试,并用 Si 掠入射反射镜对光源进行了滤光处理(图 6.2)。透镜到光源的距离(L_1)和透镜到 X 射线 CCD 相机(像素大小为 6.5μm)的距离(L_2)根据薄透镜公式($1/F=1/L_1+1/L_2$)进行选择,其中 $F=97\text{cm}$ 是透镜的估算焦距。

通过测量单元透镜正面(Δ_f)和背面(Δ_r)的相邻抛物线顶点间距,发现总是满足关系 $\Delta_f<\Delta_r$,这说明孔壁并非垂直。可以用简单的几何关系即可计算切割壁的倾斜角度:

$$\alpha = \arctan\left(\frac{\Delta_r - \Delta_f}{2D}\right) \tag{6.1}$$

式中:$D=0.6\text{mm}$ 为金刚石片的厚度。

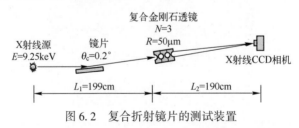

图 6.2 复合折射镜片的测试装置

由 SEM 获得的切割壁图像如图 6.3 所示,切割壁的粗糙度较低,在表面的大部分区域粗糙度都不超过 0.3μm。从拉曼散射光谱可以看出(图 6.4),该区域表面覆盖了一层极薄的石墨层(1580cm^{-1} 处 G 峰较弱),透过石墨层可以观察到原始金刚石的强大拉曼散射(1332cm^{-1} 处的窄峰)。只有在金刚石片背面附近的小区域切割壁上发现了平行沟槽的形貌(图 6.3b)。拉曼光谱显示,这些区域覆盖了较厚的石墨层(图 6.4 中强 D 峰和 G 峰)。沟槽形貌在激光切割制备复合折射透镜的过程中经常会出现[8]。这一现象可能是由激光束在窄通道或缝隙中传播时,反射切割壁的辐射造成的。我们观察到的少数的沟槽区其实是切口形成的早期阶段覆盖在切割壁上的残余物。当金刚石片中形成通孔后,连续照射切割壁使它们在没有辐射影响的情况下缓慢刻蚀,同时切割壁变得平滑,石墨层厚度也随之减小。

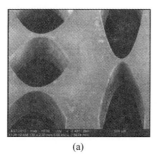
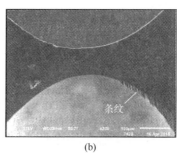

(a) (b)

图 6.3 (a)复合折射透镜 2(左)和复合折射透镜 1(右)的 SEM 图像,
(b) 切割壁的放大图像对 Δf 和 Δr 求平均值后根据所有的抛物线元素估计
切割壁与垂直方向的偏差约为 $\alpha=(1.7+-0.1)°$

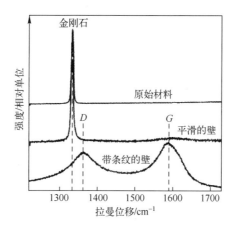

图 6.4 原始多晶金刚石的拉曼光谱,以及切割壁各个部分(光滑且
覆盖有沟槽)。D 峰和 G 峰表示金刚石片在热激励
相变期间出现了石墨

图 6.5 是用复合折射透镜 1 聚焦之后探测器所展示的的 X 射线束的图像。将探测器放置在透镜焦平面,此时,聚焦线束中心具有最小聚焦宽度,X 射线强度在该中心沿着垂直方向近似为洛伦兹分布(图 6.5b),分布半高宽($30 \pm 6.5 \mu m$)大于理论值($20 \mu m$),这可能是因为~4m 的空气散射距离造成的(见图 6.2),另外,由于切割激光束具有一定的束斑宽度,实际切割得到的抛物线形貌偏离理想的抛物线形貌,相比于透镜背面,这种偏离在透镜正面尤为显著,这也会导致聚焦线束变宽。

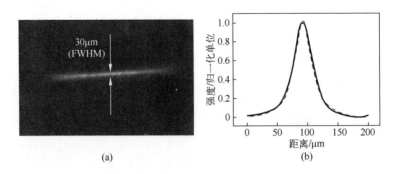

图 6.5 (a) 复合折射透镜 3 聚焦后,检测器上的 X 射线束的图像;
(b) 垂直部分的聚焦点;实线曲线是实验曲线,虚线曲线近似洛伦兹曲线

6.2 衍射光学元件

6.2.1 金刚石衍射光学元件的激光加工方法

本节将介绍用于控制大功率激光器光束的金刚石光学元器件的制备方法。大功率激光器的光学传输器件要具备高抗辐射性、低"热透镜"效应以及低辐射散射效应等特性。金刚石材料属性满足这些要求,是制备这种光学器件的理想材料。

随着化学气相沉积技术的发展,可以制备高质量多晶金刚石薄膜,其光学性质和导热特性都可媲美单晶金刚石(热导率 $\approx 18 \sim 20 W/cm \cdot K$,吸收系数为 $5 \sim 10^{-2} cm^{-1}$,折射率 $n = 2.38 \sim 2.42$)[10]。事实上,多晶金刚石一直被用作功率为 $10 \sim 20 kW$ 的 CO_2 激光器的输出窗口。

然而,使用合成金刚石来制造光学元件(折射透镜、棱镜等)被证明是很有挑战性的。一方面,金刚石膜硬度高,通过高精度机械加工获得所需的形状非常困难;另一方面,目前,人造合成的金刚石膜厚度很有限,远远不足以获得足够孔径的典型光学元件。

利用先进的数控刻蚀加工方法加工制备的 DOE 具备一些传统光学元件无法实现的功能,如聚焦在给定区域,形成具有给定模态组成的光束等[11]。

在红外光谱中段($\lambda = 10.6\mu m$)工作的 DOE 微浮雕形成期间,对衬底表面处理的精度要求相当高。让我们分析一下焦距 $f = 25mm$ 和孔径 $S = 4mm \times 4mm$ 的四级透镜的计算结果。傍轴近似条件下圆柱状透镜的相位函数方程具有以下形式(图 6.6):

$$\varphi(u) = -ku^2/2f, \qquad |u| < D/2 \tag{6.2}$$

式中:$k = 2\pi/\lambda$ 为波数。

DOE 微浮雕的最大高度由以下公式确定:

$$h_{\max} = \lambda/(n-1) \tag{6.3}$$

并且在金刚石 $n = 2.38$ 的情况下可达到 $h_{\max} = 7.68\mu m$。菲涅尔透镜的 j 带的宽度可以用下列关系式算出:

$$u_j = \sqrt{2\lambda fj} \tag{6.4}$$

完整带的数量满足

$$J = D^2/8\lambda f \tag{6.5}$$

最小区宽度 $u_{\min}$ 是特征参数,在这种情况下定义成微结构化方法要求的最后一个外围区域。在我们的例子中,最小区宽度为 $u_{\min} \approx 140\mu m$。为方便用激光方法还原浮雕,透镜的相位函数可以用阶梯近似来表示,例如,如图 6.6 所示的四级阶梯。

我们需要一种对金刚石片表面进行激光加工的装置,该装置可以控制样品的位移和辐射金刚石表面所需的激光脉冲数。要指出,由于高质量 CVD 金刚石对于激光辐射是足够透明的(包括大多数准分子激光器的辐射),所以初始吸收很小,想要金刚石发生石墨化需要非常高的辐射强度或者长时间连续激光脉冲(见第 3 章,3.3 节)。为了克服这个问题,在金刚石表面上覆盖了一层薄金膜(约 5nm),这样即使在第一激光脉冲阶段也能确保高的光学吸收率。

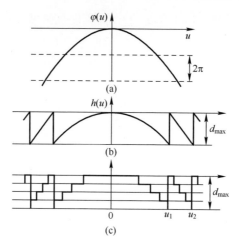

图 6.6 (a)折射透镜的轮廓,(b)相应衍射
透镜的轮廓和(c)其阶梯近似

通常,由激光辐射加工 DOE 需要考虑激光在金刚石表面的能量分布、金刚石的物理性质等。在激光加工之前,还需要具体考虑特定金刚石片和激光装置的烧蚀特性。因为金刚石的刻蚀能量阈值和烧蚀速度与刻蚀参数有很大的关系,因此,需要确定他们之间的关系,以便获得所需精度的 DOE 表面轮廓。

用激光辐射合成金刚石 DOE 的步骤还包括(除了激光刻蚀之外)在含氧气氛中对衬底进行退火处理,该工艺的目的是去除在金刚石表面激光烧蚀过程中形成的石墨层[12],其吸收降低了合成元件的光学效率和光学稳定性。这层吸收层可以在高温下(500~600℃)的空气氧化过程中被去除[13]。如实验所示(见第 3 章,3.3 节),纳秒脉冲下的改性层的厚度是几百纳米[12],即与衍射元件还原浮雕所需的精度相当。因此,为了更好地控制激光加工的质量,我们需要考虑改性层的厚度问题。

在激光加工 DOE 的过程中,还需要注意另外两个问题,这两个问题对于激光刻蚀和其他刻蚀工艺(化学刻蚀、等离子体刻蚀等)来说都非常典型的问题。首先,在激光辐射(包括中间阶段石墨化过程)的作用下,金刚石烧蚀的复杂机制导致材料原子结构的重组,从而导致表面粗糙度增加(图 6.7)。然而,实验表明,虽然刻蚀坑底部的粗糙度随着其深度加深而增加并达到数十纳米,但它仍然影响不大,因为在金刚石中它总是小于 DOE 微浮雕的最大高度。

图 6.7 在金刚石片上形成的"光栅"微浮雕

第二个问题更为严峻。事实证明,连续照射表面处理区域(像素)不可避免地会导致在这些区域边界处形成的浮雕出现偏差(图 6.7 和图 6.8),这相当于在衍射元件的主浮雕之上"叠加"了周期性晶格。这些现象导致加工效率下降,即由于附加(非零)衍射级的出现,使得光学元件产生能量损失。应该根据具体的激光装置,集中激光能量的方法和扫描方法来使设定浮雕形成中的常规误差最小化。

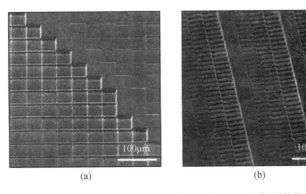

图 6.8 金刚石表面上的激光诱导结构(KrF 准分子激光器)

误差和粗糙度最小化是可以实现的。由于单个刻蚀坑总是具有倾斜的壁,因此对于不同深度的刻蚀坑,浮雕的像素间误差具有不同的特征。针对这个问题,我们利用 N/2 级离散法,通过改变样品表面的照射区域大小来实现误差最小化。最终表面的粗糙度可以降低到 1μm 以下,并且主要由单个刻蚀坑底部的粗糙程度决定。

通过上述对金刚石 DOE 表面高精度结构化的技术分析,目前有两种合适的 DOE 浮雕激光加工方案。

第一种配置是紫外线准分子激光器特有的，基于对样品的离散扫描保证激光强度在样品上相对均匀的分散。这个方法最便于实现 DOE 阶梯近似浮雕。利用投影辐照方案和移动样品台可以在表面上创建所需深度的方形刻蚀坑网格（图 6.8(a)），这实际上是 DOE 浮雕的数值计算中使用的网格的直接实现法。该方法的优点是浮雕具有高精度和高还原性，缺点是生产率相对较低。为了准确照射后续像素，激光器必须停下来，这大大增加了处理时间。

另一种更高效的方法是激光绘图方法，反复扫描样本使多个单激光点重叠（图 6.8(b)）[15]。每个所示的宽度为 30μm 的通道都是通过扫描步长为 7μm 的激光获得。在这种情况下，每个扫描步长照射的区域都包括了在先前的扫描步长中石墨化的部位，因此烧蚀过程与金刚石的吸收没有关系。如此一来，该方法使所形成的结构规则性高。当扫描速度改变时，在微处理过程中表面上的"有效"脉冲的数量改变，就有机会获得深度逐渐变化的浮雕。该方法的缺点是当样品的扫描特征尺寸与扫描步长相同时，会在扫描方向出现亚结构。但是，这个问题已经被解决，使用光束强度呈准高斯分布的固体激光器作为辐射源，可以有效抑制扫描中亚结构的形成。

使用固态辐射源可以加大脉冲重复率来提升加工效率。实验中使用了掺镱飞秒激光器（$\lambda = 1.03\mu m$），其频率可达到 200kHz，替换传统的 cf = 100Hz 的 ArF 准分子激光器[16]。在这种激光器配置下，扫描方法与以往不同，不再使用速度较慢（速度<0.1m/s）的双坐标平移台和固定透镜，而是使用带有移动光束的扫描振镜系统，速度高达 10m/s，样品固定不动。

在这种情况下，与准分子激光器相比，使用固态激光器加工元件的时间减少了 2 个数量级（高达 20s）。通常，激光点的运行轨迹是同心圆，并且运动速度随着半径的变化而变化（插页 14，图 6.9）。

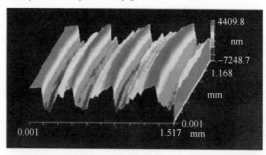

图 6.9　用 200kHz 的镱激光器得到的菲涅耳金刚石透镜的一部分

第6章 碳光子学的新元件和新装置

因此,通过激光烧蚀处理金刚石表面可以加工浮雕,浮雕参数取决于照射条件(聚焦条件、能量密度、脉冲数),并且激光烧蚀可用来加工在红外光谱范围内工作的一维和二维金刚石 DOE。下面是对一系列衍射元件的描述,这些元件的计算使用了由俄罗斯科学院图像处理系统研究所(萨马拉)开发的 Quick-DOE 软件。该软件在俄罗斯科学院"普通物理学研究所自然科学研究中心得到应用"。

6.2.2 衍射透镜和聚焦器的制造与研究

1. 圆柱形透镜

本节介绍利用激光加工金刚石浮雕应用于衍射透镜的具体例子。菲涅耳柱面透镜浮雕在金刚石片的一个表面上形成,是一组宽度为 40μm 且具有不同深度的平行通道[17]。通道宽度选自透镜最小周边区域的宽度值。图 6.10 显示了所制造的金刚石柱面透镜的微浮雕区域(由扫描电子显微镜测得)。所形成的浮雕的深度与所需深度的均方根偏差值为 $\delta \approx 10\%$。

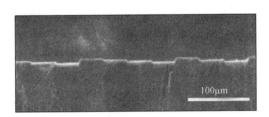

图 6.10 所制造的金刚石柱面透镜的微型浮雕区域

我们把衍射效率大小作为评判透镜质量高低的标准,衍射效率可以理解为聚焦在最大值上的传输能量在总能量中所占的比例。我们使用了功率为 20W 的连续 CO_2 激光器对 DOE 进行测试,滤光器所调制的辐射由热电式接收器记录。研究表明,在 DOE 的聚焦区域,强度分布 $I(x)$ 保持高斯形式。实验测得的 DOE 衍射效率为 78%,接近估计值 80%。

2. 球面透镜

菲涅耳透镜的衍射效率在很大程度上取决于量化等级的数量,所以一个重要的任务是研究用激光烧蚀技术来合成具有超过 8 个量化等级数量的透镜的可能性[14]。图 6.11(插页 14)展示了浮雕区域的宏观和显微镜研究结果。考虑到误差的亚波长性质(图 6.11(b)),可以假设它们不会使焦点强度分布产生严重偏差,但会降低衍射效率。图 6.12 显示了制造的菲涅耳透镜的光学研究结果。

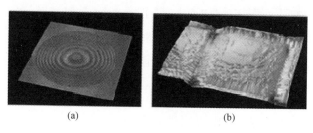

图 6.11　金刚石菲涅耳透镜

(a) 表面宏观测量;(b) 微干涉测量。

利用菲涅耳透镜的帮助下可以获得良好的聚焦质量。并且实验测量 DOE 焦点的强度分布不仅与计算机模拟的结果一致,而且与具有相同焦距的常用折射透镜的测试结果相吻合。

3. 高斯光束聚焦器

金刚石薄膜不仅可以用来制作输出窗口和衍射透镜,而且还可以用来制作具有更复杂功能特性的元件,如聚焦器,这是一种将辐射聚集到二维聚焦区域的元件。

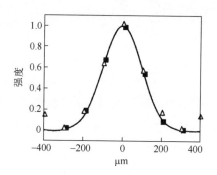

图 6.12　焦平面中 CO_2 激光强度的归一化分布:用菲涅耳金刚石透镜(■)进行光学实验的结果,用焦距 $f=100mm$(△)的折射透镜(KCl)进行光学实验的结果和衍射透镜的实验计算结果(实线)。辐射源是光束半径为 1.55mm 的 CO_2 激光器。

文献[18]计算、制备、研究了两种可以聚焦 CO_2 激光器光束的金刚石二维透镜元件。第一个元件将高斯光束聚焦成矩形,并使用几何光学方法进行计算。第二个元件将高斯光束聚焦到矩形的轮廓中,并使用 Gerchberg-Saxton

类型的自适应迭代过程进行计算。两种情况均以 10.6μm 的工作波长,计算了在 DOE 平面中呈高斯强度分布的照射光束及平面相。

衍射效率被定义为在给定区域 D 内聚焦的照明光束的能量比例:

$$v = \int_D F(x)\,dx^2 \,/\, \int_\infty F_0(u)\,du^2 \tag{6.6}$$

式中:$F(x)$ 为焦点的强度分布;$F_0(u)$ 为照明光束的强度分布。

DOE 平面中的计算值大小(对应于最小微结构区域)是 $\Delta = 40\mu m$(大约为 4λ)。这两个元件都是在没有外透镜的情况下计算的,即透镜的相位函数包含在计算阶段元件的相位函数中。图 6.13 展示了聚焦器在距离 DOE 不同距离的平面轮廓中形成的强度分布以及相应的计算强度分布。将实验结果与计算结果进行比较可以发现,两者具有良好的一致性。此外,还获得了以下能量效率的实验估算值:矩形的高斯光束聚焦装置,$E = 50.5\%$,正方形轮廓的高斯光束聚焦装置,$E = 38.0\%$。

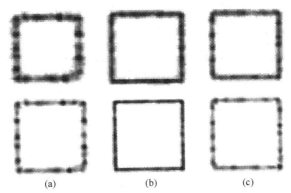

图 6.13 聚焦装置形成的高斯光束在距离元件平面不同距离 z 处的正方形轮廓强度分布的实验数据(上)和计算机模拟情况(下):(a)$z = 90mm$;(b)$z = 100mm$(焦平面);(c)$z = 110mm$

本文对金刚石 DOE 抗辐射性也进行了测量。确定光学元件是否可用于大功率激光系统的关键因素之一是元件所能维持的最大辐射强度水平,即"失效阈值"。我们在尺寸为 $10mm \times 8mm \times 0.4mm$ 的金刚石片上制作孔径为 $6mm \times 6mm$ 的矩形高斯光束聚焦装置,并将元件放置在水冷铜框架中,用于测量其失效阈值(图 6.14a)。

在检测中使用了最大输出功率为 2.1kW 的多模 CW CO_2 激光器,光束直径为 40mm,发散度为 4mrad。激光束依次通过 NaCl 透镜和金刚石聚焦装置(图 6.14(b))。当透镜沿光轴移动时,金刚石结构化表面上的激光点的移动范围大约是一个直径为 1~6mm 的圆。

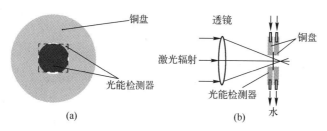

图 6.14　金刚石光学元件的耐辐射性能测试示意图

结果发现,当激光束强度高达约 $50kW/cm^2$ 时,具有 DOE 的金刚石片仍保持完整。用更高的强度加热金刚石表面直到辉光出现,之后为了保护样品,立即关闭激光器。金刚石 DOE 显示出非常高的光学破坏阈值,高于 ZnSe 红外光学透镜的最高水平,ZnSe 红外光学透镜是目前大功率连续 CO_2 激光器系统的主流配置。

大功率太赫兹光学系统对 DOE 也有需求,特别是平均功率达 1MV 的太赫兹源。对于此类用途的光学元件,微浮雕的深度高到几十微米,使用高频激光器是微浮雕加工的唯一选择。除了金刚石,硅也可以作为制备此类光学元件的材料。

近年来,为了制造这样的元件,人们首先制作了波长为 141μm 的四能级硅菲涅耳透镜(图 6.15)[16]。采用高频(f = 200kHz)飞秒 Yb:YAG 激光器在样品表面形成微浮雕,浮雕的最大深度为 43.6μm,直径为 30mm。在波长为 141μm 的自由电子激光束中研究衍射光学元件的特性得出,其衍射效率为 v = 35.9%,与数值模拟结果相吻合。

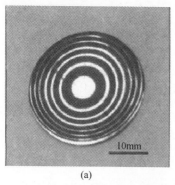
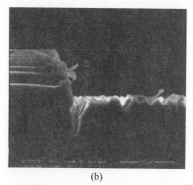

图 6.15　(a)四级硅菲涅耳透镜的照片(b)透镜解理片段的扫描电子显微镜图像

6.3 用于激光器的单壁碳纳米管的应用前景

单壁碳纳米管(SWCNTs)于 1991 年被发现[19]。它是石墨烯平面带卷起的直径为 0.3~3.0nm,长度为 1~10μm 的单层圆柱体(图 6.16 和图 6.17)。实际上,它们是一维的碳结构,所有的原子都在表面上。

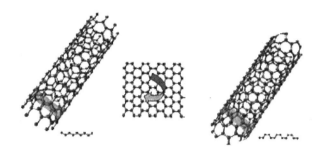

图 6.16　各种类型的单壁碳纳米管的形成图像和图解

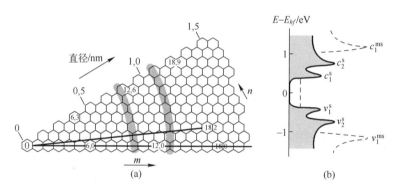

图 6.17　(a)SWCNTs 结构取决于直径和手性(b)半导体(实线)和金属(虚线)SWCNTs 的电子态密度

这种材料的电子和光学特性完全取决于其几何形状。

事实证明,纳米管具有高光学非线性(比广泛使用的 KDP 晶体大 2 个数量级),因此,单壁碳用单壁碳纳米管作为可饱和吸收剂可以使自锁模激光器在近红外形成超短脉冲[20-24],并且借助单壁碳纳米管振荡激光器中的光谐波进行光学整流。

基于单壁碳纳米管的可饱和吸收剂的发现和应用是一个新兴并且迅速发展的科学领域。首次提到使用 SWCNTs(以薄膜的形式喷涂在玻璃上)作为光纤

(铒)激光器中的可饱和吸收体的文章(图6.18)于2003年发表[20]。然而,关于碳纳米管电子激发飞秒弛豫动力学的文章比这更早出现[25]。在2004—2008年,开始出现了关于液体悬浮液[21]和带有分布式SWCNTs的聚合物薄膜的文章[22,23,26-28],并成功地应用于工作波长在1.0~2.0μm光谱范围内的各种(立体和光纤)自锁模激光器之中(插页14,图6.19)。

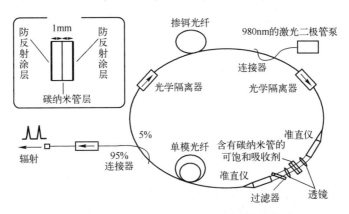

图6.18 在环形光纤激光器中使用单壁碳纳米管作为可饱和吸收体的第一个实验方案[20]

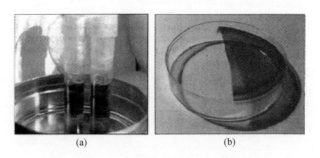

图6.19 (a)以悬浮液形式和(b)薄膜形式存在的可饱和吸收剂,分布有单壁碳纳米管

目前,已经能够使用多种方法(电弧法,激光烧蚀法,高压分解CO气体法(HiPco方法),甲烷或乙醇蒸气的化学气相沉积法)合成直径小于2nm的碳纳米管。不同合成方法合成的碳纳米管结构形态不同,而碳纳米管的结构形状决定了其工作光谱范围(图6.20)。随着合成技术的进步,在光谱范围为0.80~1.93nm的激光器(从钛-蓝宝石激光器[29]到铥光纤激光器[23,30])中,使用单壁碳纳米管作为饱和吸收剂的可行性已经得到了证明。

第6章 碳光子学的新元件和新装置

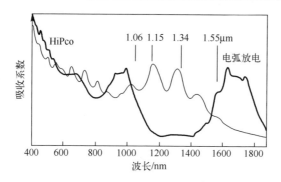

图 6.20 利用 HiPco 和电弧放电法合成的单壁碳纳米管的光学吸收光谱以及固态激光器的工作波长，实现了碳纳米管在自锁模激光器中的应用

然而，实现自锁模并获得亚皮秒脉冲对于 2.0~3.0μm 范围内大气的光学诊断以及扩展基于 SWCNTs 的可饱和吸收剂的激光器是非常重要的。不久之前研发的在 CO 气体之中使用二价铁的气溶胶合成方法可以获得直径达 2.5nm 的大尺寸纳米管，其吸收光谱可达 3μm[30,31]（图 6.21）。

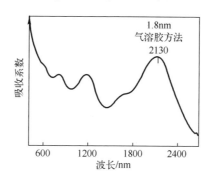

图 6.21 通过气溶胶方法合成的单壁碳纳米管的吸收光谱，气溶胶方法扩大了材料在中红外区内的工作光谱区域

目前，优化各种激光器可饱和吸收剂的参数以及制作块体可饱和吸收剂（使用 D 形光纤[32]，填充有分布式纳米管的聚合物的中空光纤[33]，以及嵌有碳纳米管的孔光纤（图 6.22）[34]是一个非常重要的课题。

使用石墨烯层是在近红外区和中红外区制作纳米碳非线性光学元件的最新方法[35-37]。石墨烯具有碳纳米管的所有优点（高光学非线性和电子激发的亚皮秒弛豫时间），并且由于电子能量的线性色散，它可以在任何波长下使用。同时，像碳纳米管一样，当被与其吸收峰一致的波长辐射激发时，石墨烯的效果最好。俄罗斯科学院普通物理学研究所首次测量了石墨烯在 $10.55\mu m$ 波长下的饱和吸收值[38]。然而,石墨烯自由层的辐射稳定性使得它不可能在 CO_2 激光器中实现自锁模,对于这种模式而言,在功率密度低于阈值密度时会产生氧化击穿作用。第二种方法是制备含有石墨烯簇的聚合物复合材料。这种复合材料作为可饱和吸收剂,已经被成功地应用于较小功率的激光器之中[39]。

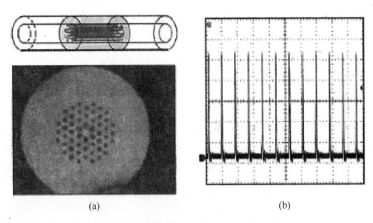

图 6.22 (a) 多孔光纤形式的可饱和吸收体示意图,以及带有沉积在孔表面的单壁碳纳米管,(b) 借助这种可饱和吸收体实现自锁模后 Er 光纤激光器中获得的输出脉冲的波列形状

然而,对于在 $1\sim3\mu m$ 的光谱范围内工作的激光器,单壁碳纳米管可能是最佳的材料。目前,已经制备出了含有单壁碳纳米管的聚合物复合材料,该单壁碳纳米管具有高抗辐射性和改进的非线性光学特性,能够在 $1.0\sim2.5\mu m$ 的光谱范围内工作,并应用于光通信、激光外科、泵浦探针光谱学、大气污染诊断和许多其他领域。

6.4 导电微结构在金刚石中的实际应用

6.4.1 红外光谱范围内的光子结构

在金刚石中建立导电微结构的早期工作之一便是创建太赫兹辐射范围内的光子晶体[40]。为此,我们在金刚石中建立了一个由直径约 $25\mu m$ 的石墨化线组成,周期为 $80\mu m$ 的二维方阵。金刚石激光绘图技术的进一步改进使我们可以将导电石墨线的直径减小到 $1\mu m^{[41]}$,这有助于我们提出的建立更短波光子结构的设想。接下来,我们以周期为 $4\mu m$ 的简单二维光子晶体为例来介绍红外光谱范围内实现金刚石光子调控结构的可能性[42]。通过激光绘图($\lambda = 800nm, \tau = 1ps$)在金刚石上绘制了由直径为 $1.8\mu m$ 的石墨化线组成的方阵,并且方阵中的行数 N 会随着测试光的入射方向(即方阵的"厚度")变化而变化:N=1、2、4 和 8(图 6.23)。当绘制石墨化线的密度逐渐增大至石墨化线直径与晶格周期的比值超过 0.5 的结构时,沿着整条线的长度方向上出现了大量的微裂缝[41]。继续将晶格中的排数从 N=4 增加到 N=8 时,会进一步导致金刚石结构周围产生可见的开裂。但是在石墨化线之间的这种裂纹的存在对微结构的光子性质是否有负面影响尚未确定。

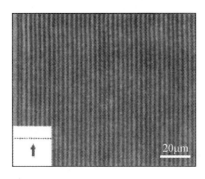

图 6.23　由一排石墨化线形成的方阵(光学显微镜)

在入射光的 TM 和 TE 偏振条件下,对具有不同激光微结构的金刚石在波长 $\lambda = 1 \sim 14\mu m$ 的范围内的透过光谱进行测量。图 6.24 展示了原始金刚石在该波段的透过光谱,可以发现原始金刚石光谱中存在强烈的双声子吸收带($2 \sim 6\mu m$),与光子结构调控波段有所重叠,因此很难确定激光结构化的影响。我们通过将实验光谱进行归一化处理来解决这个问题:将不同厚度微结构的透过光谱乘以某个系数,使得所研究的光谱范围的边缘处获取近似相等的透过率水平。可以发现,随着方阵微结构"厚度"的增加,这些系数迅速增大(图 6.25),说明带有微结构的金刚石的透过率随着方阵结构"厚度"的增加而下降。

由图 6.25 所示,归一化光谱的归一化系数随着微结构"厚度"的增加而增加,特别是在 N=2 到 N=4 的过渡阶段。并且,在 TM 极化的透过光谱中出现很宽的非对称吸收带,其透射最小值约在 $4\mu m$,另一个透过率最小值在 $11\mu m$ 处(见图 6.25a)。对于 TE 极化的光辐射而言,仅观察到一个较宽的最小值,在约

4~5μm 处（见图 6.25b）。通过图 6.26 可以看出，理论计算的带有微尺度光子结构的金刚石透过率光谱形状与实验光谱的形状类似，但是实际透过率在整个光谱测试范围内都要比计算值小几倍。最可能的原因是使用的激光加工精度不足，导致每层中石墨化线的尺寸和位置产生波动，进而影响了导致了整体透过率的大幅下降及布拉格反射峰的展宽。

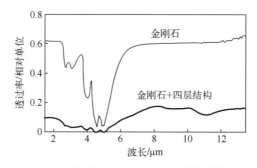

图 6.24 原始金刚石晶体和具有 $N=4$ 的光子结构的金刚石透过光谱

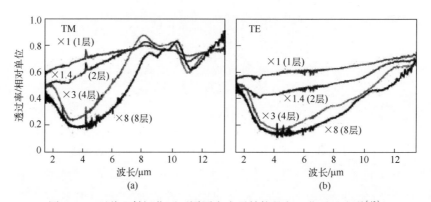

图 6.25 两种入射极化下不同厚度光子结构的归一化透过光谱[42]

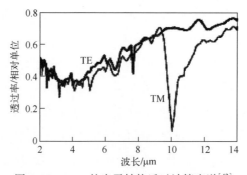

图 6.26 $N=4$ 的光子结构透过计算光谱[42]

6.4.2 带三维电极的金刚石探测器

金刚石中激光诱导产生导电微结构可改进金刚石电离辐射探测器探测性能,引起了广泛关注[42-49]。金刚石具有宽禁带、强抗辐射、高导热、高载流子迁移率以及高击穿场强等特性,使其可以在强辐射和高能粒子辐照下,以及超高功率电流下仍能稳定工作。图6.27展示了三维石墨化电极,该电极由多个石墨化微柱连接成组,可以大大减小载流子漂移距离,同时保持金刚石的电离体积。该结构不仅有效增加了电极之间的场强,降低了外加电压值,而且还可减少因辐照而产生的缺陷对载流子的俘获。此外,多晶金刚石因为存在大量晶界,不利于载流子输运,选择电极间距较近的三维石墨化电极,可以有效克服多晶金刚石作为探测器的弊端,使利用大直径(高达75mm)的多晶金刚石制造探测器成为可能。

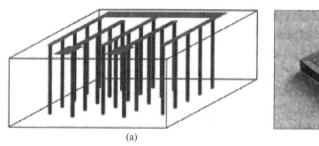

图6.27 (a)具有三维电极的探测器示意图,(b)具有直贯式石墨化
电极的8通道金刚石探测器图片

最近三年的实验研究证实了使用三维石墨化电极可以达到较好的效果。^{90}Sr源振荡产生的β粒子[44,46-48]、α粒子[43]、高能(15keV)X射线束[45]和中子[49]均被用于测试探测器性能。结果表明,当外加电压为几伏时,用超短激光脉冲(30fs~5ps)制造的埋入式电极实际上捕捉了近100%的自由载流子[44,46,47]。当在同一个金刚石晶体上使用平面电极时,必须施加高出一个数量级的电压才能获得相同的结果[44]。有趣的是,用纳秒脉冲产生的电极显示出较小(比之前最大电荷收集效率小25%~30%)的电荷收集效率[44]。

研究的大多数探测器都是由单晶金刚石[43-47]制成,但也有一些是基于多晶金刚石材料[48,49]。利用多晶金刚石制做的探测器,平面电极的电荷收集效率以及形成网格的埋入式电极的电荷收集效率显著下降(几乎是3倍),其晶格尺寸超过了晶体平均尺寸[48]。随着电极间距的减小,尽管没有达到单晶金刚石探测器 100%的收集效率,但收集效率较平面电极也有了明显提升。实验证实,由于结构缺陷的积累,三维电极可以弥补探测器在运行期间电荷收集效率逐渐下降的问题[49]。例如,用中子强烈照射基于多晶金刚石的探测器(能量为 100keV~20MeV,约 $10^{16} cm^{-2}$)导致平面电极的电荷收集效率下降到了原来的 1/16,而三维电极仅下降到了原来的 2/9。

参考文献

[1] *Snigirev A.A., Yunkin V., Snigireva I., Di Michiel M., Drakopoulos M., Kouznetsov S., Shabel'nikov L., Grigoriev M., Ralchenko V., Sychov I., Hoffmann M., Voges E.I.* Diamond refractive lens for hard X-ray focusing // Proc. SPIE. 2002. Vol. 4783. P. 1–9.

[2] *Snigirev A., Kohn V., Snigireva I., Lengeler B.* A compound refractive lens for focusing high-energy X-rays // Nature. 1996. Vol. 384. P. 49–51.

[3] *Alianelli L., Sawhney K.J.S., Malik A., Fox O.J.L., May P.W., Stevens R., Loader I.M., Wilson M.C.* A planar refractive X-ray lens made of nanocrystalline diamond // J. Appl. Phys. 2010. Vol. 108. P. 123107.

[4] *Fox O.J.L., Alianelli L., Malik A.M., Pape I., May P.W., Sawhney K.J.S.* Nanofocusing optics for synchrotron radiation made from polycrystalline diamond // Opt. Exp. 2014. Vol. 22. P. 7657.

[5] *Nohammer B., Hoszowska J., Freund A.K., David C.* Diamond planar refractive lenses for third- and fourth-generation X-ray sources // J. Synchrotron Radiat. 2003. Vol. 10. P. 168–171.

[6] *Sukhadolau A.V., Ivakin E.V., Ralchenko V.G., Khomich A.V., Vlasov A.V., Popovich A.F.* Thermal conductivity of CVD diamond at elevated temperatures // Diamond Relat. Mater. 2005. Vol. 14. P. 589–593.

[7] *Инюшкин А.В., Талденков А.Н., Ральченко В.Г., Конов В.И., Хомич А.В., Хмельницкий Р.А.* Теплопроводность поликристаллического CVD-алмаза: Эксперимент и теория // ЖЭТФ. 2008. Т. 134. С. 544–556.

[8] *Polikarpov M., Snigireva I., Morse J., Yunkin V., Kuznetsov S., Snigirev A.* Large-acceptance diamond planar refractive lenses manufactured by laser cutting // J. Synchrotron Radiat. 2015. Vol. 22. P. 23.

[9] *Kononenko T.V., Ralchenko V.G., Ashkinazi E.E., Polikarpov M., Ershov P., Kuznetsov S., Yunkin V., Snigireva I., Konov V.I.* Fabrication of polycrystalline diamond refractive X-ray lens by femtosecond laser processing // Appl. Phys. A. 2016. Vol. 122. P. 1–6.

[10] *Prelas M.A., Popovici G., Bigelow L.K.* Handbook of Industrial Diamonds and Diamond Films. N.Y.–Basel–Hong Kong: Marcel Dekker, 1997.

[11] *Сойфер В.А.* Дифракционная компьютерная оптика. М.: Физматлит, 2007.

[12] *Кононенко В.В., Кононенко Т.В., Пименов С.М., Синявский М.Н., Конов В.И., Даусингер Ф.* Влияние длительности импульса на графитизацию алмаза в процессе лазерной абляции // Квантовая электроника. 2005. Т. 35, № 3. С. 252–256.

[13] *Khomich A.V., Kononenko V.V., Pimenov S.M., Konov V.I., Gloor S., Luethy W.A., Weber H.P.* Optical properties of laser-modified diamond surface // Proc. SPIE. 1998. Vol. 3484. P. 166.

[14] *Konov V.I., Kononenko V.V., Pimenov S.M., Prokhorov A.M., Pavelyev V.S., Soifer V.A., Muys P.F., Vandamme E.* Excimer laser micromachining for fabrication of diamond diffractive optical elements // Proc. SPIE. 2000. Vol. 3933. P. 322–331.

[15] *Kononenko T.V., Kononenko V.V., Konov V.I., Pimenov S.M., Garnov S.V., Tishchenko A.V., Prokhorov A.M., Khomich A.V.* Formation of antireflective surface structures on diamond films by laser patterning // Appl. Phys. A. 1999. Vol. 68. P. 99–102.

[16] *Комленок М.С., Володкин Б.О., Князев Б.А., Кононенко В.В., Кононенко Т.В., Конов В.И., Павельев В.С., Сойфер В.А., Тукмаков К.Н., Чопорова Ю.Ю.* Создание линзы Френеля терагерцевого диапазона с многоуровневым микрорельефом методом фемтосекундной лазерной абляции // Квантовая электроника. 2015. Т. 45, № 10. С. 933–936.

[17] *Кононенко В.В., Конов В.И., Пименов С.М., Прохоров А.М., Павельев В.С., Сойфер В.А.* Алмазная дифракционная оптика для CO_2-лазеров // Квантовая электроника. 1999. Т. 26, № 1. С. 9–10.

[18] *Kononenko V.V., Konov V.I., Pimenov S.M., Prokhorov A.M., Pavelyev V.S., Soifer V.A., Luedge B., Duparre M.R.* Laser shaping of diamond for IR diffractive optical elements // Proc. SPIE. 2002. Vol. 4426. P. 128.

[19] *Iijuma S.* Helical microtubules of graphitic carbon // Nature. 1991. Vol. 354. P. 56–58.

[20] *Set S.Y., Yaguchi H., Tanaka Y., Jablonski M., Sakakibara Y., Rozhin A., Tokumoto M., Kataura H., Achiba Y., Kikuchi K.* Mode-locked fiber lasers based on a saturable absorber incorporating carbon nanotubes // Book of Abstracts of OFC'03. USA, 2003. #PDP44.

[21] *Ильичев Н.Н., Образцова Е.Д., Гарнов С.В., Мосалева С.Е.* Нелинейное пропускание одностенных углеродных нанотрубок в D_2O на длине волны 1,54 мкм и получение режима самосинхронизации мод в лазере на стекле с Er^{3+} с помощью пассивного затвора на их основе // Квантовая электроника. 2004. Т. 34. С. 572–574.

[22] *Tausenev A.V., Obraztsova E.D., Lobach A.S., Chernov A.I., Konov V.I.,*

Kryukov P.G., Konyashchenko A.V., Dianov E.M. 177 fs erbium-doped fiber laser mode locked with a cellulose polymer film containing single-wall carbon nanotubes // Appl. Phys. Lett. 2008. Vol. 92, N 18. P. 171113.

[23] *Solodyankin M.A., Obraztsova E.D., Lobach A.S., Chernov A.I., Tausenev A.V., Konov V.I., Dianov E.M.* Mode-locked 1.93-mm thulium fiber laser with a carbon nanotube absorber // Opt. Lett. 2008. Vol. 33, N 12. P. 1336–1338.

[24] *Chernyshova M.A., Krylov A.A., Kryukov P.G., Arutyunyan N.R., Pozharov A.S., Obraztsova E.D., Dianov E.M.* Thulium-doped mode-locked all-fiber laser based on NALM and carbon nanotube saturable absorber // Opt. Exp. 2012. Vol. 20, N 26. P. B124–B130.

[25] *Ichida M., Hamanaka Y., Kataura H., Achiba Y., Nakamura A.* Ultrafast relaxation dynamics of photoexcited states in semiconducting single-walled carbon nanotubes // Physica B. 2002. Vol. 323, N 1-4. P. 237–238.

[26] *Yamashita S., Maruyama S., Murakami Y., Inoue Y., Yaguchi H., Jablonski M., Set S.Y.* Saturable absorbers incorporating carbon nanotubes directly synthesized onto substrates/fibers and their applications to mode-locked fiber lasers // Opt. Lett. 2004. Vol. 29. P.1581–1583.

[27] *Chernov A.I., Obraztsova E.D., Lobach A.S.* Optical properties of polymer films with embedded single-wall nanotubes // Phys. Status Solidi B. 2007. Vol. 244, N 11. P. 4231–4235.

[28] *Garnov S.V., Solokhin S.A., Obraztsova E.D., Lobach A.S., Obraztsov P.A., Chernov A.I., Bukin V.V., Sirotkin A.A., Zagumennyi Y.D., Zavartsev Y.D., Kutovoi S.A., Shcherbakov I.A.* Passive mode-locking with carbon nanotube saturable absorber in $Nd:GdVO_4$ and $Nd:Y_{0.9}Gd_{0.1}VO_4$ lasers operating at 1.34 μm // Laser Phys. Lett. 2007. Vol. 4, N 9. P. 648–651.

[29] *Khudyakov D.V., Lobach A.S., Nadtochenko V.A.* Passive mode locking in a Ti:sapphire laser using a single-walled carbon nanotube saturable absorber at a wavelength of 810 nm // Opt. Lett. 2010. Vol. 35. P. 2675–2677.

[30] *Kivistö S., Hakulinen T., Kaskela A., Aitchison B., Brown D.P., Nasibulin A.G., Kauppinen E.I., Härkönen A., Okhotnikov O.G.* Carbon nanotube films for ultrafast broadband technology // Opt. Exp. 2008. Vol. 17, N 4. P. 2358–2363.

[31] *Moisala A., Nasibulin A.G., Brawn D.P., Jiang H., Khiachtchev L., Kauppinen E.I.* Single-wall carbon nanotube synthesis using ferrocene and iron pentacarbonyl in a laminar flow reactor // Chem. Eng. Sci. 2006. Vol. 61. P. 4393–4402.

[32] *Song Y.-W., Yamashita S., Goh C.S., Set S.Y.* Carbon nanotube mode lockers with enhanced nonlinearity via evanescent field interaction in D-shaped fibers // Opt. Lett. 2007. Vol. 32. P. 148.

[33] *Choi S.Y., Rotermund F., Jung H., Oh K., Yeom D.* Femtosecond mode-locked fiber laser employing a hollow optical fiber filled with carbon nanotube dispersion as saturable absorber // Opt. Exp. 2009. Vol. 17, N 24. P. 21788–21793.

[34] *Obraztsova E.D., Tausenev A.V., Chernov A.I.* Saturable absorbers for solid state lasers in form of holey fibers filled with single-wall carbon nanotubes // Phys. Status Solidi B. 2010. Vol. 247. P. 3080–3083.

[35] *Bao Q., Zhang H., Wang Yu, Ni Z., Yan Y., Shen Z.X., Loh K.P., Tang D.Y.* Atomic-layer graphene as a saturable absorber for ultrafast pulsed lasers // Adv. Func. Mater. 2009. Vol. 19. P. 3077–3083.

[36] *Sun Z., Hasan T., Torrisi F., Popa D., Privitera G., Wang F., Bonnacorso F., Basko D.M., Ferrari A.C.* Graphene mode-locked ultrafast laser // ACS Nano. 2010. Vol. 4, N 2. P. 803–810.

[37] *Zhang H., Tang D.Y., Zhao L.M., Bao Q.L., Loh K.P.* Large energy mode locking of an erbium-doped fiber laser with atomic layer graphene // Opt. Exp. 2009. Vol. 17. P. 17630–17635.

[38] *Сороченко В.Р., Образцова Е.Д., Русаков П.С., Рыбин М.Г.* Нелинейное пропускание графеном излучения CO_2-лазера // Квантовая электроника. 2012. Т. 42. С. 907–912.

[39] *Zhang H., Bao Q., Tang D., Zhao L., Loh K.* Large energy soliton erbium-doped fiber laser with a graphene-polymer composite mode locker // Appl. Phys. Lett. 2009. Vol. 95. P. 141103.

[40] *Shimizu M., Shimotsuma Y., Sakakura M., Yuasa T., Homma H., Minowa Y., Tanaka K., Miura K., Hirao K.* Periodic metallo-dielectric structure in diamond // Opt. Exp. 2009. Vol. 17. P. 46.

[41] *Kononenko T.V., Konov V.I., Pimenov S.M., Rossukanyi N.M., Rukovishnikov A.I., Romano V.* Three-dimensional laser writing in diamond bulk // Diamond Relat. Mater. 2011. Vol. 20. P. 264.

[42] *Kononenko T.V., Dyachenko P.N., Konov V.I.* Diamond photonic crystals for the IR spectral range // Opt. Lett. 2014. Vol. 39. P. 6962–6965.

[43] *Caylar B., Pomorski M., Bergonzo P.* Laser-processed three dimensional graphitic electrodes for diamond radiation detectors // Appl. Phys. Lett. 2013. Vol. 103. P. 043504.

[44] *Lagomarsino S., Bellini M., Corsi C., Gorelli F., Parrini G., Santoro M., Sciortino S.* Three-dimensional diamond detectors: Charge collection efficiency of graphitic electrodes // Appl. Phys. Lett. 2013. Vol. 103. P. 233507.

[45] *Oh A., Caylar B., Pomorski M., Wengler T.* A novel detector with graphitic electrodes in CVD diamond // Diamond Relat. Mater. 2013. Vol. 38. P. 9–13.

[46] *Kononenko T., Ralchenko V., Bolshakov A., Konov V., Allegrini P., Pacilli M., Conte G., Spiriti E.* All-carbon detector with buried graphite pillars in CVD diamond // Appl. Phys. A. 2014. Vol. 114. P. 297–300.

[47] *Conte G., Allegrini P., Pacilli M., Salvatori S., Kononenko T., Bolshakov A., Ralchenko V., Konov V.* Three-dimensional graphite electrodes in CVD single crystal diamond detectors: Charge collection dependence on impinging beta-particles geometry // Nucl. Instrum. Methods Phys. Res. 2015. Vol. 799. P. 10–16.

[48] *Lagomarsino S., Bellini M., Brianzi M., Carzino R., Cindro V., Corsi C., Morozzi A., Passeri D., Sciortino S., Servoli L.* Polycrystalline diamond detectors with three-dimensional electrodes // Nucl. Instrum. Methods Phys. Res. 2015. Vol. 796. P. 42–46.

[49] *Lagomarsino S., Bellini M., Corsi C., Cindro V., Kanxheri K., Morozzi A., Passeri D., Servoli L., Schmidt C.J., Sciortino S.* Radiation hardness of three-dimensional polycrystalline diamond detectors // Appl. Phys. Lett. 2015. Vol. 106. P. 193509.

符号和缩写词列表

ASt　反斯托克斯分量

CVD（Chemical Vapor Deposition）　化学气相沉积

CoMoCat　Co-Mo 催化剂合成

CW-лазер　连续激光器

DOC　脱氧胆酸钠盐

EBSD　电子背散射衍射

HiPco　高压一氧化碳裂解法

HPHT　高温高压法

MAG　最大可用倍增

MCD-пленка　微米金刚石膜

MESFET　金属半导体场效应晶体管

NCD　纳米金刚石

NV　氮空位

SC　胆酸钠盐

SDBS　十二烷基苯磺酸钠

SDS　十二烷基磺酸钠

SIMS　二次离子质谱

SiV　硅空位

SRS　受激拉曼散射

St　斯托克斯分量

TDOC　牛磺脱氧胆酸钠

АНС　金刚石纳米棒

АП　金刚石膜

АПС　抗反射表面结构

ACM　原子力显微镜
BAX　电流-电压特性
ВИМС　二次离子质谱仪
ВКР　受激拉曼散射
ВУФ　真空紫外线
ВЧ　高频(率)
ДОЭ　衍射光学元件
ДТР　动态热效应光栅
ИК　红外线
ИО　反蛋白石
КМЦ　羧基甲基纤维素
КР　拉曼散射
КРС　光的拉曼式散射
ЛФМ　激光闪射法
МКА　单晶金刚石
ОУНТ　单壁碳纳米管
ОЭС　俄歇电子能谱
ПАВ　表面活性剂
ПВА　聚乙烯醇
ПКА　多晶金刚石
ПКА-пленка　多晶金刚石膜
ПТ　微波场效应晶体管
ПЭМ　透射电子显微镜
РПТ　直流放电
РЭМ　扫描电子显微镜
СВЧ　超高频，特高频
СЗМ　扫描探针显微镜
СОЖ　切削冷却液
СПЛ　复合折射透镜
СРП　固有晶格损耗

符号和缩写词列表

т-ПА　　反式聚乙炔

УДА　　超细钻石

УЗ　　超声波

УНКА-пленка　　超纳米金刚石膜

УНТ　　碳纳米管

УФ　　紫外线

ФК　　光子晶体

ФЛ　　光致发光

ШЗП　　宽带隙半导体

ЭД　　电子衍射

插页 1

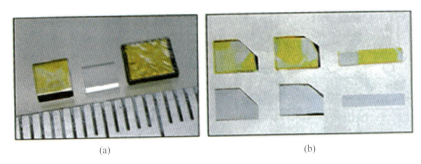

图 1.33 （a）在不同后处理阶段的 CVD 金刚石样品照片；在黄色 HPHT 衬底上生长之后的 CVD 金刚石照片（右侧）；激光切割深色多晶金刚石后的照片（左）；从衬底进行激光分离并抛光之后的金刚石照片（中心）；（b）在研磨和抛光之后与衬底（第一行）分离的三个 CVD 金刚石片（第二行）

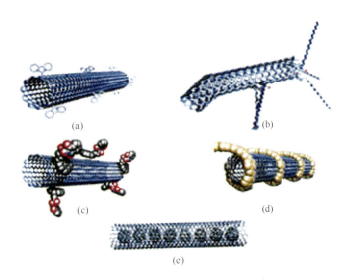

图 4.5 单壁碳纳米管的改性功能化类型

（a）碳纳米管侧壁的共价功能化；（b）碳纳米管缺陷处和两端的共价功能化；（c）与表面活性剂形成 π 键的非共价功能化；（d）与聚合物的非共价功能化；（e）将分子置于单壁碳纳米管内壁的功能化。[23]

插页 2

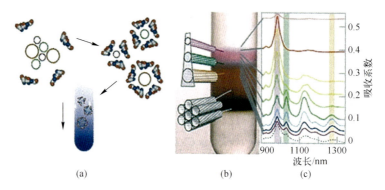

图 4.6 （a）用梯度离心法分离单壁碳纳米管的示意图；
（b）离心分离后的离心管，不同颜色的层对应于不同直径的单壁碳纳米管；
（c）各层的光学吸收光谱[26]

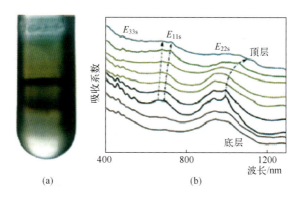

图 4.7 （a）梯度离心后离心管实物图和（b）各层的光学
吸收光谱[31]

插页 3

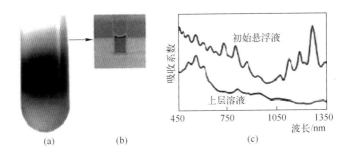

图 4.8 (a) 梯度离心后离心管实物图和(b) 上层分离溶液实物图;
(c) 初始悬浮液和上层分离溶液的光学吸收光谱

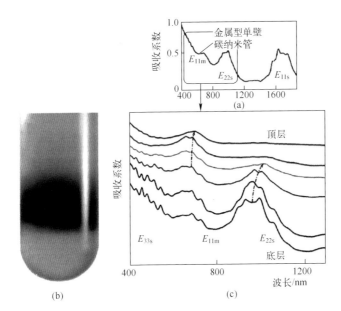

图 4.9 (a) 在宽光谱范围内电弧碳纳米管的初始光学吸收光谱;
(b) 梯度离心过程后的离心管实物图;(c) 从离心管中
提取的各层的吸收光谱

插页 4

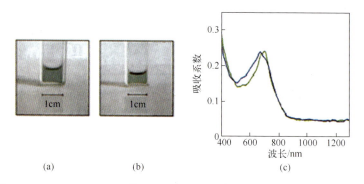

图 4.10 (a) 0.6%(W/V)的 SC、2.4%(W/V)的 SDS;(b) 1.25%(W/V)SC、0.9%(W/V)SDS 梯度离心后分离的上层液实物图;(c) 二者的吸收光谱图

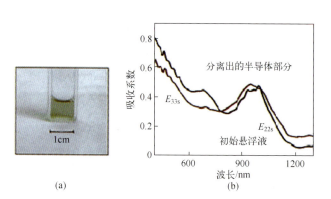

图 4.11 (a) 0.6%(W/V)的 SC、2.4%(W/V)的 SDS 以及 0.5%(W/V)的 TDOC 梯度离心后分离的下层液实物图;(b) 分离层和初始悬浮液的光学吸收光谱[31]

插页 5

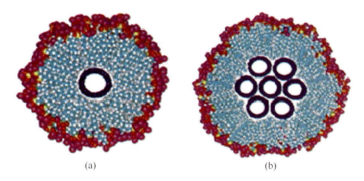

图 4.14 (a) 单壁碳纳米管和 (b) 由表面活性剂分子包围的小直径碳纳米管簇[36,37]

图 4.15 含有单壁碳纳米管的悬浮液

插页 6

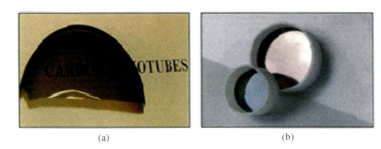

图 4.17 （a）具有均匀分散的单壁碳纳米管的自支撑薄膜，
（b）涂有均匀分散的单壁碳纳米管薄膜的固态激光器的反射镜

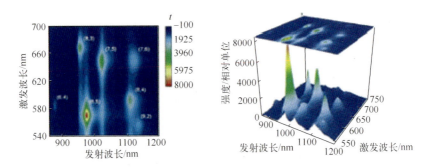

图 4.28 通过 CoMoCat 方法合成的单壁碳纳米管悬浮液的
荧光光谱图和三维荧光图（激发波长以 5nm 的步长从 540~700nm 变化，
发射波长则在 858~1200nm 的范围之内）

插页 7

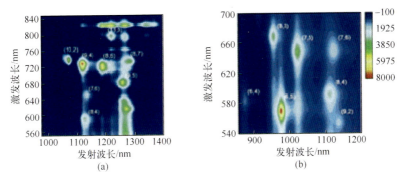

图 4.32 通过(a)HiPco 和(b)CoMoCat 方法合成的单壁碳纳米管悬浮液的荧光光谱图

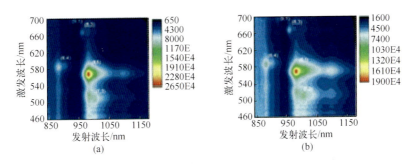

图 4.33 (a)单壁碳纳米管悬浮液刚形成后和(b)1 个月后的荧光光谱图

插页 8

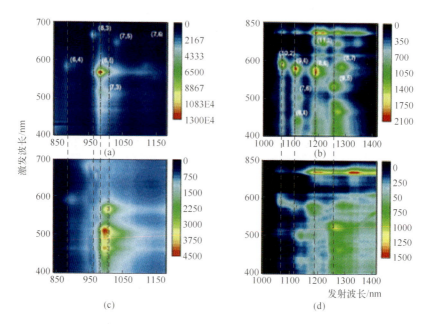

图 4.35 (a,c) 单壁碳纳米管初始悬浮液和 (b,d) 单壁碳纳米管复合薄膜的荧光光谱图。(a,b) 是使用 CoMoCat 方法合成的碳纳米管 (c,d) 是使用 HiPco 方法合成的碳纳米管

插页 9

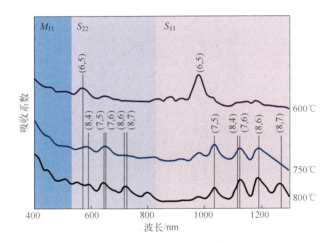

图 4.37　不同生长温度下，在 FeCu 催化剂上合成的单壁碳纳米管悬浮液的吸收光谱[19]：S_{jj}、M_{ii} 分别是半导体碳纳米管（S）和金属碳纳米管（M）的 Van Hove ii- 和 jj- 奇点之间的光学跃迁。括号中的数字对应于公认的碳纳米管几何形状的名称（参见 4.1 节）

插页 10

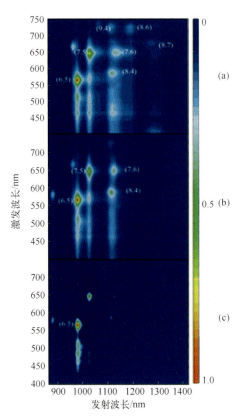

图 4.38 在不同生长温度下合成的单壁碳纳米管悬浮液的光致发光等高线图
(a) 800℃;(b) 750℃;(c) 600℃[19]。

插页 11

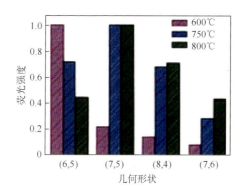

图 4.39 根据光致发光相对强度的测量结果估计半导体单壁碳纳米管在不同生长温度下的几何形状的分布

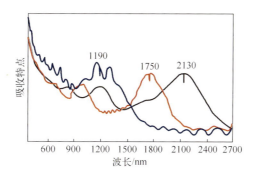

图 4.40 包含各种类型的单壁碳纳米管（HiPco，电弧和气溶胶）膜的光学吸收光谱。数字表示 E_{11} 吸收带的最大值的光谱位置。HiPco 碳纳米管为 1190nm，电弧碳纳米管为 1750nm，气溶胶碳纳米管为 2130nm

插页 12

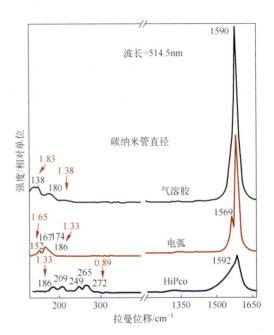

图 4.41　不同方法（HiPco，电弧和气溶胶）
合成的单壁碳纳米管薄膜的拉曼光谱

插页 13

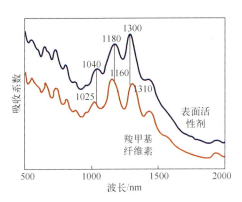

图 4.42 分散在各种聚合物基质(表面活性剂和羧甲基纤维素)中的 HiPco 碳纳米管薄膜的光学吸收光谱

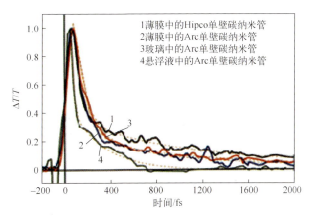

图 4.45 基于单壁碳纳米管的各种介质的信号与时间的关系[61]

插页 14

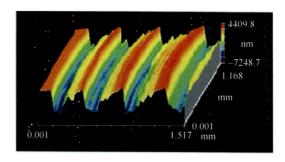

图 6.9 用 200kHz 的镱激光器得到的菲涅耳金刚石透镜的一部分

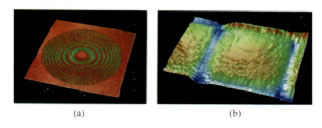

图 6.11 金刚石菲涅耳透镜

(a) 表面宏观测量;(b) 微干涉测量。

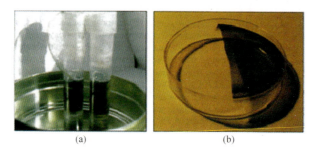

图 6.19 (a)以悬浮液形式和(b)薄膜形式存在的可饱和吸收剂,分布有单壁碳纳米管

内 容 简 介

本书围绕新型碳材料,包括具有代表性的:金刚石、碳纳米管、石墨烯材料的光学性能及应用展开介绍,向读者展示了一个新的学科方向——碳光子学的发展,该学科的基本原理将在本书中得到详细诠释。重点介绍了CVD法合成的金刚石的制备工艺、光热性能、色心性质、加工工艺(包括切割,磨碎,抛光,内部和表面微观结构的演变过程)及提纯方法;碳纳米管和石墨烯的非线性光学特性。

本书适合从事新型碳材料研究及应用的专业技术人员、高等院校从事相关研究与教学工作的教师及研究生等阅读。